本书由四川省“高等教育质量工程”建设项目(编号 Sc-mnu1101)
子项目(生物科学专业建设)资助出版

动物学野外实习手册

主　编　　石红艳　刘　昊　杨丽红
副主编　　唐中海　游章强　陈　伟

科学出版社
北　京

内 容 简 介

本书共6章，全面系统地阐述了从动物学野外实习的组织准备工作到实习结束的实习总结。详细介绍了各大类群动物识别的基本方法、标本的采集、制作及保存方法以及野外实习中的生态学研究方法。此外，还介绍了四川省龙门山地区常见动物的识别特征，其中260余种动物（以鸟类为主）配有精美彩色照片，为在该地区开展教学、研究工作提供了重要资料。

本书可作为生物类专业本科生动物学野外实习教材，也可供研究生、相关科研人员、中小学教师及动物爱好者参考使用。尤其适用于川西北及周边地区动物学野外实习。

图书在版编目（CIP）数据

动物学野外实习手册/石红艳，刘昊，杨丽红主编．—北京：科学出版社，2016.3（2023.8 重印）

ISBN 978-7-03-047219-9

Ⅰ.①动…　Ⅱ.①石…　②刘…　③杨…　Ⅲ.①动物学—教育实习—高等学校—教学参考资料　Ⅳ.①Q95-45

中国版本图书馆 CIP 数据核字（2016）第 020348 号

责任编辑：郑述方/责任校对：韩雨舟

责任印制：罗　科/封面设计：墨创文化

科学出版社出版

北京东黄城根北街16号

邮政编码：100717

http://www.sciencep.com

成都锦瑞印刷有限责任公司印刷

科学出版社发行　各地新华书店经销

*

2016年3月第　一　版　开本：A5（890×1240）

2023年8月第四次印刷　印张：6 7/8

字数：220 000

定价：39.00 元

《动物学野外实习手册》编委名单

主　审　阮期平

主　编　石红艳　刘　昊　杨丽红

副主编　唐中海　游章强　陈　伟

编委成员（按姓氏拼音排名）：

陈　伟　陈希文　郭晓萍　胡进耀　贾小东

刘　昊　罗明华　阮期平　石红艳　唐中海

杨丽红　游章强　赵　玲　钟锐锋

前　言

动物学是高等院校生物类各专业的一门重要专业基础课，是一门实验性很强的课程。动物学野外实习是动物学教学不可分割的重要组成部分，是理论联系实际，巩固和加深学生对理论知识理解的重要环节。通过野外实习，不仅可使学生对书本知识有更深刻的理解和理性的认识；同时还可培养学生的实践动手能力和提高学生综合素质。

尽管国内已出版同类教材10余部，但对四川省内动物资源的针对性不强。西华师范大学胡杰编写的《脊椎动物学野外实习指导》，主要是介绍脊椎动物的野外实习，没有包含无脊椎动物部分。

《动物学野外实习手册》采用32开纸印制，文字简练，图文并茂，科学、系统、全面，尤其注重便携和实用性。本书系统地介绍了动物学野外实习的准备、实习方法、步骤及实习总结。不仅详细介绍了各大类动物标本的采集、鉴定、制作及保存方法，还介绍了常见动物的野外识别方法及四川龙门山地震断裂带的动物资源概况，列举的常见动物绝大多数是编者10余年来在龙门山地区指导学生野外实习或在野外调查中遇见到的动物。因此，本书不仅对学生野外实习有重要参考价值，还有助于科研人员及相关部门对2008年“5·12”特大地震灾区的动物资源情况初步了解，为灾区恢复重建后的动物资源的可持续利用提供参考。

此外，本书描述了龙门山地区常见动物的鉴别性特征，其中260余种动物还附上了彩色照片，方便读者参考。是学生野外实习的重要工具书，尤其适用于川西北及周边地区动物学野外实习，同时也可供保护区、林业部门及动物爱好者参考。

本书的编写参考了国内外相关文献。参编人员均是具有多年野外实习指导经历和野外调查经历的动物学专业教师，且大多是动物学课程的主讲教师，积累了丰富的野外实习指导理论和实践经验。第一章由唐中海和游章强负责编写；第二章至第五章中，无脊椎动物部分由杨丽红和赵玲共同编写，其中节肢动物的识别、昆虫标本的采集、制作及保存由赵玲负责编写，杨丽红负责其余内容并统稿；鱼类部分由唐中海负责编写；两栖动物和爬行动物部分由陈伟编写；鸟类部分由刘昊负责编写；兽类部分由石红艳、唐中海及贾小东共同编写，其中啮齿目相关的内容由贾小东负责编写，常见动物中食肉目由唐中海负责编写，石红艳负责其余内容的编写并统稿；第六章由石红艳、陈伟编写；附录部分由石红艳负责编写。

本书中用到的常见动物照片大多是编者近年来在野外调查中拍摄的或野外实习中师生共同拍摄积累的，少部分照片由绵阳市爱鸟协会王昌大、解磊等野生动物摄影爱好者提供；另有部分照片引自参考书和网络。其中无脊椎动物照片由杨丽红负责收集整理；鱼类和兽类中的食肉目动物照片由唐中海负责收集整理；鸟类照片由刘昊收集整理；两栖类、爬行类及兽类（除啮齿目和食肉目外）照片由石红艳收集整理；兽类中的啮齿类动物照片由贾小东收集整理。

本书由唐中海、游章强及陈伟审定修改，石红艳、刘昊及杨丽红最终统稿定稿。

由于编者水平有限，书中难免会有不妥甚至错漏之处，恳请广大读者提出宝贵意见，供以后修订时参考。

编者

2015 年 8 月 30 日于绵阳师范学院

目　　录

第一章　动物学野外实习的准备及组织

第一节　动物学野外实习的目的、要求和内容

一、实习目的

动物学野外实习是生物科学专业本科生的必修内容和重要的实践教学环节，是对动物学课程知识和室内实验内容的必要补充。野外实习的主要目的是激发学生对本学科的学习兴趣，是学生将理论运用到实践中的重要环节，是为学生奠定专业基础的重要形式。具体的目的与要求包括以下四个方面。

（一）激发兴趣，培养学生专业情感

野外动植物种类繁多，自然之谜比比皆是，这些都会激发学生探索自然奥秘的强烈愿望，从内心热爱自然，热爱生物科学。

（二）理论联系实际，初步掌握野外研究方法

野外实习是学生巩固和提高课堂所学知识，将理论运用到实践中的重要体现。在教师的指导下，学生可以通过自身的实践自主发现问题、分析和解决问题，初步掌握野外研究工作的方法，培养学生的科学研究意识和基本能力。

（三）掌握标本采集、制作和物种鉴定方法

促使学生了解和掌握各类动物标本的采集、测量、制作和保存的方法，学会使用检索表鉴定动物种类，认识常见的代表动物。

（四）增强环境保护意识和培养团队协作精神

让学生了解动物资源与人类生存和发展的关系，增强环境保护的意识，同时锻炼独立工作的能力，培养团结协作的精神。

总之，野外实习的效果是双重的，既有知识的，也有精神的。希望同学们做好充分的知识和精神准备，以达到我们实习的目的。

二、实习内容

实习的内容总的来说大致分为两个大的方面。

（一）无脊椎动物

无脊椎动物外形分类特征的观察与识别，生活习性的观察。部分动物标本的采集、鉴定、制作和保存等。

（二）脊椎动物

脊椎动物外形分类特征的观察与识别，生活习性的观察。脊椎动物标本的采集、制作、鉴定和保存等。

三、具体要求

实习期间学生必须做好以下各项工作：①充分做好实习准备工作；②实习过程中认真做好笔记；③完成动物实习任务，达到各项实习教学要求；④认真撰写实习总结；⑤积极参加实习成果展览；⑥保管好公共器材与图书资料；⑦积极参与其他与实习相关的公益性工作。

通过野外实习，使学生学会动物学研究的基本方法、初步具备动物学野外调查研究的基本技能。具体要求如下：①掌握动物标本采集、鉴定、制作及保存方法；②掌握野外采集记录方法；③熟练地运用专业术语对观察到的动物及动物生活的环境进行描述；④掌握动物的检索方法和命名方法；⑤学习动物群落样方、样线调查的方法。⑥认识一些常见的动物。

第二节　动物学野外实习的组织和准备

一、组织和动员

1. 指导教师的组织安排与学生的分组

动物学野外实习，因其课程特点，老师对该课程的野外实习指导具有一定的难度。既要求指导老师具有扎实的专业基础知识和丰富的野外工作经验，同时也需要指导教师具备生物摄影和标本制作等技能。所以在课程进行中期就应提前确定指导教师人选，并根据需要对指导教师进行必要的培训和统一野外实习指导思想与操作流程。其次，由指导教师根据实际情况确定分组人数多少，在管理上，对实习学生分组，实行班主任统管、班委干部统筹、组长负责制。以小组为单位，在实习前由班委干部带领组长统一准备和领取实习材料与用具，然后分发到各实习小组。

2. 实习时间与地点

1）时间安排

一般安排在5～7月，即在植物开花旺盛、昆虫种类丰富以及脊椎动物活动旺盛的季节进行。每天的实习时间安排应根据动物的日活动规律安排，如鸟类在日出和日落前后活动性较强，所以在清晨及傍晚观察为宜。爬行动物一般在地面回暖后活动，可在午前或午后进行。两栖类、蛇类多在晚上活动，宜在晚上采集。兽类多在夜间活动，一般只能根据其足迹、洞穴、粪便等分析判断，夜间可以张网或布放鼠夹进行种类调查和数量统计。鱼类可在实习中穿插进行。中午应适当休息，午后和晚间整理观察记录、处理标本、填写统计表格、教师补充讲解问题和做访问等。

2）实习地点的选择与确定

首先，根据学校所处地理区域特点，查阅有关文献记载，选取适宜的实习地。实习地点选择的标准：①自然景观典型，一般应包括森林、溪流、开阔地和农耕地；②物种多样性丰富；③人为干扰较少；④交通方便，安全隐患少；⑤住宿方便且消费水平适中。

3. 实习动员

实习前两周内选择适宜时间进行，由院系领导、学生工作负责人以及实习指导教师进行动员。内容包括实习的目的与意义，实习的时间、地点及环境背景介绍，实习内容，实习要求，实习注意事项以及实习准备等。

二、必备的仪器、药品和用具的准备

1. 实习用仪器

1）观察用仪器

双筒望远镜、双筒解剖镜、手持放大镜、载玻片、盖玻片、擦镜纸等。

2）测量和记录用品

手持GPS、罗盘仪、坡度计、数显温度计、采水器、pH试纸、钢卷尺、电子秤或天平、数显游标卡尺、白布条、皮尺、物种登记卡、标签等。另外还有各色碎布条（标志鼠夹位置用）。

3）摄像与摄影仪器

数码相机、摄像机及相应存储设备。

2. 采集与标本制作工具

1）网具

昆虫网、手抄网、捕捉鱼类和两栖类的拖网以及捕鸟的鸟网。

2）夹具

不同型号的捕鼠夹。

3）挖掘工具

军用锹、铲。

4）标本制作工具

常用的乳胶手套、解剖器（解剖刀、眼科剪、大小镊子、骨剪、解剖针）、解剖盘、培养皿、载玻片、盖玻片、棉花（分脱脂和普通2种）、纱布、针、线、台板、酒精灯、三脚架、烧杯、吹卵器、钻孔器、三级板、各种型号昆虫针、展翅台、硫酸纸、旧报纸、泡沫板、硬纸板或木板、标签、毒瓶、昆虫用三角纸袋、标本瓶、大口塑料桶（5 L和10 L）/指管、装蛙等小动物的小布袋或笼子、各种大小的玻璃瓶、注射器及大小针头等。

5）文具用品

野外实习记录本（小型，可放在衣袋中）、铅笔或黑色签字笔、实习总结报告用纸与表格等。

6）急救药品

如一般疾病治疗药品、消毒药品、蛇药片及抗蛇毒血清、纱布。

7）个人用具

水壶、饭盒、雨具、手电筒及电池、登山袋、必要的文具及个人生活用品。

8）参考书

《普通动物学》、《中国动物志》、《四川动物志》、《四川兽类原色图鉴》、《四川鸟类原色图鉴》、《四川两栖爬行类原色图鉴》、《中国兽类踪迹指南》、《中国兽类识别手册》、《中国蝶类识别手册》以及其他实习指导书、动物检索表、分类学参考书和其他动物图谱等。

3. 实习常用药品

三氧化二砷（As_2O_3，也称砒霜）、明矾、樟脑、氢氧化钠、过氧化氢（双氧水）或漂白粉、乳胶、乙醚或氯仿、汽油、硼酸、苯酚、甲醛、酒精、石炭酸、滑石粉等。药品的用量根据学生人数和实习时间长短确定和调整。

三、野外实习安全注意事项

导致野外实习突发事件的外部因素有自然因素、随机因素和人为因素。由此可推，在野外实习过程中发生的所有事故可分为自然事故、随机事故和人为事故三类。

（一）自然事故

导致自然事故的因素包括：①气象灾害，如暴雨洪水、高温、雷电、大风、风暴潮、寒潮低温、雪灾、雹灾和干旱等；②地质灾害，如地震、火山、滑坡、崩塌、泥石流等；③生物灾害，如有毒植物、有毒动物（蚊虫、毒蛇之类）和猛兽等。

自然事故预防：在实习方案实施之前，广泛收集实习区域自然地理和自然灾害资料，研究该区域自然灾害的时空规律，咨询当地地质、气象等业务部门，及时获得有关预警信息，尽量避免在自然灾害高发区域和多发时段进行野外实习活动，或者根据预警信息和气象、地质部门的灾害预报，在自然灾害发生之前的安全时间撤出不安全区域。

（二）随机事故

随机事故往往是由众多事件聚合而引发的，再好的安全措施和技术也无法避免这类事故的发生。因此，该类野外实习事故只能从加强实习基地建设、加大实习条件改善力度、提高野外实习的装备水平、改善后勤保障条件、尽量提前消除安全隐患来降低事故发生概率。

（三）人为事故

人为事故指野外实习过程中由于人的失误和过错而引发的事故。这类事故的发生与人们规范活动密切相关，成反比关系。规范活动包括规章制度、技术要求、安全教育等。这是控制事故发生的最基本保障。

第三节 野外自救方法

一、常见自救技巧及技能

（一）水泡的防治

远足的你肯定有过长途跋涉后，脚被磨破，长出水泡，每走一步都疼痛难耐的经历。现在让这种痛苦的感觉彻底离开你。

预防：最好穿着与你的脚“磨合”惯了的鞋、吸汗的棉或线袜。在容易磨出水泡的地方事先贴一块“创可贴”。如有条件，可以到商店里买一瓶防止起泡的喷雾剂（主要减轻摩擦作用）。一旦磨出了水泡，首先要将泡内的液体排出，用消过毒的针将水泡表面刺穿，挤出水泡内的液体；然后用碘酒、酒精等消毒药水涂抹创口及周围；最后用干净的纱布包好。

（二）中暑的防治

中暑的主要症状为：头痛、晕眩、烦躁不安、脉搏强而有力，呼吸有杂音，体温可能上升至40 ℃以上，皮肤干燥泛红。如果不及时救治，中暑的人可能很快会失去意识，且程度很深，有可能导致意外的发生。

中暑的防治：夏季湿热无风的山区中开展登山活动时，由于身体无法靠汗液蒸发来控制体温，人就会中暑。

一旦有人中暑，应尽快将其移至阴凉通风处，将其衣服用冷水浸湿，裹住身体，并保持潮湿。或不停扇风散热并用冷毛巾擦拭患者身体，直到其体温降到38 ℃以下。若中暑者意识清醒，应让其以坐姿休息，头部与肩部给予支撑。若中暑者已失去意识，则应让其平躺，通过以上救治措施，如中暑者的体温已下降，则改以干衣物覆盖，并充分休息；否则重复以上措施，并尽快送往医院救治。

因此在夏季登山前一定要准备好防治中暑的药物，如：十滴水、清凉油、仁丹等。另外，还应该准备一些清凉饮料和太阳镜、遮阳帽等防暑装备。

（三）被马蜂蜇了怎么办

马蜂毒呈弱碱性，可用食醋或1%醋酸或无极膏擦洗伤处。

伤口残留的毒刺可用针或镊子挑出，但不要挤压，以免剩余的毒素进入体内，然后再拔火罐吸出毒汁，减少毒素的吸收。用冰块敷在蜇咬处，可以减轻疼痛和肿胀。如果疼痛剧烈可以服用一些止痛药物。如果有蔓延的趋势，可能有过敏反应，可以服用一些抗过敏药物，如苯海拉明、扑而敏等抗过敏药物。

密切观察半小时左右，如果发现伤者有呼吸困难、呼吸声音变粗、带有喘息声音，应立即送往最近的医院急救。

民间验方：将一颗大蒜剥皮，捣碎，连汁带肉敷在马蜂蜇处，多使用几次，即可痊愈。

提醒：野外活动不要招惹马蜂。若遇见马蜂要注意观察，绕道而走且不可奔跑和追赶。

二、野外求救信号的使用

野外实习过程中，要尽量避免任何事故的发生。如果在精心准备和严格防控下仍不幸发生实习事故，应立即对事故发生对象采取相应的急救措施，同时向带队指导老师反映情况。如果需要借助外界的力量才能脱险，要能正确使用基本的求救、呼救方法。通常求救的信号种类包括烟火信号、地对空信号、体示信号、旗语信号、声音信号、反光信号等。

（一）烟火信号

火光作为联络信号是非常有效的。遇险时可根据自身情况：为保证其可靠程度，白天可在火堆上放些苔藓、青嫩树枝、橡皮等使之产生浓烟；晚上可放些干柴，使火烧旺，火焰升高。（但要注意野外用火安全）

燃放三堆火焰是国际通行的求救信号，将火堆摆成三角形，每堆之间的间距相等最为理想，这样安排也方便点燃。假如燃料稀缺或者自己伤势严重，或者由于饥饿、过度虚弱，凑不够三堆火焰，燃一堆也行。

不可让所有的信号火种整天燃烧，但应随时预备妥当，使燃料保持干燥，一旦有任何飞机路过，就尽快点燃求助。火堆的燃料要易于燃烧，点燃后要能快速燃烧，因为有些机会转瞬即逝。白桦树皮就是十分理想的燃料。可以利用汽油，但不可将汽油倾倒于火堆上。用一些布料做灯芯带，在汽油中浸泡，然后放在燃料堆上，将汽油罐移至安全地点后再点燃。点燃之后假如火势即将熄灭，可添加汽油，添加前要确保添加在没有火花或余烬的燃料中。

在白天，烟雾是良好的定位器，所以火堆上要添加散发烟雾的材料。浓烟升空后与四周环境形成强烈对比，易引人注意。

在夜间或深绿色的丛林中亮色浓烟十分醒目。添加绿草、树叶、苔藓和蕨类植物都会产生浓烟。其实任何潮湿的东西都产生烟雾，潮湿的草席、坐垫可熏烧很长时间，同时飞虫也难以逼近伤人。

黑色烟雾在雪地或沙漠中最醒目，橡胶和汽油可产生黑烟。假如受到气流条件限制，烟雾只能近地表飘动，可以加大火势，这样暖气流上升势头更猛，会携带烟雾到相当的高度。

（二）地对空信号

下面所列字母是国际通用的紧急求救信号，“FILL”可以帮你记住其中主要的信号。单个一根木棒“1”，是最为重要，制作也最简单的一个。尺寸是每个信号长 10 米、宽 3 米，每个信号间隔 3 米。

（三）体示信号

当搜索飞机较近时，可用肢体语言表达遇险者的意思。

（四）旗语信号

一面旗子或一块色泽亮艳的布料系在木棒上，持棒运动时，在左侧长划，右侧短划，加大动作的幅度，做“8”字形运动。假如双方距离较近，不必做“8”字形运动。一个简单的划行动作就可以，在左侧长划一次，在右边短划一次，前者应比后者用时稍长。

（五）声音信号

如隔得较近，可大声呼喊，三声短三声长，再三声短；间隔1分钟之后再重复。

（六）反光信号

利用阳光和一个反射镜即可射出信号光。任何明亮的材料都可加以利用，如罐头盒盖、玻璃、一片金属铂片，有面镜子当然更加理想。持续的反射将规律性地产生一条长线和一个圆点，这是莫尔斯代码的一种。即使你不懂莫尔斯代码，随意反照，也可能引人注目。无论如何，至少应掌握SOS代码。即使距离相当遥远也能察觉到一条反射光线信号，甚至你并不知晓欲联络目标的位置，所以值得多多试探，而其做法只是举手之劳。注重环视天空，假如有飞机靠近，就快速反射出信号光。这种光线或许会使营救人员目眩，所以一旦确定自己已被发现，应马上停止反射光线。

第二章　动物野外识别的基本方法

野外对动物的识别需要在掌握一定的动物学及动物分类学理论知识的基础上，借助于动物志、图鉴等参考书对野外采集到或者遇见到的动物进行物种鉴定。同时，还需要综合动物生态习性等进行判断。一些近似种需要多次反复对比才能够做出准确的鉴定。因此野外对动物的识别需要有一定的实践经验。本章重点介绍不同类群动物野外识别的基本方法。

第一节　无脊椎动物野外识别的基本方法

一、节肢动物门现生七大纲的识别

蛛形纲：体躯分为头胸部、腹部；四对足；无触角；以肺叶或气管进行呼吸。陆生。

甲壳纲：体躯分为头胸部、腹部，头胸部具发达的甲壳；附肢两支式，至少五对；两对触角；以鳃进行呼吸。大部分水生，少数陆生。

倍足纲：体躯分为头部、躯干部；多数体节具两对行动足；一对触角；以气管进行呼吸。陆生。

唇足纲：体躯分为头部、躯干部；每体节一对步足，第一对步足特化成颚状毒爪；一对触角；以气管进行呼吸。陆生。

综合纲：体躯分为头部、躯干部；每体节一对足，但第一对足不特化为颚状毒爪；一对触角；以气管进行呼吸。陆生。

寡足纲：体躯分为头部、躯干部；第三至第九体节各一对足；一对触角；以气管进行呼吸。陆生。

昆虫纲：体躯分为头部、胸、腹三个体段；头部具一对触角，口器，通常还有单眼和复眼；胸部具三对足，一般还有两对翅；腹部末端具外生殖器。以气管进行呼吸。陆生或水生。

（一）昆虫纲常见目的主要识别特征

蜻蜓目：咀嚼式口器（图2-2G），下口式（图2-1）；触角一对，刚毛状（图2-3A）；复眼发达；具两对膜质的翅（图2-4A）；尾须短小，不分节，半变态。

螳螂目：头三角形，咀嚼式口器，下口式；触角一对，丝状（图 2-3L）；具两对翅，前翅覆翅（图 2-4F），后翅膜翅（图 2-4A）；前足捕捉足（图 2-5D）；尾须线状，多节，渐变态。

直翅目：包括蝗虫、蝼蛄、蟋蟀和螽斯等。咀嚼式口器，下口式；触角一对，丝状、剑状或球杆状（图 2-3I）；前胸背板发达，后足为跳跃足（图 2-5C）或前足为开掘足（图 2-5B）；具两对翅，前翅覆翅，后翅膜翅；产卵器发达，呈锥状、刀状、剑状或长矛状；尾须一对，不分节；渐变态。

缨翅目：蓟马。体微小至小形，一般为 1 ~ 2 mm；锉吸式口器，下口式；触角一对，丝状；无翅或具两对缨翅；无尾须，过渐变态。

同翅目：蝉、蚜和蚧。刺吸式口器（图 2-2E），后口式（图 2-1）；触角刚毛状或丝状；具两对翅，前翅覆翅或膜翅，后翅膜翅；渐变态或过渐变态。

半翅目：蝽或蝽象。刺吸式口器（图 2-2E），后口式（图 2-1）；触角丝状；前胸背板及中胸小盾片均发达（图 2-6）；两对翅，前翅半鞘翅（图 2-4G，图 2-7），后翅膜翅；渐变态。

脉翅目：包括草蛉、蚁蛉、螳蛉和蝶蛉等。咀嚼式口器，下口式；触角一对，丝状、念珠状（图 2-3E）或球杆状（图 2-3I）；复眼发达；具两对膜质的翅，翅脉在翅的边缘多分叉；无尾须。全变态或复变态。

鞘翅目：俗称甲虫。咀嚼式口器，下口式或前口式（图 2-1）；触角一对，形状多样；前胸背板发达，中胸仅露出三角形小盾片；具两对翅；前翅鞘翅（图 2-4E），后翅膜翅；无尾须。全变态或复变态。

双翅目：蚊、蝇、虻和蠓。口器刺吸式、舐吸式（图 2-2B）或刮舐式（图 2-2A），下口式；触角丝状、环毛状（图 2-3G）、短角状或具芒状（图 2-3J）；具两对翅；前翅膜翅，后翅特化为平衡棒（图 2-4H）。无尾须。全变态。

鳞翅目：蛾类和蝶类。体被鳞片，口器虹吸式（图 2-2C）；触角线状、羽状（图 2-3D）、栉齿状（图 2-3F）或球杆状（图 2-3I）；具两对鳞翅（图 2-4D）。无尾须。全变态。

膜翅目：蜂或蚁。嚼吸式（图 2-2F）或咀嚼口器，下口式或前口式；触角形状多变化；中胸发达，分为盾片和小盾片两部分；有并胸腹节或腹柄。两对膜质翅。无尾须。全变态。

毛翅目：石蛾。体小至中型；口器咀嚼式；复眼发达；触角丝状多节；翅狭长，翅面被毛。全变态。

长翅目：蝎蛉。体中型；头部延长成喙；口器咀嚼式，下口式；复眼发达；触角丝状多节；翅膜质，有翅痣；雄虫第 9 腹节腹板后延伸成叉状突起，其外生殖器膨大呈球状，末端数节向背方举起如蝎子的尾。全变态。

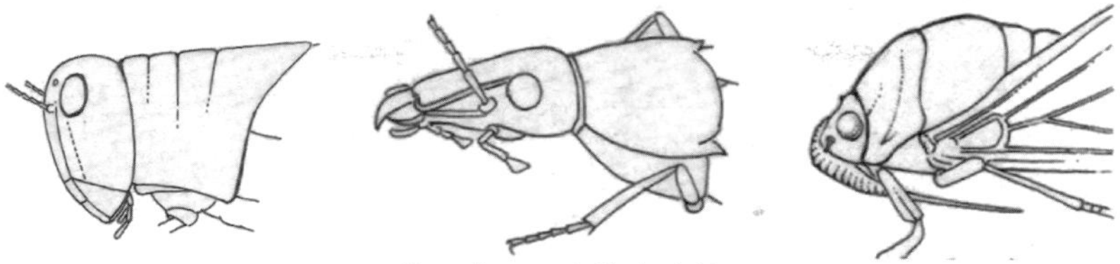

下口式：口器向下，头的纵轴与虫体纵轴几乎垂直

前口式：口器伸向头的前方，头的纵轴与身体的纵轴成钝角或几乎平行

后口式：口器伸向头的下后方，头的纵轴与体躯的纵轴成锐角

图 2-1　昆虫的口式

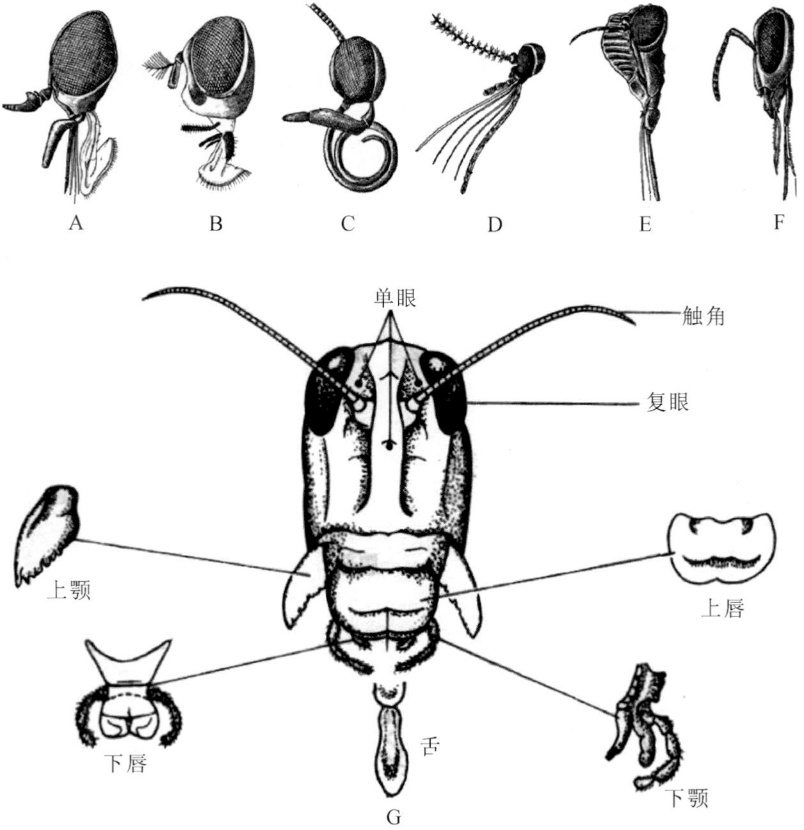

图 2-2　昆虫常见口器类型

A. 刮舐式　B. 舐吸式　C. 虹吸式　D. 刺吸式（蚊）
E. 刺吸式（蝉）　F. 嚼吸式　G. 咀嚼式（蝗虫）

蜚蠊目：蟑螂。体扁平，长椭圆形。口器咀嚼式；触角长丝状；前胸背板大，盾形，盖住头部；前翅革质，后翅膜质。尾须多节。渐变态。

革翅目：蠼螋。中、小型昆虫。口器咀嚼式；多具翅。前翅短，革质，末端多平截；后翅膜质，宽大扇形。静止时，后翅折叠隐藏于前翅下。腹部末端具尾铗（图2-8C），渐变态。

蜉蝣目：口器退化；具网状翅脉，静止时竖立不折叠；胸部各节并合不紧密，腹部具尾须和中尾丝，原变态。

竹节虫目：中型或大型昆虫，体长3～30 cm；多数体色呈深褐色，少数为绿色或暗绿色。体形细长呈竹节状或宽叶片状。口器为咀嚼式；触角短或细长，呈丝状或念珠状；有翅或无翅，有翅种类翅多为两对，前翅革质；具极佳的拟态。尾须1对，短小不分节。渐变态。

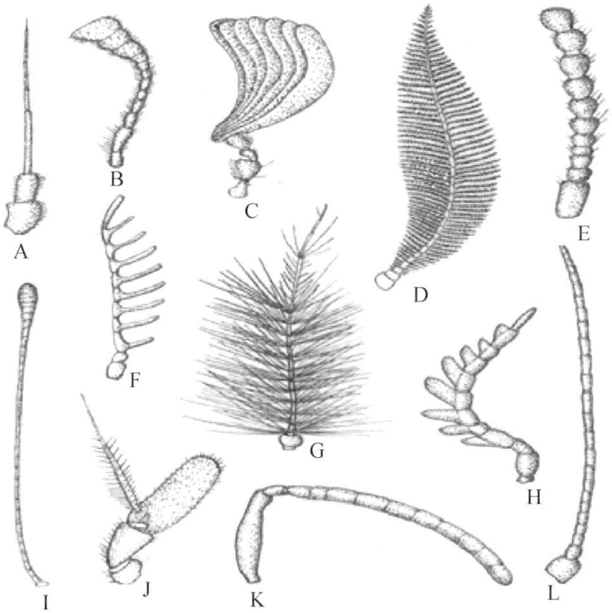

图2-3 昆虫触角的类型

A. 刚毛状 B. 锤状 C. 鳃叶状 D. 羽状 E. 念珠状 F. 栉齿状 G. 环毛状 H. 锯齿状 I. 球杆状 J. 具芒状 K. 膝状 L. 丝状

（二）昆虫纲成虫分目检索表（常见目）

1 触角刚毛状；翅竖在背上或平展而不能折叠 ………………………… 2

触角丝状，念珠状或剑状等；翅可以向后折叠，或无翅 ………………… 3

2　尾须细长而多节，有时还有中尾丝；后翅很小，无痣…… 蜉蝣目 Ephemeroptera
尾须粗短不分节，无中尾丝；前后翅相似或后翅更宽，有翅痣……………………………………………………………………………………………… 蜻蜓目 Odonata
3　刺吸式口器，后口式 …………………………………………………… 4
非刺吸式口器，或为刺吸式口器，且为下口式 …………………………… 5
4　前翅半鞘翅，喙明显出自头部 ……………………………… 半翅目 Hemiptera
前翅革质或膜质；喙明显出自胸部，或喙很退化，或无喙 … 同翅目 Homoptera
5　锉吸式口器，缨翅 ……………………………………… 缨翅目 Thysanoptera
非锉吸式口器，非缨翅 ……………………………………………………… 6
6　虹吸式口器，鳞翅 ……………………………………… 鳞翅目 Lepidoptera
非虹吸式口器，翅面无鳞片 ………………………………………………… 7
7　口器为刺吸式、舐吸式或刺舐式，均为下口式；前翅膜质，后翅特化为平衡棒……………………………………………………………………… 双翅目 Diptera
咀嚼式或嚼吸式口器；具两对明显的翅或无翅 …………………………… 8
8　翅两对，前翅鞘翅，角质 ……………………………… 鞘翅目 Coleoptera
无翅或有两对翅，有翅则前翅为膜翅或覆翅 ……………………………… 9
9　前、后翅均为膜质或无翅……………………………………………………… 10
前翅为覆翅，后翅为膜质……………………………………………………… 13
10　翅面披毛，形成毛翅 ……………………………… 毛翅目 Trichoptera
翅面无毛 ………………………………………………………………… 11
11　头部向下延伸呈喙状；有短小的尾须 ……………… 长翅目 Mecoptera
头部不延伸呈喙状；无尾须 …………………………………………… 12
12　具并胸腹节或腹柄；两对膜翅或无翅 ……………… 膜翅目 Hymenoptera
无具并胸腹节或腹柄，翅脉在翅缘多分叉 ………………… 脉翅目 Neuroptera
13　具尾铗；前翅短小，革质 ……………………………… 革翅目 Dermaptera
具尾须；前翅覆翅较宽大 ……………………………………………… 14
14　三对足均为步行足 …………………………………………………… 15
前足特化为开掘足或捕捉足；或后足特化为跳跃足 ……………………… 16
15　体扁平，长椭圆形；尾须分节 ……………………… 蜚蠊目 Blattodea
体形细长呈竹节状或宽叶片状；尾须不分节 ……………… 竹节虫目 Phasmida
16　前足特化为开掘足或后足特化为跳跃足 ……………… 直翅目 Orthoptera
前足为捕捉足 ………………………………………………… 螳螂目 Mantodea

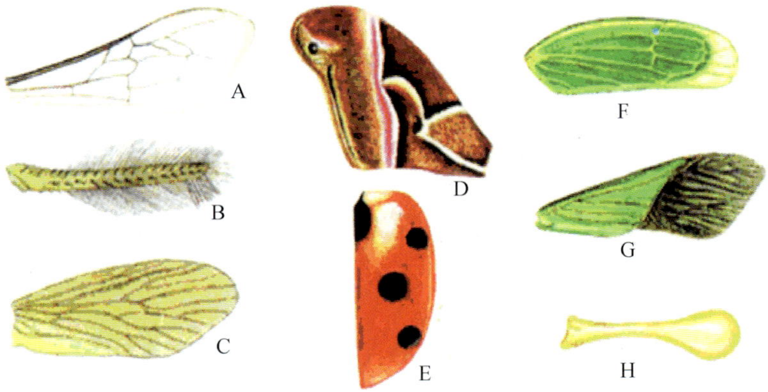

图 2-4 昆虫翅的类型

A. 膜翅 B. 缨翅 C. 毛翅 D. 鳞翅 E. 鞘翅 F. 覆翅 G. 半鞘翅 H. 平衡棒

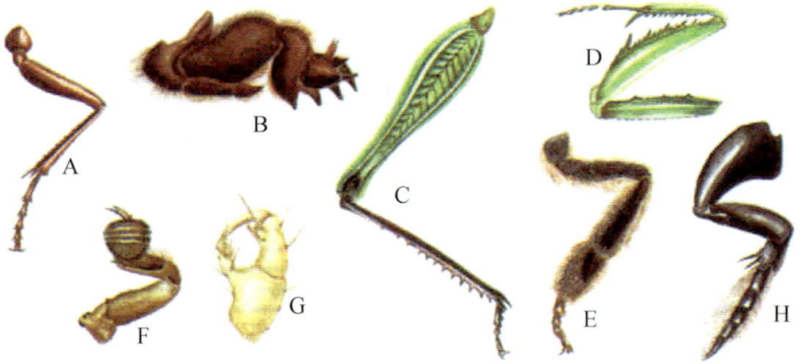

图 2-5 昆虫足的基本类型

A. 步行足 B. 开掘足 C. 跳跃足 D. 捕捉足

E. 携粉足 F. 抱握足 G. 攀缘足 H. 游泳足

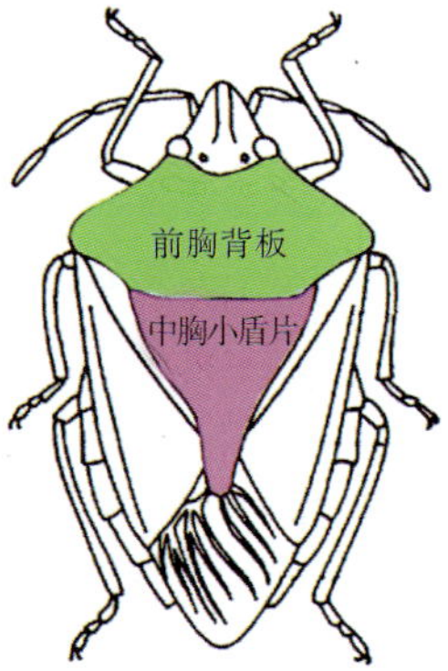

图 2-6 半翅目昆虫外形特征

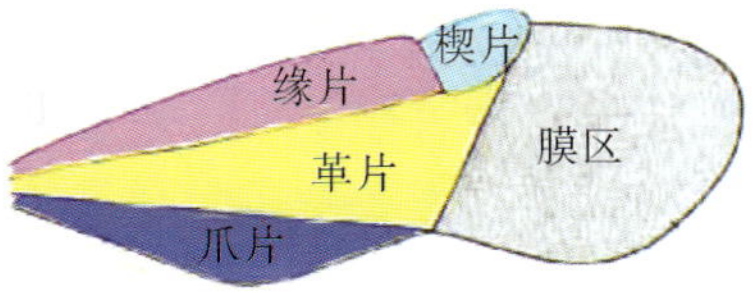

图 2-7 半翅目昆虫翅的特征

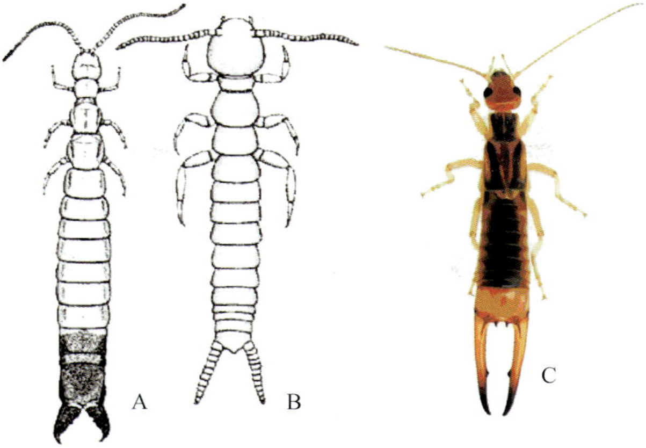

图 2-8　尾须及尾铗

A. C. 尾铗　B. 尾须

二、部分其他无脊椎动物的识别

（一）原生动物门（Protozoa）

1. 眼虫（*Euglena*）

生活在有机质丰富的淡水水域中。温暖季节可大量繁殖，常使水体呈绿色。眼虫体长约 60 μm，前端钝圆，后端尖。体内含大量叶绿体，在体前端有一红色眼点，是其显著特征。

2. 变形虫（*Amoeba*）

生活在清水池塘或在水流缓慢藻类较多的浅水中。通常在浸没于水中的植物上可找到，直径约几百微米。变形虫运动时，会伸出临时性细胞质突起——伪足。变形虫无色透明，折光性强，故在显微镜下观察时，需要将光线调暗些，仔细观察才可能看到其形态变化。

3. 草履虫（*Paramecium*）

生活在有机质丰富的淡水中。体长约 100 μm，在光线较好的地方，肉眼可见草履虫呈白色针尖状，在水中上下游窜，静置一段时间后，草履虫聚集在水表面及容器壁上。显微镜下，草履虫像草鞋，全身长满了纤毛，但显微镜下不染色不易观察到纤毛。草履虫运动速度较快，显微观察时，常用棉花纤维阻拦，草履虫旋转前进，遇到障碍物如棉花纤维时可变形。生活状态时，高倍镜下，草履虫身体里一前一后两个伸缩泡交替收缩。

（二）腔肠动物门（Coelenterata）——水螅（*Hydra*）

水螅喜在水质较清洁的小溪、小河、池塘及水田里生存，它附着在水生植物的茎叶上，从水中捞取水生植物，仔细检查浸水的茎叶，可见有圆形、淡黄色、如小米粒大小的颗粒物，贴附在上面，用手指轻轻触摸有“肉肉”的感觉，这就是收缩着的水螅生活体。将附着水螅的水草连同水样放入透明的容器中，静置约 30 分钟，可见容器壁、水草上都附着大量水螅，其身体充分舒展，淡黄色，水螅身体呈圆柱状，体长约 1 cm 左右，身体横切面直径约 1 mm 左右，体一端有明显的触手，有时也可见母体上连着芽体，芽体形态特征与母体相似，只是个体略小。

（三）扁形动物门（Platyhelminthes）

1. 三角涡虫（*Dugesia*）

是常见的水生涡虫，喜生活在清澈的淡水水流中，白天聚集在水潭、溪流、山泉及自流水井的石块下。常见水生涡虫身体柔软扁平、细长，长约 1 cm，宽约 2 mm，背面颜色深，腹面色浅，体前端呈三角形，两侧各有一耳突，靠近耳突处各有一黑色眼点。图见附录 2。

2. 笄蛭涡虫（*Bipalium*）

常见陆生涡虫，一般生活在湿润的地被物下，身体扁平，体长常达 10 cm 以上，体前端呈扇形。图见附录 2。

（四）常见环节动物门（Annelida）

1. 环毛蚓（*Pheretima*）

体呈圆柱状，细长，各体节相似，节与节之间为节间沟。围口节为第Ⅰ体节，口位于腹面，肛门在体末端，呈直裂缝状。自第Ⅱ体节开始具刚毛，环绕体节排列。性成熟个体，第XⅣ～XⅥ体节色暗，肿胀，无节间沟，无刚毛，如戒指状，称为生殖带或环带。图见附录 2。

（五）软体动物门（Mollusca）

1. 圆田螺（*Cipangopaludina*）

分布较广，喜生活在湖泊、池塘、河流及农田等淡水水域。体呈圆锥形，壳高

50 ~ 60 mm，有 6 ~ 7 个螺层。头和足可自壳口伸出，头部发达，前端有一圆形突起称为吻，吻腹面为口。吻基部两侧生有一对长圆锥形的触角，雄性右触角较左触角短而粗，触角基部外侧各有一突起，其上各有一黑色眼。头后两侧各有褶状颈叶，右侧发达，卷成管状，为出水管，左侧较小，为入水管。头后身体腹面为宽阔的叶状足，肉质，前缘较宽阔，后端较狭小。足背面有一卵圆形的角质厣，当头、足缩入壳内后，厣正好封住壳口。

2. 福寿螺（*Pomacea canaliculata*）

贝壳外观与田螺相似，但螺旋部短小，仅有 4 个螺层，体螺层比田螺大，状似苹果，故又名苹果螺。福寿螺原产于南美洲亚马孙河流域，20 世纪 80 年代传入我国，现成为我国南方水稻等农作物的主要敌害生物。图见附录 2。

3. 河蚌（*Anodonta*）

生活在淡水湖泊、池塘及河流等水底。河蚌又称无齿蚌，具有两片卵圆形外壳，壳前端较圆，后端略略较尖，背侧借韧带绞合，腹侧左右两片贝壳分离。无扰动时，体后端的出、入水管外露，斧足自腹侧伸出壳外。

第二节　鱼类野外识别的基本方法

现存鱼纲有 24400 多种，分为软骨鱼纲和硬骨鱼纲两大类，分布在我国的鱼类有 3000 多种，约占世界种类的 12.5%。

一、鱼类身体主要部位名称及鉴别术语

野外实习时间较短而有限，要准确识别收集的活鱼或新鲜标本，一般可先根据鱼类的身体结构与量度，同时结合所学的鱼类分类知识，对鱼类标本进行初步识别与鉴定。体型与测量见图 2-9。

体型：一般有四种主要体型，分别为：纺锤型、侧扁型、平扁型和棍棒型。

全长：自吻端到尾鳍末端的直线长度。

体长：自吻端到尾鳍基部最后一椎骨为止的长度。

头长：自吻端到鳃盖骨后缘的长度（不包括鳃盖骨）。

体高：身体的最大高度，通常采用背鳍起点处到腹面的垂直高度。

吻长：自眼前缘到吻端的直线长度。

眼径：自眼眶前缘到后缘的直线距离。

眼间距（眼眶隔宽）：鱼体一侧眼眶背缘正中到另一侧眼眶背缘正中的宽度。

尾柄长：自臀鳍基部的后端到尾鳍基部的直线距离。

尾柄高：尾柄部分最低处的垂直高度。

鳍条：柔软而分节，末端分支的为分支鳍条，末端不分支的为不分支鳍条。

鳍棘：硬而不分节，不能分为左右两半。

假棘：硬而分节，且能分为左右两半。

鳍式：记录背鳍（D）、臀鳍（A）、胸鳍（P）和腹鳍（V）的鳍条数，通常用罗马数字表示鳍棘数，阿拉伯数字表示鳍条数。如鲤鱼背鳍的鳍式为：D. Ⅲ～Ⅳ—17～22；P. Ⅰ—15～16；V：Ⅱ—8～9；A. Ⅲ—5～6；C. 20～22。以上表示鲤鱼有一个背鳍，3～4根硬棘和17～22根软鳍条；胸鳍1根硬棘和15～16根软条；腹鳍2根硬棘和8～9根软条；臀鳍3根硬棘和5～6条软条；尾鳍20～22根软条。

鳞式：指鱼鳞的排列方式。鳞式因种而异，成为分类鉴定标准之一。鳞式的写法是侧线鳞数×（侧线上鳞数/侧线下鳞数）。如鲤鱼的鳞式是（34～38）×5/8，表示鲤鱼的侧线鳞（被侧线孔所穿过的鳞片）为34～38片，侧线上鳞（自侧线到背鳍前端的横列鳞）为5片，侧线下鳞（自侧线到臀鳍起点基部的横列鳞）为8片。

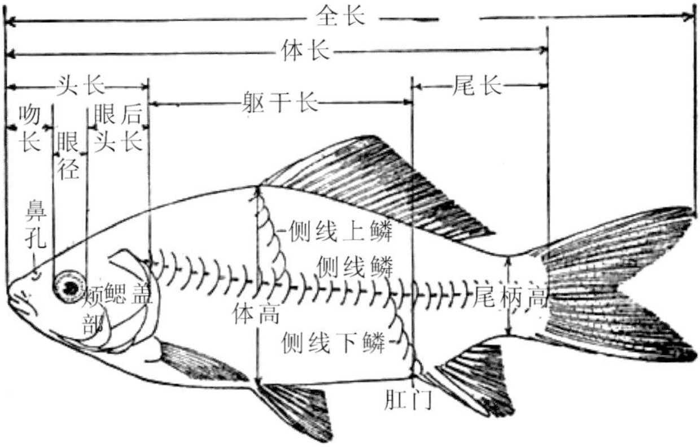

图2-9 鱼体外型测量

二、鱼类的分类检索

常见硬骨鱼（Osteichthyes）类分目检索表

1 体一般被硬鳞或裸露；尾为歪型尾 ························ 鲟形目 Acipenseriformes

  体被栉鳞、圆鳞或裸露；尾一般为正型尾 ························ 2

2 鳔存在时具鳔管 ························ 3

  鳔存在时无鳔管 ························ 7

3 前部脊椎骨不形成韦伯氏器 ························ 4

  第一至第四或第五脊椎骨形成韦伯氏器 ························ 6

4 体不呈鳗形；一般具腹鳍 ························ 5

  体呈鳗形或细长；发育过程有叶状幼体 ························ 鳗鲡目 Anguilliformes

5　无脂鳍；无侧线 ………………………………………………… 鲱形目 Cluepiformes
一般有脂鳍；有侧线 ………………………………………………… 鲑形目 Salmoniformes
6　体被圆鳞或裸露；两颌多无牙；有顶骨和下鳃盖骨；第三、四脊椎骨不合并 ……………………………………………………………………… 鲤形目 Cypriniformes
体裸出或被骨板；两颌有牙；无顶骨和下鳃盖骨；第三与第四脊椎骨合并 …………………………………………………………………… 鲇形目 Siluriformes
7　上颌骨不与前颌骨固连或愈合为骨喙 ……………………………………… 8
上颌骨与前颌骨愈合为骨喙；腹鳍一般不存在………… 鲀形目 Tetraodontiformes
8　体左右对称；头两侧各有1眼 ……………………………………………… 9
体不对称；两眼位于头部一侧 ………………………… 鲽形目 Pleuronecriformes
9　背鳍一般无鳍棘 ……………………………………………………………… 10
背鳍一般具鳍棘 ……………………………………………………………… 11
10　背鳍与臀鳍多呈后位；腹鳍一般腹位 ……………… 鳉形目 Cyprinodontiformes
背鳍与臀鳍较长；背鳍1~3个；臀鳍1~2个；腹鳍胸位或喉位 ………………………………………………………………………… 鳕形目 Gadiformes
11　体呈鳗形；左右鳃孔相连为一 ……………………… 合鳃鱼目 Synbranchiformes
体一般不呈鳗形；左右鳃孔分离 ………………………… 鲈形目 Perciformes

硬骨鱼类常见科检索表

鲟形目　Acipenseriformes

体被五纵列骨板，有吻短，口腹面无齿，口前具触须2对 …… 鲟科 Acipenseridae

鲱形目　Clupeiformes

口小、前位，口裂达于眼的前方或下方 ……………………………… 鲱科 Clupeidae
口大、下位，口裂达于眼的后方 ……………………………………… 鳀科 Engraulidae

鲑形目　Salmoniformes

最后脊椎骨向上弯 ……………………………………………………… 鲑科 Salmonidae
最后脊椎骨正常 ……………………………………………………… 银鱼科 Salangidae

鲤形目　Cypriniformes

口前吻部无须或仅有1对吻须 ………………………………………… 鲤科 Cyprinidae
口前部具2对或更多吻须 ……………………………………………… 鳅科 Cobitidae

鲤科　Cyprinidae

1　鳃的上方没有螺形的鳃上器；眼的位置偏在头纵轴的上方；左右鳃膜各有峡部相连 …………………………………………………………………… 2
鳃的上方具螺形的鳃上器；眼的位置稍偏在头纵轴的下方；左右鳃膜彼此连接而不与峡部相连 …………………………………… 鲢亚科 Hypophalmichthyinae

2 臀鳍无硬刺；如果有则背鳍硬刺的后缘光滑无锯齿 …………………………… 3
臀鳍和背鳍皆具有后缘带锯齿的硬刺，臀鳍分枝鳍条为 5 根 ……………………
…………………………………………………………………… 鲤亚科 Cyprininae
3 臀鳍分枝鳍条通常在 7 根以上；如仅有 5～6 根，则背鳍起点位于腹鳍起点之后
…………………………………………………………………………………… 4
臀鳍分枝鳍条在 6 根以下 …………………………………………… 鲃亚科 Barbinae
4 通常无腹棱；侧线不完全或贯穿尾柄下方；背鳍无硬刺
…………………………………………………………… 雅罗鱼亚科 Leuciscinae
具腹棱；侧线完全；贯穿尾柄中部；背鳍多数具硬刺 ……… 鲌亚科 Culterinae

鲇形目 Siluriformes

1 脂鳍缺失 ………………………………………………………………………… 2
脂鳍存在 ………………………………………………………………………… 3
2 背鳍短小或不存在；须 1～3 对 ……………………………………… 鲇科 Siluridae
背鳍很长，须 4 对 ………………………………………………… 胡鲇科 Clariidae
3 前后鼻孔距离颇远，腭齿存在 ……………………………………… 鲿科 Bagridae
前后鼻孔距离很近，腭齿缺失 …………………………………… 鮰科 Ictaluridae

鲈形目 Perciformes

1 眶下骨不扩大；无鳃上器 …………………………………………………… 2
眶下骨扩大；有鳃上器 ………………………………… 攀鲈亚目 Anabantoidei
2 上颌骨不固着于前颌骨 …………………………………………… 鲈亚目 Percoidei
上颌骨固着于前颌骨 ……………………………………………………………… 3
3 体延长呈带状，无尾鳍 …………………………………… 带鱼亚目 Trichiuroidei
体不延长呈带状，有尾鳍 ………………………………… 金枪鱼亚目 Thunnioidei

鲈亚目 Percoidae

1 上颌骨一般不为眶前骨所遮盖 ……………………………………………… 2
上颌骨一般为眶前骨所遮盖 ………………………………… 石首鱼科 Sciaenidae
2 侧线完全；不中断 ………………………………………………… 鮨科 Serranidae
侧线中间折断 ………………………………………………………… 丽鲷科 Cichlidae

第三节 两栖动物野外识别的基本方法

全世界现存两栖动物约有 6700 多种（Frost，2011），我国现有两栖动物 355 种（费梁等，2010），其中西南地区两栖动物种类丰富，我国现有两栖动物 3 目 11 科 59 属（9 亚属）325 种（18 亚种）。其中蚓螈目有 1 科 1 属 1 种；有尾目 42 种（2 亚种），隶 15 属 3 科；无尾目 282 种（16 亚种），隶 43 属（9 亚属）7 科（费梁

等，2010）。西南地区共有两栖动物 3 目 11 科 47 属 231 种，是中国两栖动物属种分布最多和最为集中的地区。四川有 108 个土著种和 3 个外来物种，种类数位居全国第 2（费梁和叶昌媛，2001）。

一、两栖动物各目的识别依据

（一）有尾目的识别依据

有尾类犁骨齿的数目、形状、长短、排列位置和情况，体侧肋沟的有无，尾的长短，卵带的形状，卵的数目，眼的大小，有无眼睑，有无唇裂等均是其分类识别的主要依据（图 2-10）。

图 2-10　有尾目口腔内部形态特征（费梁和叶昌媛，2001）

1. 内鼻孔；2. 犁骨齿；3. 舌；4. 颈褶；5. 唇褶

（二）无尾目的识别依据

无尾类胸型，椎体的类型，有无肋骨，尾杆骨髁的数量，有无耳后腺，上颌是否有齿，指趾间是否有蹼、末端是否膨大，犁骨齿有无、位置、形状大小，声囊的类型，蝌蚪的类型，卵袋的形状等均是其分类识别的主要依据（图 2-11 至图 2-17）。

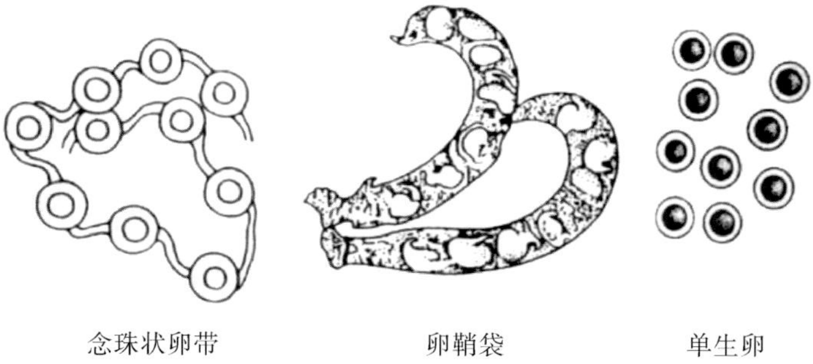

图 2-11　有尾目卵（费梁和叶昌媛，2001）

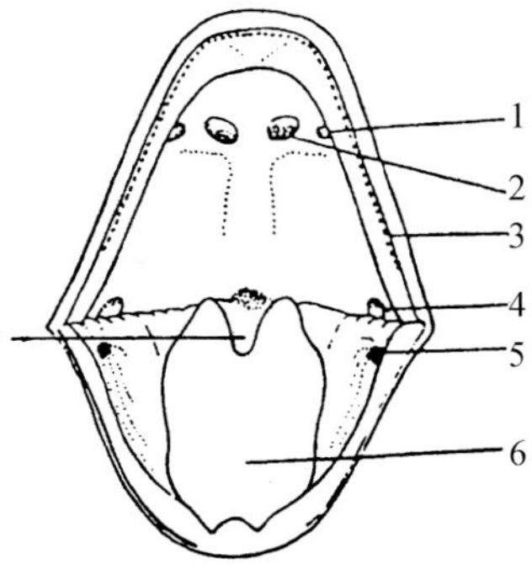

图 2-12 无尾目口腔（费梁和叶昌媛，2001）

1. 内鼻孔；2. 犁骨齿；3. 上颌骨；4. 咽鼓管孔；5. 声囊孔；6. 舌；7. 舌后端缺刻

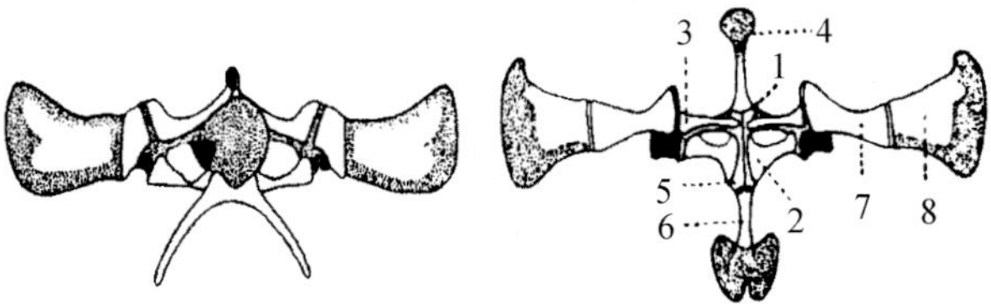

a.弧胸型肩带　　b.固胸型肩带

图 2-13 肩带类型（费梁和叶昌媛，2001）

1. 前喙软骨；2. 喙骨；3. 锁骨；4. 前胸骨（上胸骨、肩胸骨）；
5. 上喙骨；6. 正胸骨；7. 肩胛骨；8. 上肩胛骨

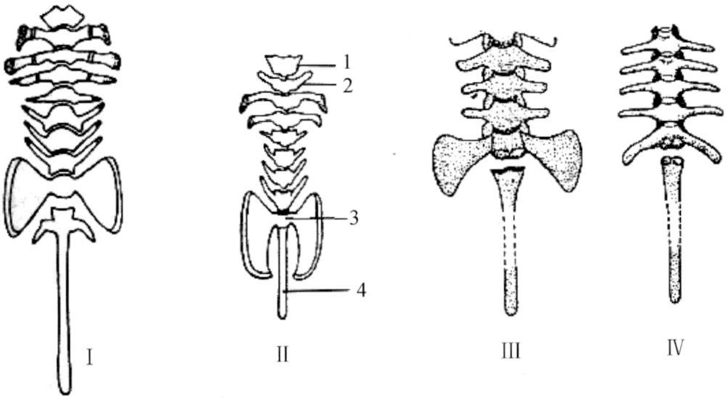

图 2-14 无尾目椎体类型（腹面）（费梁和叶昌媛，2001）

Ⅰ. 后凹型；Ⅱ. 变凹形；Ⅲ. 前凹型；Ⅳ. 参差型；1. 颈椎；2. 躯椎；3 荐椎；4 尾椎

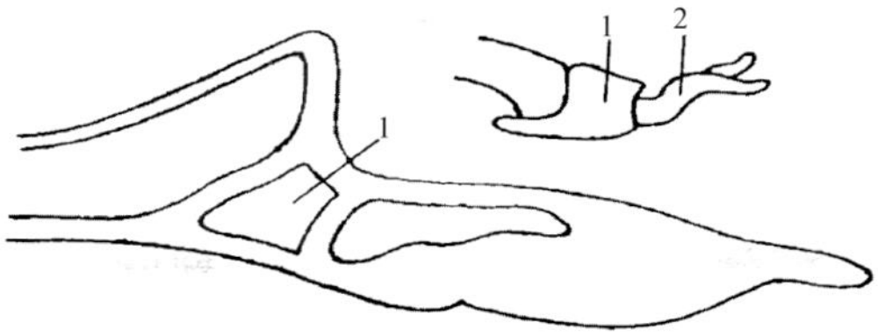

图 2-15 指趾末端骨节

1. 介间软骨；2. “Y”形骨

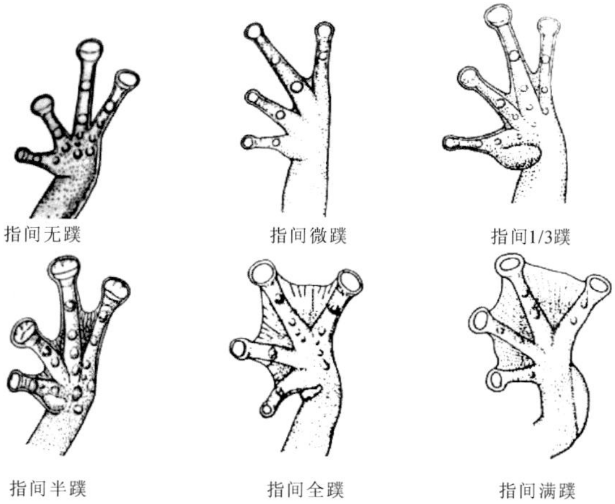

图 2-16 指间蹼结构（费梁和叶昌媛，2001）

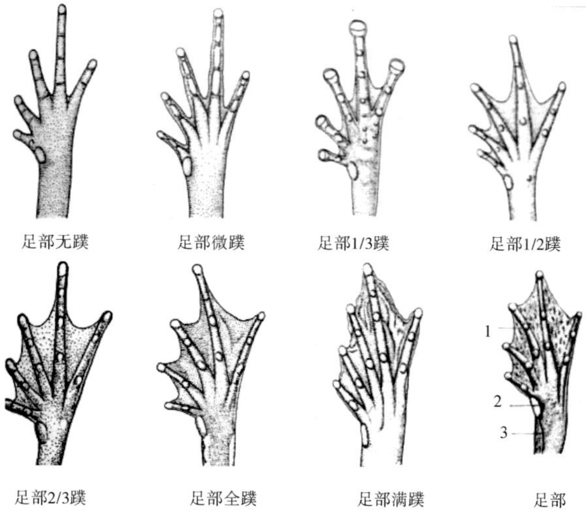

图 2-17 足部蹼结构（费梁和叶昌媛，2001）

1. 关节下瘤 2. 内蹠突 3. 跗褶

二、两栖动物的分类检索

（一）两栖动物的分目检索

四川土著两栖类动物共有 2 目 10 科 31 属 108 种（赵尔宓，2003），其目（或亚目）检索如下：

1. 有尾，体型长；少数种类后肢退化或终生有鳃；幼体先长出前肢 ……………… 有尾目 Caudata

   无尾，体宽短；均有四肢，跗部长；变态后绝无鳃；幼体先长出后肢 ……………… 无尾目 Anura

（二）有尾目的分科检索

四川土著两栖类动物共有 2 目 3 科 6 属 12 种（赵尔宓，2003），其分科检索如下：

1. 犁骨齿不呈“/\”形，体侧肋沟明显；卵群包裹在一对胶质卵袋或卵鞘袋里 ……………… 2

   犁骨齿呈“/\”形，体侧肋沟不显；卵成单粒状 ………… 蝾螈科 Salamandridae

2. 眼适中，有眼睑；体侧无纵肤褶；犁骨齿为两短列呈“/\”形或长呈“∪”形；卵单行或多行交错排列在卵鞘袋里 ……………… 小鲵科 Hynobiidae

   眼小，无眼睑；体侧有纵肤褶；犁骨齿呈一长列，与上颌齿平行成弧形；卵袋成念珠状 ……………… 隐鳃鲵科 Cryptobrachidae

（三）无尾目的分科检索

四川土著两栖类动物共有 2 目 7 科 25 属 96 种（赵尔宓，2003），其分科检索如下：

1. 左右上乌喙骨相互重叠，肩带可以左右交错活动（弧胸型） ……………… 2

   左右上乌喙骨紧密连接或合并，肩带不能左右交错活动（固胸型） ………… 5

2. 脊椎骨为后凹型，成体有肋骨 ……………… 铃蟾科 Bombinatoridae

   脊椎骨不为后凹型，成体无肋骨 ……………… 3

3. 尾杆骨髁 1 枚，或荐椎后端与尾杆骨愈合；一般趾蹼不发达 ……………… 角蟾科 Megophryidae

   尾杆骨髁 2 枚；一般趾蹼较发达 ……………… 4

4. 指趾端不膨大；上颌无齿，有耳 ……………… 蟾蜍科 Bufonidae

   指趾端膨大呈吸盘状；上颌有齿，无耳后腺 ……………… 雨蛙科 Hylidae

5. 上颌具齿；趾间具蹼；鼓膜明显 ……………… 6

上颌无齿；趾间几乎无蹼；鼓膜不明显 ………………………… 姬蛙科 Microhylidae

6. 指趾端形直，或末端趾骨呈“T”形 ……………………………………… 蛙科 Ranidae

指趾端膨大呈吸盘状，末端趾骨呈“Y”形 ……………… 树蛙科 Rhacophoridae

第四节　爬行动物野外识别的基本方法

全世界现存爬行动物约有 9000 多种（Uetz and Hallermann，2012），我国现有爬行动物 431 种（胡杰，2012），其中西南地区爬行动物种类丰富，约 180 种以上，占我国的 42%。四川共有爬行动物 2 目 12 科 45 属 105 种（赵尔宓，2003）。

一、爬行动物各目的识别依据

（一）龟鳖目的识别依据

龟鳖目的分类识别，主要依据骨骼的构造、四肢形状和表皮结构；属种的识别还要依据背、腹甲骨板和盾片（角质板）的形状、数目和排列方式，头部皮肤或鳞片的征状，韧带组织的有无，吻突的长短等。龟壳背甲和腹甲各盾片与骨板更是常用的分类特征。

（二）蜥蜴亚目的识别依据

蜥蜴亚目的识别依据骨骼特征和体表被覆的鳞被征状外，鼻孔的位置、耳孔的大小、四肢发达的程度、指趾的形态及结构，股窝、鼠蹊窝或肛窝的有无等，都是分类识别的标志。蜥蜴目各属种的鳞片大小、形状、数目和排列情况比较稳定，是分类识别的主要依据。

（三）蛇亚目的识别依据

蛇亚目分类上，科与亚科的识别主要依据骨骼的构造和牙齿的特点；对属与种的识别，主要依据鳞片的形状、数目、排列和起棱情况，色斑的特点，以及外部器官如鼻孔的大小与位置、眼的大小、瞳孔的形状、雄性交接器的结构等。蛇类鳞片形状、数目、排列和起棱情况等，是识别属种的主要依据（图 2-18 至图 2-22）。

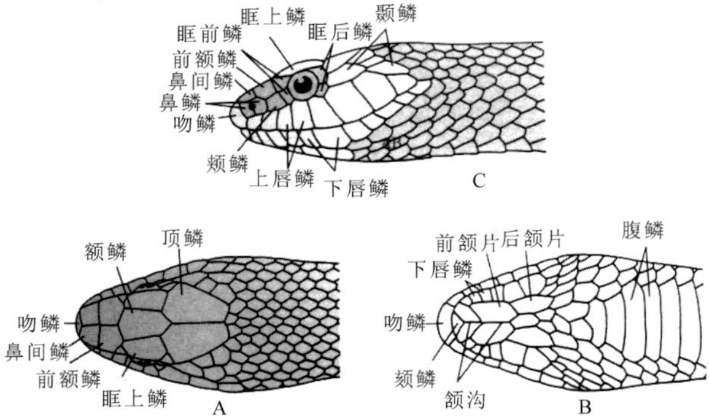

图 2-18　蛇类头部的鳞被（赵尔宓和鹰岩，1993）

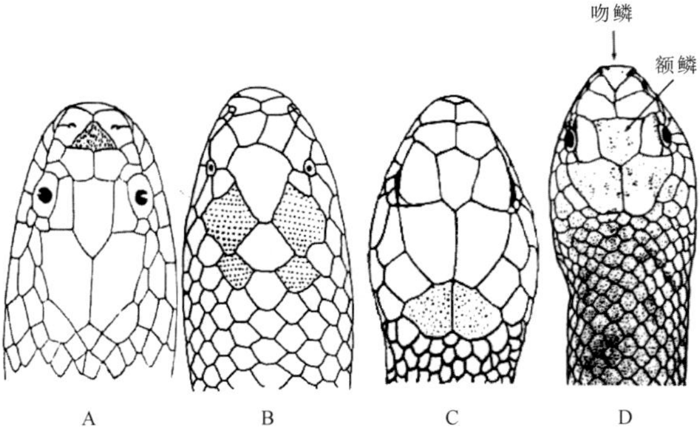

图 2-19　蛇类头部背视

A. 单枚鼻间鳞（加网点者）；B. 四枚顶鳞（加网点者）；C. 1 对枕鳞（加网点者）（赵尔宓等，1998）；D. 吻鳞发达，弯向头背（赵尔宓和鹰岩，1993）

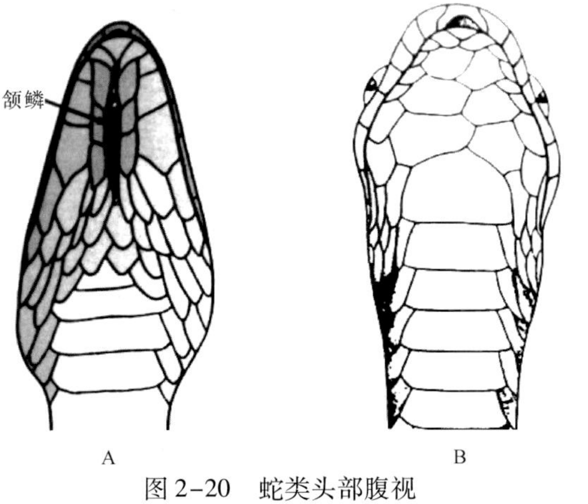

图 2-20　蛇类头部腹视

A. 具有颔沟；B. 无颔沟（赵尔宓和鹰岩，1993）

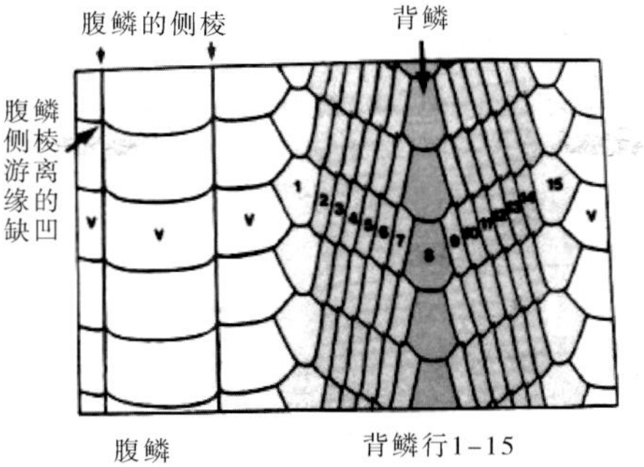

图 2-21 过树蛇类的背鳞和腹鳞（赵尔宓和鹰岩，1993）

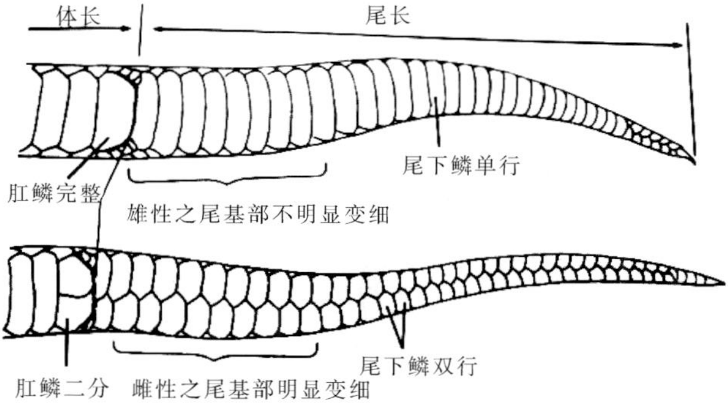

图 2-22 蛇类尾部鳞片，肛鳞完整与二分和尾下鳞单行与双行，兼示躯干和尾的界限（赵尔宓和鹰岩，1993）

二、爬行动物的分类检索

（一）爬行动物的分目检索

四川爬行动物共有 2 目 12 科 45 属 105 种（赵尔宓，2003），其目（或亚目）检索如下：

1. 体尾短；背腹有骨质硬甲；上下颚无齿，颚缘有角质鞘（喙）…………………………………………………………………………… 龟鳖目 Testudoformes

   体尾较长；背腹无硬壳；上下颚有齿，无角质鞘（喙） ……………………… 2

2. 下颚骨与颅骨借关节直接相连，左右下颚骨在前段骨缝固定连接，口不能张很大；有四肢，部分种类前肢或后肢退化，甚至四肢都退化缺失的，体内仍保留肢带遗迹；尾长往往大于体长或者至少二者约等长；有活动眼睑及鼓膜 ………………………………………………………………………… 蜥蜴亚目 Lacertilia

   下颚骨接方骨间接与颅骨相连，左右下颚骨在前端以韧带相连，口能张很大；

四肢退化缺失，部分低等种类虽有后肢遗迹，但体内无肢带遗迹；尾长相当于头体长的 1/5 到 1/2；无活动眼睑和鼓膜 ……………………… 蛇亚目 Serpentes

（二）蛇亚目常见科检索

四川蛇亚目共有 4 科 30 属 69 种（赵尔宓，2003），其科检索如下：

1. 头尾与躯干部分区不明显；眼退化呈覆盖于鳞片下的黑点 ……………………… …………………………………………………………………… 盲蛇科 Typhlopidae

 头尾与躯干部分区明显；眼不呈覆盖于鳞片下的黑点 ……………………………… 2

2. 下颚骨前段没有毒牙 ………………………………………………… 游蛇科 Colubridae

 下颚骨前段有毒牙 ……………………………………………………………………… 3

3. 上颚骨不能活动，前段具沟牙，其后有或无较小的上颚齿 … 眼镜蛇科 Elapidae

 上颚骨能活动，只有一枚管牙（及预备牙） ……………………… 蝰科 Viperidae

第五节 鸟类野外识别的基本方法

全世界现存鸟类约 9000 多种（李桂垣，1993），中国有 1371 种（郑光美，2011），四川省现有 705 种鸟类分布纪录，属于 21 目 81 科，占中国鸟类种数的 51.42%（付长坤等，2014）。

一、鸟类身体主要部位的名称及鉴别术语（图 2-23）

（一）头部

1. 头部主要部位的名称及鉴别术语

（1）额：头的最前部，与上喙基部相连。

（2）头顶：额后面，为头的正中部。

（3）额板：又称额甲，为额部的裸皮角质化板。

（4）嘴甲：为喙端的甲状加厚部分。

（5）蜡膜：上喙基部的皮肤盖，是一种感觉器。

（6）眼先：位于喙角后和眼前的区域。

（7）眼圈：眼的周缘，呈圈状，有时为裸皮。

（8）颊：耳羽与颏喉之间的区域。

（9）耳羽：或称耳覆羽，着生于耳孔周围，覆盖耳孔。

（10）面盘：围绕双眼、鼻、口的羽毛形成人面状。

（11）羽冠：头顶上特别延长或耸起的羽毛，形成冠状，成簇后伸。

（12）枕冠：后头上特别延长或耸起的成簇长羽。如鹭类繁殖期的辫状枕冠。

（13）肉冠：头上的裸皮突出部形成的冠状结构。

2. 头部的斑纹（图 2-24）

（1）中央冠纹：又称顶纹。位于头顶部中央的纵纹。

（2）侧冠纹：头顶两侧的纵纹。

（3）眉纹或眉斑：位于眼上部的斑纹，短的称眉斑，长的称眉纹。

（4）贯眼纹：又称过眼纹。自眼先穿过眼及眼周延伸至眼后的纵纹。

（5）颊纹：又称颧纹。自前而后，贯颊的纵纹。

（6）颚纹：自嘴角向后延伸，介于颊和喉之间的纵纹。

（7）颏纹：贯于颏部中央的纵纹。

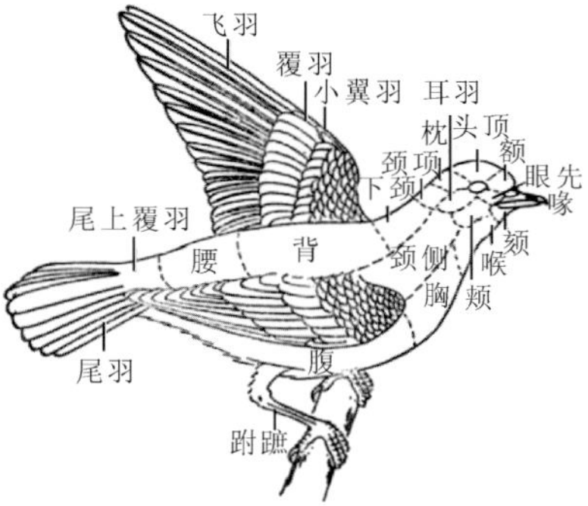

图 2-23 鸟体外形图

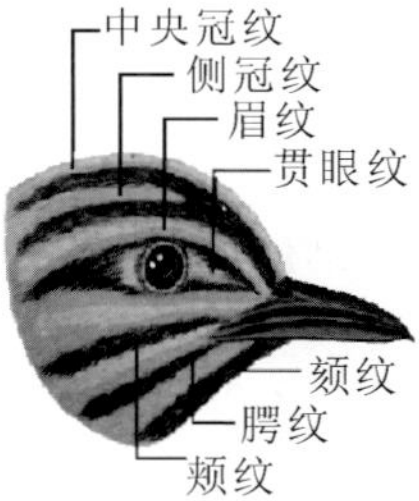

图 2-24 鸟头部的各种斑纹

3. 喙

（1）会合线：自喙角至喙尖的咬合线，其边缘称啮缘。

（2）隆端：喙端的隆起部。

（3）鼻孔：喙基的成对开孔。

（4）鼻沟：上喙侧部的一对深沟，鼻孔位于沟内，见于某些海鸟。

（5）嘴须：嘴角上方的成排长须，在某些飞捕昆虫的鸟类发达。

（6）副须：头部除嘴须以外的成排小须，依着生部位可分别称为鼻须、颏须。

（二）颈部

（1）后颈：与头的枕部相接近的颈后部。

（2）颈冠：着生于后颈部的长羽。

（3）翎领：着生于后颈四周的长羽，形成领状。

（4）披肩：着生于后颈的披肩状长羽。

（5）喉：紧接颏部的羽区。

（6）喉囊：喉部可伸缩的皮囊，食鱼鸟类常具。

（三）躯干部

（1）背：自颈后至腰前的背方羽区。

（2）肩：背的两侧、翅基部的长羽区域。

（3）翕（xī）：上背部、肩部及翅的内侧覆羽所合成的一块羽区。

（4）腰：下背部之后、尾上覆羽前的羽区。

（5）胸：龙骨突起所在区域。

（6）胁：体侧相当于肋骨所在区域。

（7）腹：胸部以后至尾下覆羽前的羽区，可以泄殖腔孔为后界。

（8）肛周：围绕泄殖腔四周的一圈短羽。

（四）翼

1. 翼羽的分类及鉴别术语

（1）飞羽：着生在掌指和尺骨后缘的一长列羽毛，是构成翼的主要部分。由外向内又可分为初级飞羽、次级飞羽和三级飞羽。

初级飞羽：是指着生在掌指骨下羽毛；

次级飞羽：位于初级飞羽的内侧，着生在尺骨上的羽毛；

三级飞羽：或称内侧飞羽，在次级飞羽的内侧，着生在肱骨上的羽毛。

（2）小翼羽：着生在第二指骨上的一撮羽毛。

（3）覆羽：为覆盖在飞羽基部的小型羽毛。

（4）翼角：翼的腕关节弯折处。

（5）翼镜：翼上有特别明显的色斑，通常为初级飞羽或次级飞羽的不同羽色区段所构成。

（6）腋羽：翼基下的覆羽。

（7）肩羽：位于翼背方最内侧的覆盖三级飞羽的多层羽毛，当翅合拢时恰好位于肩部。

（8）缺刻：初级飞羽羽片的外翈先端突然变窄，致使这一段的外翈几乎贴紧羽干，形成“缺刻”，是许多鸟类的种间分类依据。

2. 翼形

（1）圆翼：最外侧飞羽（退化飞羽不计）较内侧的飞羽略短，形成圆形翼端。

（2）尖翼：最外侧飞羽（退化飞羽不计）最长。其内侧飞羽逐渐缩短而形成尖形翼端。

(3) 方翼：最外侧飞羽(退化飞羽不计)与内侧数枚飞羽相等长，形成方形翼端。

(五) 尾

1. 尾羽

(1) 中央尾羽：居于中央的一对尾羽。其外侧者统称外侧尾羽。

(2) 尾上覆羽：上体腰部之后、覆盖尾羽羽根的羽毛。

(3) 尾下覆羽：下体泄殖腔开口之后、覆盖尾羽羽根的羽毛。

2. 尾形

依据中央尾羽与外侧尾羽间的长短差异，可分为八种鸟尾的类型（图 2-25）：

(1) 平尾：中央尾羽与外侧尾羽长短相等。

(2) 圆尾：中央尾羽较外侧尾羽略长，形成圆形尾端。

(3) 凸尾：中央尾羽明显长于外侧尾羽，形成凸形尾端。

(4) 楔尾：中央尾羽显著长于外侧尾羽，形成楔形尾端。

(5) 尖尾：尾中央尾羽特长。

(6) 凹尾：中央尾羽较外侧尾羽短，但相差甚少。

(7) 燕尾（或称叉尾）：中央尾羽较外侧尾羽短，但相差较著。

(8) 铗尾：中央尾羽较外侧尾羽短，且最外侧尾羽特长，相差极显著。

(六) 脚

1. 鳞片

跗蹠部后缘常被两个整片纵鳞，而其前缘被鳞情况可分为下列几种类型。

(1) 盾状鳞：跗蹠部前缘被横行鳞，鳞与鳞间界限清晰。

(2) 网状鳞：跗蹠部前缘被的鳞呈网状。

(3) 靴状鳞：跗蹠部前缘被的鳞呈整片状。

2. 距

跗蹠部后缘着生的角质突起物，其内常有骨质突。某些种类（例如雉类）的雄性距发达，为求偶斗争及性选择的特征性结构。

3. 趾型

鸟类具四趾，趾型有常态趾（或不等趾）、离趾足、对趾足、异趾足、转趾足、并趾足、前趾足（图 2-26）。

（1）常态足：四趾中第1趾向后，第2、3、4趾向前。如鸡形目种类；而有些种类趾发育强大，其爪勾曲，为掠食性需要，如鹰、鹗等猛禽。

（2）离趾足：常态足的一种，爪较发达，且后趾和爪的长度较中趾为长。如麻雀、画眉、八哥、黄鹂等雀形目鸟。

（3）对趾足：第2、3趾向前，第1、4趾向后。如鹦形目、鸳形目及鴷形目种类。

（4）异趾足：第3、4趾向前，第1、2趾向后。见于咬鹃目种类。

（5）转趾足（或称半对趾足）：第2、3、4趾向前，第1趾向后，但第4趾可以扭转向后。见于鸮形目种类。

（6）并趾足：三趾向前，一趾向后，但前三趾基部相合并。见于佛法僧目、戴胜目及犀鸟目种类。

（7）前趾足：四趾均向前。见于雨燕目种类。

4. 蹼

鸟类的蹼型可分为蹼足、凹蹼足、半蹼足、全蹼足和瓣蹼足（图2-27）。

（1）蹼足：前三趾间有发达的蹼膜相连，如雁鸭类。

（2）凹蹼足：与蹼足相似，但蹼膜向内凹入，如鸥类。

（3）半蹼足（微蹼足）：蹼的大部分退化，仅趾间基部留存，如鸻鹬类。

（4）全蹼足：前趾及后趾间都有发达的蹼膜相连，如鹈形目种类。

（5）瓣蹼足：趾的两侧附有叶状膜，如白骨顶以及䴙䴘目种类。

（七）羽饰斑纹

通常用于分类学上的有：点斑、鳞斑、横斑、蠹（dù）状斑、条纹、块斑及羽干纹。

二、鸟类的生态类群

依据生活习性和形态特征，把鸟类分成以下9种生态类群。

（1）走禽类（见于平胸总目）这类鸟嘴的形状扁短；都在沙漠和草地上生活；胸部不突起，没有龙骨突；翅膀几乎完全退化，因此不会飞行；双脚强大有力，善于奔跑，而且行动迅速，如鸵鸟、食火鸡等。

（2）水禽类（企鹅总目）海生的善于游泳和潜水，翼退化，不会飞，但后肢发达，善于在地面上行走，适于沙漠地带生活。

（3）涉禽类［鹳形目、鹤形目、鸻形目（鸥科鸟又似游禽）］适合在沼泽和岸边生活，脚和脚趾特别长，适应涉水行走；因为腿长，势必要低头啄食，所以生有较长的脖子，如丹顶鹤、白鹭等。

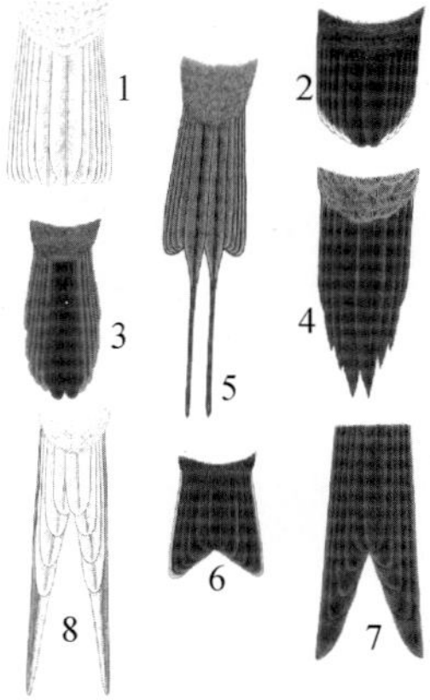

图 2-25　鸟类的各种尾型

1. 平尾　2. 原尾　3. 凸尾　4. 楔尾　5. 尖尾　6. 凹尾　7. 叉尾　8. 铗尾

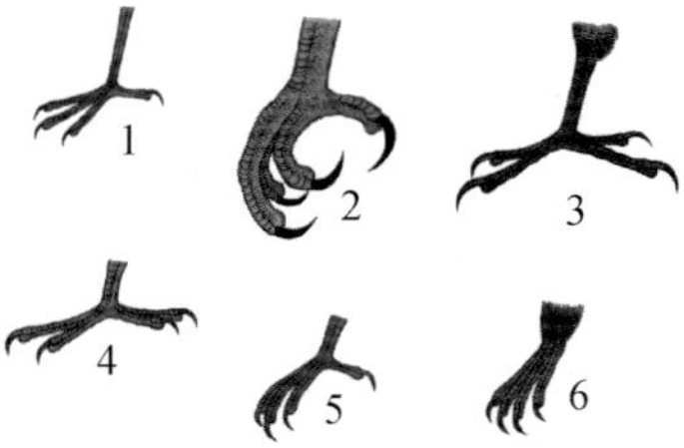

图 2-26　鸟趾的各种类型

1. 2. 不等趾型　3. 对趾型　4. 异趾型　5. 并趾型　6. 前趾型

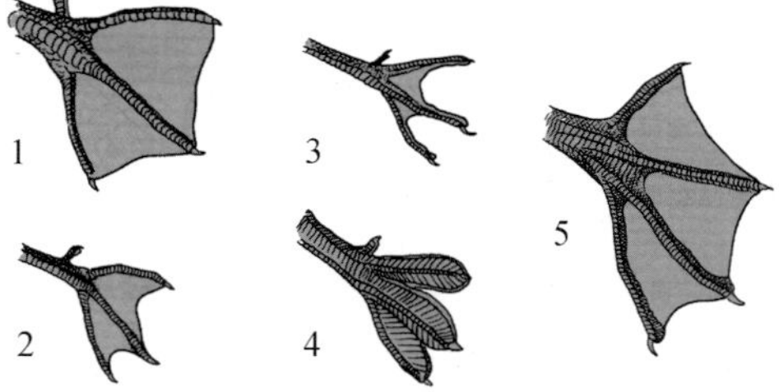

图 2-27　鸟蹼的各种类型

1. 蹼足　2. 凹蹼足　3. 半蹼足　4. 瓣蹼足　5. 全蹼足

（4）游禽类（鹈鹕目、鹱形目、鹈形目、雁形目、鸻形目中鸥科）这类鸟大多在水上生活。脚短，趾间有蹼；嘴多阔而且扁平，适合在水中索取食物。如雁、鸭、天鹅等。

(5) 鹑鸡类（鸡形目）它们大多数是定居的鸟类。身体健壮；有坚硬的嘴和强有力的腿，并生有适合挖土的钩爪；翅膀短小，不善于长距离飞行。如灰胸竹鸡、雉鸡等。

(6) 鸠鸽类（鸽形目）嘴比较短，基部柔软；主要营树栖生活；特别擅长飞行；吃植物性食物；它们的嗉囊能分泌乳汁用来哺育雏鸟。如岩鸽、山斑鸠等。

(7) 攀禽类（鹦形目、鹃形目、夜鹰目、佛法僧目、啄木鸟目、雨燕目）最明显的特征是：脚趾攀趾型（对趾、异趾、并趾、前趾）有利于攀缘树木。有专吃树皮里害虫的啄木鸟，有吃毛虫的能手杜鹃，还有常年生活在水边靠捕捉水中小动物为食的翠鸟等。

(8) 猛禽类（隼形目、鸮形目）嘴和脚均强大有力，嘴有利钩，脚爪尖锐；翅膀强大有力，有的种类翱翔能力很强，能巧妙地利用上升气流，长时间地盘旋在高空；性情凶猛，专门捕食其他动物。如鸢、游隼、秃鹫、鸮等。

(9) 鸣禽类（雀形目）数量最多。个体都比较小；擅长鸣叫；能做精巧的窝巢，如百灵、画眉、麻雀、红嘴相思鸟等。

三、鸟类野外识别的基本方法

在野外识别鸟类，主要根据形态分类特征及生态习性进行观察识别。通常在未到达观察采集地点之前，应事先了解观察地点的环境特点，估计可能遇见的鸟类类群。例如，到山地林区可以看到啄木鸟、杜鹃和一些雀形目鸟类；在高山的不同垂直带分布有不同的鸟类；在一片树林的不同层次也可以看到不同的鸟类；到水区可以看到游禽、涉禽和一些在水边的大树或灌丛中生活的鸟类；在多岩石的山溪和平坦的水稻田，遇到的水鸟也有所不同。这样，根据生态类群所做的划分和选择，便缩小了观察的种数，有助于研究鸟类的分布规律，常可收到事半功倍的效果。

（一）根据外形特征识别

1. 身体的大小和形状

与麻雀相似的有文鸟、山雀、金翅及燕雀等；与八哥相似的有椋鸟及鸫等；与喜鹊相似的有灰喜鹊、灰树雀、红嘴山鸦、杜鹃及乌鸦等；与老鹰相似的有鹰、隼、鹞、鸮等，大型的有鹫及雕；与鸡相似者：松鸡、榛鸡、石鸡、竹鸡、马鸡、勺鸡、长尾雉、白鹇及鹧鸪等；与白鹭相似的有多种鹭类、黑鳽、大麻鳽等，大型的有鹳及鹤。

2. 喙的形状

长嘴者：翠鸟、啄木鸟、沙锥、鹭、苇鳽、鹳及鹤等；嘴向下弯曲者：戴胜、杓鹬及太阳鸟等；嘴先端膨大者：琵嘴鸭及勺嘴鹬等；嘴呈宽而短的三角形者：夜鹰、雨燕、家燕等；嘴成圆锥状的：个体较大的如蜡嘴雀，个体较小的如麻雀、白腰文鸟、斑文鸟及金翅雀等。

3. 翅和尾的形状

对于在空中飞行的难以近距离观察的鸟，根据翅和尾的形状可以初步鉴定出所属类群。隼形目中鹰的翅多是圆形，隼的翅是尖长的；家燕和雨燕的翅均为尖形翅，但家燕的翅有明显的翼角，雨燕的翅如镰刀形；鹌鹑、斑翅山鹑、八色鸫、鸊鷉等种类尾很短；马鸡、长尾雉、雉鸡、杜鹃、喜鹊、寿带等具有很长的尾；燕鸥、雨燕、金腰燕、家燕、毛脚燕、岩燕、卷尾及燕尾等属叉尾型，鸥类鸟为平尾。

4. 腿的长短

腿特别长者：鹭、鹳、鹤、鸨、鸻、鹬等涉禽。腿特别短者：夜鹰、旋木雀、普通䴓。

5. 羽毛颜色

野外观鸟应顺光观察，因逆光观察容易产生错觉，不易分清颜色。除注意整体颜色之外，还要在短时间内看清头、背、尾、胸等主要部位，并抓住一两个显要特征，如头颈、眉纹、眼圈、翅斑、腰羽及尾端等处的鲜艳或异样色彩。具体如下：

（1）几乎全为黑色者：鸬鹚、红骨顶、白骨顶、董鸡、河乌、噪鹃、黑卷尾、秃鼻乌鸦、大嘴乌鸦及小嘴乌鸦等。

（2）黑白两色相嵌者：白鹳、黑鹳、凤头潜鸭、白翅浮鸥、丹顶鹤、斑啄木鸟、鹊鹞、喜鹊、八哥及冠鱼狗等。

（3）几全为白色者：天鹅、白鹭、朱鹮及白马鸡等。

（4）以灰色为主者：灰鹤、杜鹃、岩鸽、灰卷尾及普通鵟等。

（5）灰白两色相嵌者：白头鹤、白枕鹤、苍鹭、夜鹭、银鸥、红嘴鸥、白胸苦恶鸟、燕鸥、白额燕鸥及灰山椒鸟等。

（6）以蓝色为主者：蓝马鸡、蓝翡翠、翠鸟、三宝鸟、红嘴蓝鹊、蓝歌鸲（雄）、红胁蓝尾鸲（雄）、红尾水鸲（雄）及蓝矶鸫（雄）。

（7）以绿色为主者：绯胸鹦鹉、栗头蜂虎、绿啄木鸟、大拟啄木鸟、红嘴相思鸟、绣眼鸟及柳莺等。

（8）以黄色为主者：黄鹂、黄腹山雀、金翅雀及黄雀等。

（9）以红色或锈红色为主者：红腹锦鸡、赤红山椒鸟（雄）、朱雀（雄），北朱雀（雄），红交嘴雀（雄）、红隼、棕背伯劳、棕头鸦雀和锈脸钩嘴鹛等。

(10) 以褐色或棕色为主者：种类繁多，如部分雁、鸭、鹰、隼、鸱鸮、鹬、斑鸠、雉鸡、云雀、鹨、鹟、画眉、树莺、苇莺、扇尾莺及旋木雀等。

(二) 根据飞行与停落时的姿态识别

1. 飞行姿态

波浪式前进者：鹡鸰、鹨、燕雀及啄木鸟等；飞行路线近乎一条直线：伯劳、翠鸟等；空中兜圈返回树枝者：鹟、山椒鸟、卷尾等；鱼贯式飞行者：红嘴蓝鹊、灰喜鹊及松鸦等；长时间在空中翱翔滑翔者：鹰、鹞等；列队飞行者：雁、天鹅及鹤等。

2. 停落姿态

攀在树干上者：旋木雀、䴓及啄木鸟等；尾上下摆动者：在树上如伯劳，动作慢而清楚，北红尾鸲，尾上下扇动的节奏较伯劳快，且幅度较小；在地上如云雀；在溪流岩石上如水鸲；褐河乌能在溪流中潜水，它与鹪鹩在栖止时常仰头翘尾，形如小公鸡。白顶溪鸲、红尾水鸲等常在河滩石上站立，不时地把尾羽展开再合拢。

3. 行走姿态

鹡鸰常在地上双脚交替快跑；斑鸠、八哥等会在地上缓慢或较快地双脚交替行走；麻雀等小鸟则是双脚同时离地快速跳动前行。

(四) 根据鸣声识别

在繁殖期的鸟类，由于发情而频繁鸣啭，其声因种而异，各具独特音韵，故根据鸣声识别一些隐蔽在高枝密叶间难以发现的或距离较远不易看清的鸟类，可收到事半功倍的效果。此法对资源调查和数量统计尤为重要。在野外常听到的鸟鸣声，大致有以下几类：

(1) 宛转多变：绝大多数雀形目鸟类的鸣啭韵律丰富，悠扬悦耳，但各有差异，如百灵、云雀、画眉、红嘴相思鸟、红点颏、乌鸫、鹊鸲、八哥、黄鹂及白头鹎等；有的还能仿效其他鸟鸣叫，如画眉、乌鸫；有的还能发出像猫叫的声音，如黄鹂。

(2) 重复音节：清脆单调，多次重复。重复一个音节的有灰喜鹊、煤山雀等；重复两个音节的有黑卷尾、黄腹山雀等；重复三个音节的有戴胜、大山雀等，如鹰鹃：guǐ— guí yang（贵—贵阳）；重复四个音节的有四声杜鹃：hū hū hū hǔ（豌豆苞谷），重复五六个音节的有小杜鹃等；重复八九个音节的有冠纹柳莺等。音节更多的如寿带：hǔ hú hǔ！ hǔ hú hǔ hú hǔ hǔ hù！

（3）轻快如铃：如棕脸鹟莺。

（4）尖细颤抖：多为小型鸟类飞行时发出的叫声，似摩擦金属或昆虫翅膀，即颤抖又尖细拖长，如翠鸟、燕尾等。

（5）粗粝嘶哑：叫声单调、嘈杂、刺耳，如雉鸡、野鸭、绿啄木鸟、三宝鸟、大嘴乌鸦、伯劳噪鹛类等。

（6）低沉：单调轻飘的如朱颈斑鸠：gǔ gù gǔ— gu；声如击鼓的如董鸡等。

以上几种在野外识别鸟类的方法，必须灵活运用，不能单凭一种方法。对一些善于鸣叫的鸟类，常循其鸣声，再走近观察形态与颜色，以确切辨认。

第六节　哺乳动物野外识别的基本方法

哺乳纲分为三亚纲，即原兽亚纲（Prototheria）后曾亚纲（Metatheria）和真兽亚纲（Eutheria）。现生哺乳类有 29 目 1229 属 5416 种（Wilson and Reeder，2005）；中国现有哺乳动物 12 目 55 科 245 属 673 种（ 蒋志刚等，2015）。四川共有 11 目 36 科 121 属 225 种（胡锦矗和胡杰，2007），占中国种类的 37. 9% 。

一、哺乳动物身体主要部位的名称及鉴别术语

哺乳动物标本的形态特征包含：外形形态、毛被、体色、体斑、条纹、乳式、头骨、牙齿、躯干骨、肢骨及外生殖器。

（一）哺乳动物外形基本特征术语（图 2-28）

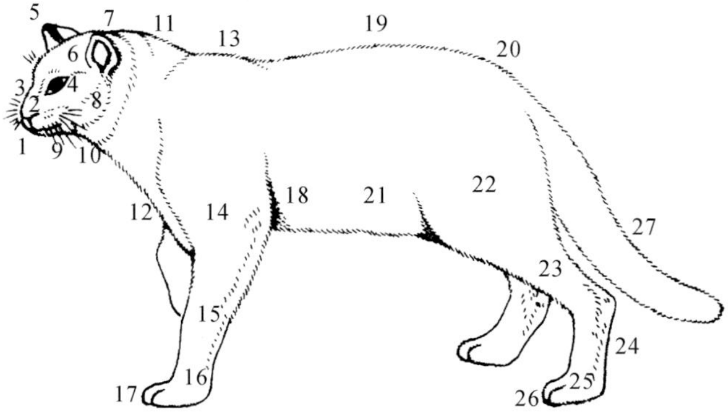

图 2-28　哺乳动物外形基本特征图（猫）
（据王西之和胡锦矗（1999）修改）

哺乳动物的基本外形为：1. 口（Mouth），2. 鼻（Nose），3. 吻（Rostral），4. 眼（Eye），5. 耳（Ear），6. 额（Forehead），7. 枕（Occiput），8. 面颊（Cheek），9. 颏（Chin），10. 喉（Throat），11. 颈背（Nape），12. 前胸（Fore-chest），13. 肩（Shoulder），14. 上臂（Upper arm），15. 前臂（Forearm），16. 腕（Wrist），17. 前足（Fore foot），18. 胸（Chest），19. 腰（Waist），20. 臀（Buttock），21. 腹（Abdomen），22. 股（Thigh），23. 胫（leg），24. 跗（Instep），25. 踝（Ankle），26. 后足（Hind feet），27. 尾（Tail）。

（二）翼手目特有外形特征及术语

翼手目外形除具哺乳动物基本特征外，因其具飞行能力，另有一些独有的特征（图 2–29，2–30）。

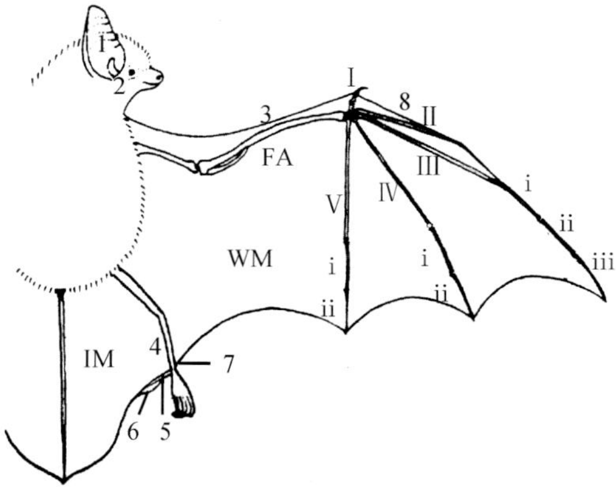

图 2–29　蝙蝠外形特征图（蝙蝠科）
（据林良恭等（1997）修改）

1. 耳廓（Auricle），2. 耳屏（Tragus）（菊头蝠科和蹄蝠科为对耳屏（Antitragus），3. 前臂（Forearm，FA），4. 胫骨（Tibia），5. 距（Calcar），6. 距缘膜（Calcar velum），Ⅰ. 拇指（Thumb），Ⅱ. 第二掌骨，Ⅲ. 第三掌骨，Ⅳ. 第四掌骨，Ⅴ. 第五掌骨；ⅰ. 第一指节，ⅱ. 第二指节，ⅲ. 第三指节；WM. 翼膜（Patagium），IM. 股间膜（又称股膜）（Interfemoral membrane），7. 翼膜在后肢上的终止位置。菊头蝠科的鼻叶：马蹄叶（Horseshoe，或称前鼻叶 Anterior noseleaf），鞍状叶（Sella），连接叶（Connecting process），顶叶（Lancet）。

图 2-30　菊头蝠鼻叶及耳特征图

二、哺乳动物野外识别的基本方法

（一）根据外形特征识别

1. 体形大小

体型较大者：大多数有蹄类动物如扭角羚、梅花鹿、野猪等，食肉目中的黑熊、大熊猫、金钱豹等；体型中等者：食肉目中的犬科及鼬科中的大灵猫、小灵猫，猫科中猞猁、小熊猫、金猫等及大多数灵长类动物；体型较小者：兔形目、啮齿目、食虫目中所有种类及食肉目中部分鼬科动物如香鼬、黄鼬、黄腹鼬等。

2. 是否有角及角的形态

有蹄类中鹿科动物多具分叉的实角，如水鹿雄鹿角分三叉、基部有瘤状突、角干有纵棱。白唇鹿雄鹿角分 5 ~ 6 叉，多达 8 ~ 9 叉，眉叉为直角或钝角、第二叉与眉叉相距较远，角干侧扁。四川梅花鹿雄鹿角一般分 4 叉，偶分 5 叉。对鹿科动物可根据其角柄和角冠的生长情况来鉴定性成熟前的月龄：当年幼鹿不长角，第二年长单枝角，马鹿、梅花鹿从第二年起，一般每年增加一个角叉直到长全，故可在 6 ~ 8 年内根据角叉数来判断相对年龄。至于麂属，只能根据其角来判断成体、亚成体、幼体，一般幼体无角，亚成体单枝角，成体角分小叉。黄麂在 4 ~ 5 月龄长出带茸角桩，约 10 月龄出现角冠，约一年半长出分支（胡锦矗和吴攀文，2006；胡锦矗，2007）。牛科动物具有不分叉的洞角，如岩羊雌雄个体均具角。盘羊的角呈 180°螺旋盘绕；普氏原羚的角尖伸向内上方；藏原羚的角尖伸向后上方（胡锦矗，2007）。

（二）根据活动场所、方式及活动痕迹识别

1. 活动场所及活动方式

鼹鼠类通常会在地里打洞，可见地面有隆起的痕迹及洞的出口。草地上的旱獭也打洞，远远望去可见草坪上有沙堆，可能为旱獭的洞口。有些兽类对某种生境或某些食物特别偏爱，这种生境或食物所在地可以称为嗜好地。扭角羚在 6～9 月，夜晚会成群地去含盐分多的矿石、泥土、泉水等地方舔饮盐分。鹿类爱在林间泥塘或泉水处躺卧或滚稀泥。在发情期，水鹿的泥浴行为很明显。金丝猴往往把猕猴桃或楤木的幼树皮整株地啃得很干净，以致小树树冠畸形或死亡。野猪喜食栎树的果实，黑熊喜食稠李的浆果。灵长类在树间折枝追逐戏耍后，会留下一地残枝落叶。野猪在其领域内挖起小土堆，并在上面排尿排粪（胡锦矗和吴攀文，2006）。蝙蝠中蹄蝠类白天常单个间隔一定距离倒挂休息，个体间不会相互挤在一起。但菊头蝠、鼠耳蝠类等则是团栖，个体间挤在一起，有时上千只聚集在一起（石红艳等，2006）。

2. 叫声

食虫蝙蝠会发出超声波进行回声定位，可以采用超声波探测器录制其发出的声音，根据所发出的超声波特点鉴定出种类或可能的种类（Robert et al.，2009）。小熊猫的叫声带个“哇”音；鹿类会发出尖锐的哨声；担任警戒的羚牛发现险情则发出“梆、梆”的声音（胡锦矗和吴攀文，2006）。

3. 足印

不同动物因为足的形态结构、行走模式、个体大小不一样，留下的足印也有差别，故可根据活动后留下的足印大小、形态、足迹深浅及足印串的类型推测动物的种类（图 2-31 至图 2-33）（马世来，2009）。

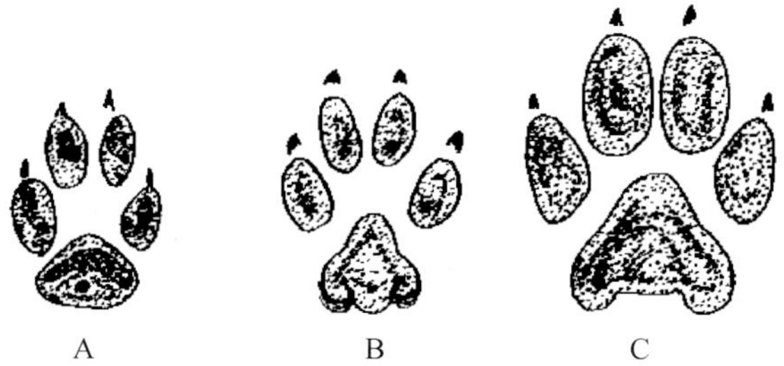

图 2-31　三种犬科动物的足迹（马世来等，2009）

A. 狐　B. 狗　C. 狼

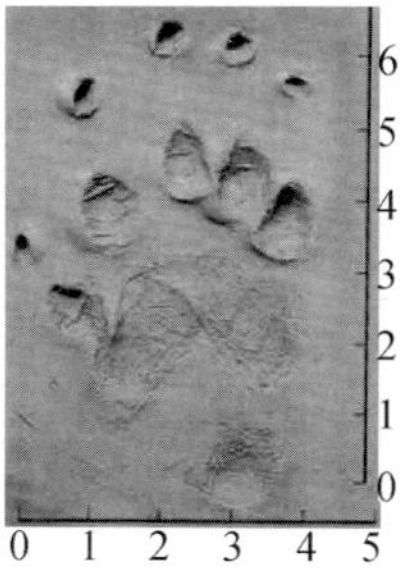

图 2-32　猪獾右前足印（马世来等，2009）

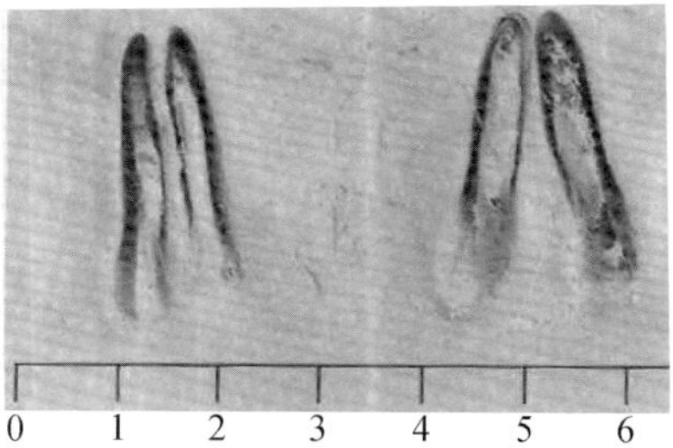

图 2-33　林麝的足印（马世来等，2009）

左：左前足　右：右后足

4. 粪便

从粪团的形态大小来看，大型动物粪团较大，小型动物相对较小。偶蹄类中，鹿科动物的粪团一般有两种类型：一种是软性的棱块叠堆，另一种为干性的圆形颗粒（图 2-34）。大熊猫因食竹，粪团中带有未消化的竹节和较多的竹纤维（图 2-35）。翼手类动物粪团大小与鼠类相似，但翼手类动物食昆虫，粪中可见闪亮的小碎块，是昆虫的复眼或外骨骼，有时可见散落的昆虫的翅；鼠类粪便则颜色暗黑。

图 2-34　梅花鹿的粪团

（马世来等，2009）

图 2-35　大熊猫的粪便

5. 贮食种类和场所

松鼠在树杈间或其他夹缝里夹挂野核桃和蘑菇，待晾干后搬入洞中贮藏（孙海义，1994）。鼹属动物（*Talpa* spp.）贮存去头或截断的蚯蚓；松鼠科动物（Sciuridae）和刺豚鼠科动物（Dasyproctidae）在土壤中分散埋藏坚果和种子；仓鼠科动物（Cricetidae）将植物籽实集中埋藏在很浅的表土下；囊鼠科动物（Geomyidae）则将种子埋入很深的洞道（蒋志刚，1996）。

6. 咬痕

兽类啃咬树干或树枝后常留下痕迹，对咬痕的观察要从咬的位置、咬切面的大小、齿印的宽度和齿印通过树皮的运动方向几个方面进行。咬痕在树干离地 8 cm 处可能是田鼠类的，在离地 45 cm 处可能是河狸的。齿印相对宽度通常有助于区分小型鼠类与松鼠类的咬痕。切口相对面积的大小有助于区分松鼠和豪猪的咬痕。有蹄类啃咬灌木和树叶是用下门齿由下向上耙取或以小角度相对树干啃咬，而豪猪和河狸则以大角度相对树干而啃咬。利用动物捕食猎物或啃咬它物留下的咬痕形态可进行动物种属认定（胡锦矗和吴攀文，2006）。

三、哺乳动物分类检索

四川兽类 Mammalia 分目检索表

1. 指、趾具爪或甲 ·· 2
   指、趾具蹄 ·· 9
2. 指、趾具扁甲，大指、趾与其他指相对，能执握 ·················· 灵长目 Primates
   指、趾具爪 ·· 3
3. 前肢翼状，指间及肢间有翼膜，能飞翔 ························· 翼手目 chiroptera
   前肢不呈翼状，若肢间有飞膜，指正常，指间无翼膜 ························ 4
4. 体被覆瓦状鳞片 ·· 鳞甲目 Pholidota
   体被毛或刺 ·· 5
5. 门齿强大，凿状，犬齿虚位（无犬齿） ························ 6
   门齿不呈凿状，具犬齿 ·· 7
6. 上门齿两对，呈前后重叠排列 ························ 兔形目 Lagomorpha
   上门齿 1 对 ·· 啮齿目 Rodentia
7. 犬齿突出，圆锥形，颊齿从不呈 3 尖状或 4 尖状 ················ 食肉目 Carnivora
   犬齿一般不明显；如果大，不呈圆锥形；颊齿 3 尖状或 4 尖状 ················ 8
8. 体型及大小似松鼠，尾毛蓬松；鼻吻部尖，但不延长 ········ 树鼩目 Scandentia
   体型似鼠，尾毛短而稀；鼻吻部延长，明显超过下唇

………………………………………………………… 食虫目 Insectivora（Eulipotyphla）

9. 后足或前足蹄为单数 ……………………………………………… 奇蹄目 Perissodactyla

四足蹄为双数，第2、3蹄最发达 ………… 偶蹄目 Artiodactyla（Cetartiodactyla）

啮齿目 Rodentia 分科检索表

1. 颧骨构成颧弓的前半部；齿式 1. 0. 1–2. 3/1. 0. 2. 3 ……………………………… 2

颧骨构成颧弓中间或偏后；齿少于22枚 ……………………………………………… 3

2. 颊齿 5/4；后足和尾正常 ……………………………………………… 松鼠科 Sciuridae

颊齿 4/4；后足有蹼，尾大而扁平，无毛有鳞 ………………… 河狸科 Castoridae

3. 颧骨较大，构成颧弓中部，齿式 1. 0. 1. 3/1. 0. 1. 3 = 20 ……………………… 4

颧骨较小，位于颧弓中间偏后，齿式 1. 0. 0–1. 3/1. 0. 0. 3 = 16–18 ………… 5

4. 体被硬刺，尾亦多刺 ……………………………………………… 豪猪科 Hystricidae

体无硬刺，尾甚退化 ……………………………………………………… 豚鼠科 Caviidae

5. 齿式 1. 0. 1. 3/1. 0. 1. 3 = 20 ……………………………………… 睡鼠科 Gliridae

上下颌齿少于20枚 ……………………………………………………………………… 6

6. 齿式 1. 0. 1. 3/1. 0. 0. 3 = 18 ………………………………………………………… 7

齿式 1. 0. 0. 3/1. 0. 0. 3 = 16 ………………………………………………………… 8

7. 后肢较前肢长2 ~ 2. 5倍，后足具五趾，中蹠骨不并合，尾端无毛束……………

……………………………………………………………………… 林跳鼠科 Zapodidae

后肢较前肢约长4倍，后足侧趾退化或不存在，中蹠骨合并，尾端常有毛束

……………………………………………………………………………… 跳鼠科 Dipodidae

8. 眼耳较退化，适于地下生活；眼前孔下缘几乎呈一直线；臼齿具有内褶，磨损后形成环状齿环……………………………………………………… 竹鼠科 Rhizomyidae

眼耳多正常，非地下生活；眼前孔上端宽下端狭小；臼齿不形成内褶的横脊或齿环 ………………………………………………………………………………………… 9

9. 尾毛稀疏而长，颚具2 ~ 3对小孔；臼齿棱脊斜列 ……………………………

……………………………………………………………… 猪尾鼠科 Platacanthomyidae

尾毛密而短，颚无小孔；臼齿咀嚼面横列 ……………………………………………… 10

10. 上臼齿咀嚼面的齿尖排成三纵列，或被珐琅质分割成横裂的板状 ……………

……………………………………………………………………………… 鼠科 Muridae

上臼齿咀嚼面的齿尖排成二纵列或三角形，或被菱形的珐琅质齿环 …………

…………………………………………………………………………… 仓鼠科 Cricetidae

翼手目 Chiroptera 分科检索表

1. 眼大；第2指具爪；臼齿非“W”型 ………………………… 狐蝠科 Pteropodidae

（四川仅1属1种，棕果蝠 *Rousettus leschenaulti*）

眼小；第 2 指无爪；臼齿为“W”型食虫齿 ………………………………… 2

2. 吻鼻部有鼻叶 ……………………………………………………………… 3

吻鼻部无鼻叶 ……………………………………………………………… 5

3. 有分叉状耳屏；鼻叶简单；第 2 指仅 1 节指骨 …… 假吸血蝠科 Megadermatidae

（四川仅 1 属 1 种，印度假吸血蝠 *Megaderma lyra*）

无分叉状的耳屏；鼻叶复杂；第 2 指具 2 节指骨 ………………………… 4

4. 足趾各具 3 节趾骨；鼻叶中有鞍状叶，连接叶以及三角形顶叶 …………………

………………… 菊头蝠科 Rhinolophidae（四川仅 1 属，菊头蝠属 *Rhinolophus*）

足趾各具 2 节趾骨；鼻叶中无鞍状叶、连接叶，但有横条状顶叶 ………………

……………………………………………………………… 蹄蝠科 Hipposideridae

5. 尾全处于股间膜内，不呈游离状 ………………………… 蝙蝠科 Vespertilionidae

尾端从股间膜后缘穿出，明显呈游离状 …………………… 犬吻蝠科 Molossidae

（四川仅 1 属 1 种，皱唇蝠 *Tadarida teniotis*）

第三章　动物标本的采集、制作及保存

动物标本是动物学研究的重要资源，也是动物学课程教学的重要教具。不同类群的动物标本的采集、制作和保存有一定的区别。但所有动物标本都必须有对应的采集标签和采集记录本。已经进行过鉴定的标本还需要系上鉴定标签。采集标签要写明：采集编号、采集地点、采集日期、采集人。鉴定标签只需写物种的中文名和拉丁学名。脊椎动物浸制标本的标签一般用剪成细条的白色棉布制作，用碳素墨水笔或者黑色签字笔在布条上写明采集编号等信息，也可以只写编号，其他信息登记在采集记录本上。剥制标本的采集标签和鉴定标签均可以用硬纸片制作，用碳素墨水笔或者黑色签字笔或者铅笔写明相应的信息，并用棉线拴在标本上。采集记录本主要包含以下信息：标本编号、采集日期、采集地点、采集人姓名、生境（海拔等环境特点）、外形测量（如体重、体长等）、外形特点及生活习性（简明扼要地描述）、浸制还是剥制、存放地点等。

第一节　昆虫标本的采集、制作及保存方法

一、昆虫的采集方法

昆虫种类繁多，生活习性多样，栖息环境复杂，要想采集到理想的标本，就需要有实用的采集工具和科学的采集方法。

（一）采集工具

虫网（捕网、扫网、水网和挂网）、采集瓶、采集管、毒瓶、吸虫管和吸虫器、贝氏漏斗、诱虫灯、采集袋、采集箱、三角纸包、活虫采集盒等。常用的有捕网、扫网、采集瓶、采集管、毒瓶、采集袋、三角纸包、活虫采集盒。

（二）采集方法

1. 网捕

网捕是采集昆虫最常用的方法，其使用工具是捕网。能飞善跳的昆虫，不论是在活动或静息时都应网捕。捕网的使用方法有两种，一种是当昆虫入网后，将网袋

底部往上甩，将网底连同昆虫倒翻上面来；另一种是当昆虫入网后，转动网柄，使网口向下翻，将昆虫封闭在网底部。捕到昆虫后，应及时取出装进毒瓶。取虫时，先用手握住网袋中部，将虫束在网底，再将毒瓶伸入网内扣取。对蜇人的蜂类和刺人的猎蝽等昆虫，由网中取出时，不要用手碰到它，可将有虫的网底部装入毒瓶中，先熏杀后再取出。对蝶蛾类昆虫，应隔网用手轻捏其胸部，使其丧失飞翔能力，以免因虫体挣扎，而使翅和附肢遭到损坏。

2. 扫捕

扫捕法是采集昆虫的主要方法，其使用工具是扫网。可以在大片草地和灌丛中边走边扫，扫的时候要左右摆动。用扫网捕到的昆虫不但种类多，个体多，一网可得数十、数百个小型昆虫，而且时常扫捕到非常珍贵的稀有标本。当扫捕一段时间后，打开网底，如果没有趋光分虫器，可将扫网中的扫集物直接倒入毒瓶，等虫被熏杀后，再倒在白纸上或白瓷盘中进行挑选。

3. 振落

主要用于采集有假死习性的昆虫。常将虫网置于植物枝条下抖动枝条，昆虫就会落入网内；也可在树底下或灌木丛下铺白布单、报纸或倒置张开的雨伞等，然后用手急摇或用脚猛踢树木，振落昆虫。注意，一定要及时收集落下的昆虫，否则它们会很快飞走。用这种方法可以采集到鞘翅目、脉翅目和半翅目的许多种类。

4. 搜寻

主要根据昆虫的栖境、寄主植物危害状或虫粪来搜索采集在地面上、植物上、砖石下或枯枝落叶层中的昆虫，尤其树皮下面、朽木当中是很好的采集处，用刀剥开树皮或挖开朽木，能采到很多种类的甲虫。砖头、石块下面也是采集昆虫的宝库，可以到处翻动砖石土块，也会有不小的收获。

5. 诱集

主要是利用昆虫的趋光性或趋化性等来采集昆虫的一种简便有效的方法。常用的诱集法有灯诱、色诱、味诱和尸诱。

（1）灯诱：主要是用来诱集有趋光性的夜出性昆虫，常用黑光灯或 200 ~ 400 瓦的白炽灯。

（2）色诱：大多数昆虫是红色或橙色盲，但对其他颜色常较敏感，因此，可利用昆虫对颜色的敏感性来采集它们。

（3）味诱：糖醋液和性引诱剂属于这类。利用新鲜蔗渣引诱寄生蜂，利用尿液或汗水诱捕蝴蝶，利用蜜糖诱集蚂蚁，利用腐烂水果引诱果蝇等也属于此类。

（4）尸诱：利用某些昆虫对腐肉或动物尸体一类物质的趋性进行诱集，也是一种有效的采集方法，尤其适于采集各种甲虫。诱集时，将一个玻璃瓶埋在土中，瓶口与地面相平，瓶内放置腐肉或鱼头一类腥臭物。过些时候检查，则会有许多甲虫落入瓶中。

6. 陷阱

对于一些在地面上活动的昆虫，可用此法诱集。在庭院、旷野、丛林中选择适当的位置，先除去附近杂草，再掘一坑洞，内置一大型广口瓶，瓶口和地面齐，上再覆盖板子、土、草，但板子和瓶口要留一些距离，如此，虫经过瓶口便会掉入，可定期检查收集。

二、昆虫标本的制作

为使昆虫标本长期保存，便于使用与交流，采集回来的昆虫标本都需进行整理，制作成各种形式的标本。制作好的昆虫标本，要求标本完整、干净并尽量保持其自然状态，因此需要有一定的技术、适当的工具和科学的方法。

（一）针插标本

1. 工具

准备工具：昆虫针、三级台、展翅板、整姿台、还软器、大头针、黏虫胶等。

2. 方法

（1）针插：昆虫毒死后约 10～16 小时，趁虫体及附肢尚柔软时进行针插。制作时，根据虫体大小选用适当型号的昆虫针，体型中等的昆虫（如夜蛾类）一般用 3 号针；天蛾等大型昆虫一般用 4 号针或 5 号针；叶蝉、小蛾类等小型昆虫则用 1 号或 2 号针。关于不同昆虫的针插位置如图 3–1 所示。

鳞翅目、蜻蜓目和同翅目的昆虫是从中胸背板正中插入；双翅目和膜翅目昆虫从中胸的中间偏右的地方插针；螳螂目和直翅目昆虫是从前胸背板的后部、背中线稍右的地方插入；鞘翅目昆虫插在右鞘翅基部内侧（左上角）插针；半翅目昆虫插在中胸小盾片的中央略微偏右的部位。这种插针部位的规定主要是针插之后不会破坏鉴定特征。

（2）整姿：针插好的标本应进行整姿，其方法是把标本插在硬泡沫塑料板上，用大头针等物固定昆虫的触角、足等部分。整姿时，前足及触角向前，中后足向后，将身体各附属器官伸展开来。首先用镊子将欲固定的部位放到适当位置后，以大头针协助将肢体固定在整姿板上。腹部下垂处可用小棉球垫起，待标本完全干透，再去除大头针等物。整姿的目的是为了充分展示虫体各部形态结构和使标本美观。

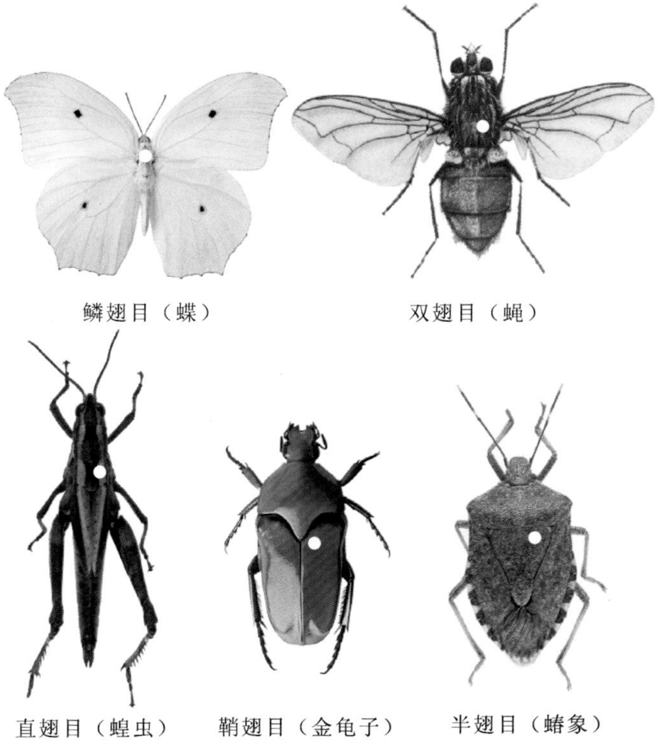

图 3-1　不同昆虫的针插位置

白色小圆点代表针插位置

（3）展翅：对于一些靠翅脉等特征分类的昆虫，如鳞翅目、蜻蜓目、膜翅目等，必须制成展翅标本。其方法是用一块方形硬泡沫塑料板作为展翅板，虫体上插好昆虫针后，针倒置，大头朝下插入泡沫板中，使虫体背部紧挨展翅板，用镊子或长针拨动翅，使翅面充分展开并且左右对称，用纸条或薄塑料布条压住翅，然后用大头针插穿纸条或塑料布条至泡沫板中，使翅膀位置固定不动，并用此法整理触角，待标本干透即可取下。

（4）插签：标本制成后要立即在昆虫针下部插上采集标签。标签可印制，也可自制，规格多为 8 mm×15 mm，上面注明采集地、采集时间和采集人等。待正式鉴定种类后，再在采集标签下插上定名标签。制作好的昆虫标本需放入昆虫盒中保存。

（一）重插法（双插法）及粘贴法（三角纸点胶法或载虫插法）

有些小型昆虫，用普通的昆虫针太大，无法插入虫体，此时就需要用更小的微针来插虫，然后将微针插在小块的软木片上，再将普通昆虫针插在软木片上。若还有更小的昆虫，则可以用黏胶，将虫右侧中胸部分粘贴在小型三角纸的尖端，再用一般昆虫针将三角纸插起来。

（二）浸渍法

该法适用于身体柔软、体形细小的昆虫或昆虫的卵、幼虫和蛹。通常先用专用固定液或热开水将虫体组织固定，再浸泡于95%的酒精中保存。有时标本会脱水或虫体的体液流出，而使酒精浓度变低，那时就必须更换几次酒精。注意盖严瓶口后，请用石蜡、火漆或封口胶密封，贴上标签，放于阴凉处保存。如果虫体微小或数量太少，最好单独放在小指形瓶内浸存，贴上标签（用铅笔写），然后放入广口瓶内的酒精浸液中，同样密封并置于阴凉处保存。

（三）玻片标本

玻片标本适用于体型极小的昆虫，例如虱子、跳蚤、蚜虫和蓟马等。

1. 用具

解剖镜、镊子、解剖针、吸水纸、培养皿等玻璃器皿、酒精、二甲苯、中性树胶、10%的KOH或NaOH。

2. 方法

（1）处死与固定：用70%酒精杀死并固定。

（2）软化：用10%的KOH或NaOH浸泡。

（3）清理内脏：用解剖针在小虫的腹部背面扎两三个小孔，然后用解剖针挤出内脏，并清理干净。

（4）清洗：用小水流清洗干净标本。

（5）脱水：用50%→70%→80%→90%→95%→100%的酒精浓度梯度脱水，每次约5分钟。

（6）透明：用二甲苯透明5～10分钟。

（7）整姿：快速将透明好的标本姿势整理好，使其成为自然状态（用解剖针仔细整姿，让其头向前，体垂直于载玻片的横向，触角向前侧方，翅向两侧，前足向前侧方，中足和后足向后侧方）。

（8）滴胶：滴一滴适度大小的胶滴。

（9）盖片：用一个干净的盖玻片盖好。

（10）贴标签。

（11）干燥：放在平面干燥的盒内或其他容器中阴干。

三、昆虫标本的长期保存

标本制作完成后还应该妥善保存，否则会很快坏掉。

（一）保存设备

1. 标本盒

针插标本干燥后，归类，整齐插入标本盒内长期保存。为防治皮蠹等昆虫的蛀食，在标本盒的四角常固定有樟脑球或萘球，注意及时更换。在标本盒边贴上标签，放入阴凉干燥的标本柜内保存。

2. 标本柜

以上装入标本盒内或瓶内的标本，都应入标本柜存放。柜内各抽屉底部可贮大量熏蒸杀虫剂或去湿剂。当然，标本柜内部结构应根据存放标本的类型来设计，针插标本与液浸标本分开保存，标本柜内各层格或各抽屉都应编号或贴上标签。

3. 保存所用药品

生石灰、樟脑块、酒精、石碳酸、敌敌畏、二甲苯等。

（二）保存注意事项

1. 防潮防霉

在标本盒或标本柜内放吸湿剂或室内装抽湿机，若标本已经发霉，可用无水酒精与石碳酸混合液（7：3）以软毛笔刷洗，也可直接用无水酒精刷洗。

2. 防鼠防虫

防鼠比较容易，防虫则应注意标本盒盖要严密，少开，盒内随时保持驱虫剂或杀虫剂浓烈的气味。若有已生虫的标本，则用药棉浸敌敌畏原液，置于标本盒内，盖上盒盖，熏蒸几天，可杀死蛀虫。

3. 防尘防阳光

盒子少开，密闭，灰尘落入自然少；门窗少开，窗上加帘子，防止阳光直接照在标本上，可延长因日照褪色的时间。

4. 常检查勤熏蒸

为了保护标本免受损坏，应经常检查并每年用药剂熏蒸一两次。

第二节　鱼类标本的采集、制作及保存方法

鱼类标本的采集方法与下文中的鱼类调查方法中介绍的有关鱼类采集方法相同。标本采集后，在鱼的尾柄或胸鳍处系上编号标签，做完记录，将标本清洗干净（大型鱼类要往腹腔内注入适量固定液和防腐剂），矫正体形，暂时放在10%的福尔马林的容器内固定。待鱼体定型变硬后另用5%的福尔马林溶液（或75%的酒精）分别保存。

实习期间，除保存整体标本外，还要进行内部解剖观察。在鱼体内部器官与组织观察时注意把肠胃及性腺分离出来，并把性腺上的结缔组织和脂肪剥离掉，将性腺和肠胃分别装入有固定液的瓶中，贴上标签，以供鉴定食物和计数怀卵量之用。把各采集点的标本收集并测量后，即可填写鱼类种类、数量及登记人，如定点随机取样捕得的鱼种及数量，或其他单位或机构获得的鱼类。经测量记录后，汇总填表留待以后在室内进一步研究分析。

从事标本的鉴定工作，必须依靠检索表和分类学专著，并结合实习地区的科学考察报告或地区性鱼类名录来加以鉴定，对于没有把握的标本，不要轻易定名，以免出差错。详细的标本处理与保存方法如下。

一、鳞片采集和标本制作

取得鱼后，放入清水中，用刀由前至后轻刮，以除去黏液和黏附在皮肤上的污物，洗净取出，在背鳍前半部下方、侧线上方，用镊子轻扯鳞片，即可取下完整鳞片。可对着光用肉眼初步检查，若中央呈网状，乃是再生鳞，应弃除。每条鱼应取20片以上，利用鳞片本身的黏性贴于鳞片册上。鳞片册要写名称、编号、体长、体重、性别、日期、地点，以备将来查考。在室内测年龄时，将取出的鳞片，放入清水或淡氨水中，用刷子将黏液洗去，洗净后取出用软布擦干，然后夹在两个载玻片中，用橡皮筋绑紧，在玻片上编号。全部制好后，逐片置于双微解剖镜下观察，观察时应根据具体情况，倍数不宜过高，以看清楚为原则。每条鱼至少应观察5片以上，以避免差错。

二、鱼类剥制标本的制作

（一）材料的选择和处理

因生态环境的多样性，鱼类的形态变化很大。例如，软骨鱼中的鲨鱼呈长纺锤形，电鳐呈扁平盘状。硬骨鱼中大都为扁纺锤形，如鲤鱼和鲫鱼等；也有呈长圆形的，如鳗鲡和黄鳝等；还有许多特殊的形态，如翻车鱼、双髻鱼等。但是，不论何种形态，除了体小或鳞片极易脱落的种类宜采用浸制法保存外，一般只要选择鱼体新鲜，皮肤和鳞片完整无损者作为制作标本的材料。特殊形态的鱼类，其解剖开口线和制作步骤与一般鱼类略有不同。体形大的鱼类不宜采用浸制方法制作标本。一般常用剥制方法来保存它的外形。

由于某些鱼类在剥皮时，其鳞片极易脱落，而且脱落之后很难胶黏或修补。因此，在剥皮之前可按下列方法进行处理，尤其是鳞片较大的鱼类，如鲤科各种鱼类，大都容易脱落，可用抹布将鱼体表面拭干，置于阴凉处约 1 ~ 2 小时，冬天可稍长些，等鳞片略为干燥后再行剥皮，这样，只要稍加小心就可以避免脱落或少脱落。另外，还可用胶水涂在躯体表面，利用胶水的黏性，使鳞片不易脱落。但在制作期间，要用湿布罩在躯体两侧，以防胶水干燥和皮肤脆裂。

至于鲨鱼、鳐类以及某些鳞片细小且不易脱落的种类，不必通过上述方法处理，只要把躯体表面揩拭干净即可。

（二）记录

除详细记录上述各项测量指标外，还要把物种性别、采集地、采集期、动物身体颜色等相关形态参数记录下来。由于鱼类体色容易变化，需要进行详细记录，以备标本干燥后作为涂色的参考。

和其他动物一样，鱼类大都为雌雄异体，从外表上不易区别，必须解剖其内脏观察。但是有些鱼类在生殖期间，尤其是雄鱼，常显出一种特殊的颜色，即婚姻色，所以，在生殖期比较容易识别，但生殖期一过，特殊的颜色又会消失，而恢复其原有的色彩。有的种类雌雄鳍的形状和大小不同，有些鱼类具有特殊的交接器（例如鲨鱼）等，总之应尽量利用体表构造的差异来确定性别。

（三）鱼类的皮肤剥离法

鱼类躯体的大小和皮肤厚薄关系很大，另外，其外部的形态变化也是多种多样的，因此在剥皮的时候不能同样对待，应根据各种不同的形态，采用不同的剖口线，在不影响皮肤剥离的情况下，力求减少和缩短剖口线。

1. 一般鱼类的皮肤剥离（以鲤鱼为例）

剥皮时，先在工作台上铺一块湿毛巾或抹布，用来减少鱼体与工作台的摩擦，避免鳞片脱落。将鱼体横卧于毛巾上，用解剖刀由躯干部腹面（腹鳍前端）向后直线剖开，绕过肛门直至尾柄基部。继续用解剖刀沿剖口两侧腹面的皮肤与肌肉之间逐渐剖割分离，在剖割时刀口应稍偏向肌肉，宁可割坏肌肉，也要力求避免割破皮肤。剥至腹鳍和臀鳍时，可于体内把腹鳍和臀鳍的鳍棘基部剪断，接着用解剖刀沿着躯体和尾柄的两侧剖割，直至尾的基部时，在尾椎的末端（尾鳍前端）切断。这时尾部的皮肤与肌肉大部分已分离。接着由躯体两侧剖割至背鳍鳍棘基部，也就是至鱼体背脊部时，即用剪刀由尾部背脊向前逐渐把鳍棘剪断，直至头部后侧肩带位置时，再用解剖刀从头的后侧切断颈椎，并把已剥离的肌肉割下。肩带的锁骨、乌喙骨等因与皮肤密切相连，不能切除，可将与皮肤不相连的部分骨骼以及附在上面的肌肉除去。宁可让骨头多留一些于皮上，也不可强取其骨，否则极易造成皮肤破裂。喉部的肌肉只能用刀或剪刀除去，不能往前剥离。

对于大型的鱼体，应在一部分皮肤与肌肉剥离之后，将肌肉分段切除，以减轻躯体重量，便于工作。然后，尽量把鳃和附着于头部的骨肉，尤其是两颊部的肌肉，以及与体表无关的骨头设法尽量除净，并去除脑髓，挖去眼球。最后把残留在躯体各部的肌肉、脂肪等除净。

2. 特殊形态鱼类的皮肤剥离

特殊形态鱼类的剥皮方法与一般鱼类大致相同，所不同的主要是由于它们的形态变化大，因而，其剖口线也颇不一致，其剖口线可按下列原则决定：

（1）尽量减少和缩短剖口线，但必须确保各部分肌肉都能够剔除。

（2）剖口线应尽量藏在隐蔽处，以免影响标本的外观。

（3）保持各器官的完整，如肛门孔、鳍和鳞片等。

根据以上原则，下面介绍几种比较常见而形态特殊的鱼类剖口线开法。

（1）双髻鱼：躯体部分呈纺锤形，可按一般鱼类由腹面纵行剖开。

其头部前端呈弧形，向两侧伸展，似铲状，故在头部腹面剖开成“丁”形。剥皮时应尽量除净头部等处的软骨，以免干燥后收缩而产生凹凸不平的现象。

（2）鳐类：躯体呈扁平的盘状，体盘宽大，单由前胸至尾纵行剖开，还不能把肉体剥下，必须再从两侧之间直线剖开，使两剖口互相垂直，呈“+”形。

（3）翻车鱼：躯体呈侧扁的椭圆形，背鳍和臀鳍很大，向上下伸展，皮肤厚而粗糙，剥皮时很难翻转，所以它的剖口线较其他鱼类大。

（四）鱼类皮肤的防腐处理

将剥离的皮肤浸于75%～80%的酒精中，隔几小时后需翻动一次，使酒精容易渗透到各部位的皮肤中去，避免产生浸渍不匀而使部分皮肤腐烂，鳞片脱落，大型鱼类更应注意。一两天后取出（也可保存较长时间），此时皮肤因酒精的作用而发硬，这是因为皮肤中的一部分水分被酒精吸收所致，故可将皮肤浸于水中冲洗数小时，待皮肤柔软后取出。在皮肤的内侧，用三氧化二砷等混合成的防腐粉涂擦，力求涂擦周到，然后就可进行充填。

（五）鱼类剥制标本的装填法

有充填和躯架两种方法，前者适用于体形小的鱼类，后者适用于体形大的鱼类，现分述如下：

1. 一般鱼类的填充法

先用铁丝和木板（板的厚度按鱼体大小而定），做成类似鱼体中央纵剖面形态的骨架，做法如以下三种（支架的长度、宽度和厚度应根据鱼体的形态作适当的修改）。

（1）用薄木板锯成略似鱼体纵剖面的形态，充作主干板，取一段适当长度和粗细的铅丝，弯成钩状并用钉固定于主干板上，作为支柱。支柱下端用固定台板。它适合于躯体呈侧扁形的鱼类。

（2）用长方形木块连接成主干板，前半段为木块，后半段用铅丝绞合在板上，在板面的适当位置钻两个孔，取两段铅丝约 30 ~ 50 cm（根据鱼的大小而定），分别由孔中穿过而至中点处后，把两侧铅丝折向下方，并且把它绞合在木板中，铅丝的下端作为支柱。它适用于呈纺锤状，且躯体较长的鱼类（例如鲨鱼等），还适用于将尾部做成摆时弯曲姿态的鱼类。

（3）单用铅丝弯曲成纵剖面的形状，它适于体小而短的鱼类，不能负担较大的重量。

必须注意，无论采用哪一种骨架，标本的支柱在体外部分必须留出 20 cm 长，以便固定于台板上。为了标本的美观，一般只用一根较粗的铅丝或圆铁支持身体，但体形大的鱼类需采用两根支柱，使标本更加稳固。

然后，把已制成的骨架装入体内，并将尾端的铅丝插入尾基的上下侧，而头端则插入头颅骨中，使铅丝与躯体互相连接，不致松动。

继续用棉花或木屑或竹丝由尾柄开始充填，每充填一段，随即用针线向前缝合，针口由鳞片之间插入，这样可以隐蔽线的痕迹。如果把标本做成尾向左侧弯曲，则在它的右侧可多填一些。倘若做成静止时的形态，则必须将两侧充填均匀、对称。头部和两侧的鳃裂用竹丝进行充填，避免木屑漏出。或者加入适量的白乳胶，使木屑粘连起来，直至全部充填饱满和缝合为止。

标本缝合之后，如果发现体表有凹凸不平或充填不足的现象，可用手稍加揿捏，或由口腔补充一些填充物入内，务使其表面平滑、充实、饱满。

2. 大型鱼类的躯架装填法（以鲟鱼为例）

鲟鱼的躯体呈纺锤形，体重重者达数百斤，若按上述方法进行充填较难完成。因为标本的重量已超过支架的负荷量，标本无法站立起来。因此必须根据剥制前测得的颈围、胸围及腰围的大小和形状，用木板和木条钉成较躯体略小的中空躯架（制作时可参考兽类躯架装填法）。再取两段直径为 10 ~ 15 mm，长度适当的圆铁作为支柱（支柱两端需绞好螺纹），分别由螺帽固定在躯架和标本台板上。

框架做好后，在它的表面覆以一层竹丝，用绳扎紧，使其表面平稳圆滑，并且与原来的躯体形态相似（如尾部欲做成摆姿势，需钉框架时，把尾部钉成弯曲形状）。然后把躯架装进体内，检查背脊、胸鳍各处是否充实，不足之处可用竹丝进行补充，直到饱满为止，随即用针线把剖口线缝合。

（六）鱼类姿态标本的整形

先用刷或湿抹布把表面黏附着的木屑或竹丝等除净，如果体表涂有胶水，也应除净。接着将标本整理成某种生态姿势。

然后量取两段（或一段）约 10 cm 长，管径较铅丝支柱直径略粗的有色塑胶铝管或光滑的细竹管等，分别套在标本的支柱上，以遮蔽铅丝，避免日久之后铅丝生锈而影响标本的美观。

取一块标本台板，在两支柱相应的位置上钻两个孔，把支柱下端的铅丝由孔中插入，并固定在标本台板的底面，使标本借铅丝或铁元支柱的支持而悬于空中。对于体形大的鱼类。也可不用铅丝支柱。最后把标本搁置于附有圆凹形（根据鱼类体形）托板的标本台板上。

为使鳍条展开，而且不致产生卷曲或凹凸不平现象，可用马烘纸（鳍厚的需用三夹板）剪成略似各鳍条展开时的形状和大小，每鳍各两块，分别夹在鳍的上下或左右，用回形针将鳍一一夹住。须将口部稍微张开，以使牙齿显现，最后将义眼嵌入，置于通风处晾干，切忌在阳光下晒，以防鳞片卷曲翘起。

待躯体干燥后，用稀清漆松香水液涂在躯体表面，以增加光泽并显示其生活时湿润的自然形态，同时具有保护皮肤和鳞片的作用。

为了显示鱼类体表口腔和鳃裂的原有色泽，应根据剥制前的颜色记录或鱼类图谱，用油画颜料掺一些清漆和松香水进行着色，颜色由浅至深，逐步上色，使所着颜色不易擦掉。对于鳞片花纹鲜艳、清晰的鱼类最好选用透明水色，以增加鳞片花纹的透明度。

最后将标签贴在标本台板上。

三、鱼类浸制标本的制作

（一）选择材料

鱼类的标本材料一般是从渔业公司或水产收购站采购而来。在采集时，应注意分类需求，力求增加目、科、种的数目，一般不要追求标本的数量。同时，应选择鳍条完整、鳞片齐全和体形适中的新鲜鱼类作为浸制标本的材料。大型鱼类，因受标本瓶规格的限制，一般不采用浸制方法保存，而是采用剥制方法保存。

（二）整理姿态

将鱼类体表黏液用水冲洗干净。然后进行编号、登记和记录，并将布标签系好。随即在腹腔中注入适量10%福尔马林以固定内脏器官。然后将背鳍、胸鳍、臀鳍和尾鳍适当展开，用塑料薄片或厚纸片等将其夹住，并用回形针夹紧，或者用大头针插入各鳍的基部，使其展开，类似生活时的形态。整理好形态后，放入塑料盘或其他盛器中。

（三）防腐固定

在塑料盘中加入10%福尔马林，使标本浸没在此液中临时固定，待硬化后取出，用水冲洗干净（浸泡过的固定液可留作以后临时固定使用）。

（四）装瓶保存

选取适当大小的标本瓶，洗涤干净，量取标本瓶的内径和高度（扣除瓶盖和瓶底的高度），取2～3 mm厚度的玻璃片，用玻璃刀按规格划好，取一枚长针穿好白色丝线或尼龙线，分别在鱼的胸部和尾柄靠近玻璃的一侧穿过，再把标本系在玻璃片上。然后将标本装入标本瓶中，再加入5 %福尔马林新液，并盖紧。取一张标签，写上学名、中文名、采集日期、采集地和编号后贴在标本瓶的上方。

标本瓶、缸的规格有圆形、长方形、方形，高度也不同，在装瓶时应根据各种鱼类的不同体形进行选择，例如，呈纺锤形的鱼类，宜固定在圆形标本瓶中，鳐类等则宜固定在长方形的标本瓶中。在制作过程中，往往由于标本瓶规格不齐全而受到影响，除了选择时应注意外，制作者也应灵活掌握，例如当鱼的全长超过标本瓶的全长时，可横切尾柄，使其一侧保留部分皮肤，保持它与皮肤的联系，然后将其折转后附在体侧。

在教学和实验中，经常需要将标本取出，以作为分类检索和实验观察时的材料。因此一般不宜将标本瓶封口，这样既可减少封藏时的麻烦，又便于使用。

在野外采集时，无法按上述方法进行制作。必须先将标本进行登记和编号，并用布标签系在尾柄基部（视各种鱼类形态而定），并做好记录，否则标本多时容易遗忘而产生混乱。处理好后进行整形固定，待运回后，再按上述方法进行。

第三节　两栖动物及爬行动物标本的采集、制作及保存方法

一、两栖动物标本的采集、制作及保存方法

（一）两栖动物的采集方法

1. 采集时间的选择

川西北地区两栖动物的最佳采集时期一般在春夏季节，此阶段不仅可采集到成体，也可采集到蝌蚪和卵。

2. 无尾类的采集

春夏季节无尾类夜间活动频繁，容易捕捉，对于具有鸣叫的种类，可借助其鸣声接近之，后用手电筒照射，直接用手或网捕捉；对于洞穴、水边或草丛间的两栖动物，可以使用诱钓法，此法与钓鱼类似，在杆上系一细线或细绳，在其末端系上诱饵（如蚱蜢等），一旦蛙类吞食后，即可顺势捕捉之。冬季由于多数无尾类将进入冬眠状态，可于其冬眠点用手直接捕捉或用网捕捉。

3. 有尾类的采集

有尾类，多水栖，且主要栖息于中、高山的水流平缓的小溪流浅水中，白天多隐蔽于枯枝落叶的石块下或石峰中，因此，可通过翻动石块寻找，发现后，可直接用手捕捉，或用水网捕捞。

（二）两栖动物标本的制作和保存

麻醉：在密闭容器中，使用蘸有乙醚的棉团对两栖动物进行麻醉处理。

固定：将已处死的标本使用水清洗后放置在解剖盘上，测量体长等外形参数，系上棉布采集标签。然后向腹内注射适量的5%～10%福尔马林溶液，再放入盛有5%～10%福尔马林的标本瓶中进行固定，固定时应将标本的背部朝上，四肢做成生活时的匍匐状态，并将指、趾伸展好。固定时间约需数小时至1天左右。

保存：将固定后的标本放入5%～10%福尔马林液或80%酒精溶液中浸泡保存。

二、爬行动物标本的采集、制作及保存方法

（一）爬行动物标本的采集

根据川西北爬行动物的种类，我们下面介绍蜥蜴和蛇类两种爬行动物的采集方法。

1. 蜥蜴类的采集

（1）扑打法：发现蜥蜴时，用柔软的树枝迅速扑打蜥蜴的头部或体躯，使其暂时受震不能活动，然后放入蛙袋中。一般选择带叶枝条扑打，其面积大，易于打中，又不易损坏鳞片或体躯。也可用小网直接扣捕。

（2）活套法：用末端系活套的木棍或鱼竿伸向蜥蜴，将活套套入其头部，立即提起拉回。主要适用于捕捉树上或地面活动的种类。

（3）陷阱法：对于隐藏于洞穴的蜥蜴，可以在其洞口挖一小坑，待其出入掉入该坑中迅速捕捉。

（4）徒手法：寻找壁虎类、睑虎类可在夜间借助手电筒直接手捕。对于无毒蜥蜴，只要方便，均可直接徒手捕捉。

（5）诱钓法：对于栖于石缝中、用手和其他工具难以捕捉的种类，如壁虎类，可采用1m左右长的线，一端系上昆虫，并不时抖动诱饵，利用其咬住诱饵不放的特点进行钓捕。

（6）网捕法：直接用采集网扣捕地面活动的蜥蜴类。

2. 蛇类的采集

遇地面活动的蛇，可用棍棒先压住蛇身上的任一部位，然后再将棍棒移至蛇颈部，用手紧贴蛇头后部捕捉或直接用蛇叉夹住蛇颈部放入采集袋内。对于水蛇或通过游泳逃逸的陆蛇，可用昆虫网兜捕，一旦兜入，应立即转动网柄以封住网兜的口。将蛇放入容器或布袋时，一般用右手捏住蛇颈，左手拉蛇尾使蛇体尽量伸直，以防止其缠绕，然后将蛇尾放入容器中，再立刻松开右手，顺势将蛇头甩入容器中，并迅速盖好容器口。若为布袋，待将蛇尾放进去之后，可用刚腾出来的左手隔着布袋捏住蛇颈，然后再松开右手。

（二）爬行动物标本制作及保存

基于川西北地区的爬行动物种类不同、体型大小等情况，以及采集者的目的和条件，对于爬行动物，可以选择不同的标本制作和保存方法。下面主要介绍浸制法和剥制法。

1. 浸制法

根据标本的体型大小不同我们可以采取如下两种浸制法：

（1）50% ~80% 乙醇浸制法：对于小型爬行动物，可先向动物体内注射乙醇防腐，然后浸泡。对于体型较大的种类可沿腹部中央纵开一口，让侵液进入使内脏器官也浸泡在乙醇里，经浓度逐级提高的50% ~80% 乙醇固定，然后保存于80%的乙醇中。

（2）10%福尔马林浸制法：乙醚或氯仿在密闭容器中进行麻醉处理。将10%的福尔马林注入标本的体腔内，对标本进行整形后放到10%的福尔马林溶液中固定24小时即可。将标本分装到5% ~10%的福尔马林溶液中保存。

2. 剥制法

对于蛇类等，可制成剥制标本保存。具体过程如下：

（1）麻醉：乙醚或氯仿在密闭容器中进行麻醉处理。

（2）剥制：离头部3 cm处沿腹中纵向剪约5 ~10 cm的开口，从上切口处分离皮与肉，剪断脊柱，再小心地把皮外翻，一直剥至尾端，然后将头部皮肤剥至吻部边缘，剔除所剩脊柱及头中的肌肉，去眼球及脑组织。在操作过程中应谨防皮被撕裂及鳞片脱落，所以当剥至肛孔时应保留一定长度的肠，对于腹内有卵的蛇，剥至腹部时，应将卵逐个挤出。如果是毒蛇，应防止被毒牙刺着或毒液沾到新鲜伤口，可用纱布包住头部，慢慢剥离头部皮肤。

（3）防腐：涂抹砒霜膏或其他防腐药品于皮肤内表面及骨骼处，颅腔内填装涂有防腐剂的棉花，头部凡剔除肌肉处，均填装一定量的棉花，并将头部皮筒翻回。

（4）填装：选择适当粗细的铁丝，其长度可稍长于蛇体10 cm左右，缠上棉花，并用细线捆绑固定，粗细长短与所测量的蛇体相等，将做好的假体从尾尖开始，小心地内翻皮筒至切口处，将假体另一端固定于脊椎与头骨上，在脊椎四周填入适量的棉花，使头体粗细适当并与假体吻合。

第四节　鸟兽标本的采集、制作及保存方法

一、鸟兽标本的采集

鸟类标本一般采用鸟网，由于鸟类数量越来越稀少，动物野外实习不采集鸟类标本。对于兽类标本，野外实习主要采集一些食虫类、啮齿类及翼手类等小型兽类。

食虫类与啮齿类动物的采集一般用鼠铗，也可用鼠笼。一般是下午或傍晚将鼠铗安放在鼠类可能出入的地方，并在布铗的旁边标记，第二天早上去收鼠铗。翼手类则需用网捕，目前常用的是手网、雾网和竖琴网。捕捉到的蝙蝠采用布袋分装，一般一只或几只共用一个布袋。捕捉时需要带上棉线手套或皮手套防止被咬伤。蝙蝠的犬齿大多很发达，捕捉山蝠或更大的蝙蝠时需要戴上双层棉线手套甚至更厚的皮手套，捕捉较小个体的蝙蝠如伏翼等，可以只戴单层棉线手套。

二、鸟兽标本的制作及保存

（一）鸟类标本的制作及保存

鸟类羽毛颜色是物种鉴定的重要依据，故一般制作成剥制标本。即将鸟的皮连同羽毛一起剥下来，再在内部填充棉花等填充物，根据动物的原形，缝制成标本。根据不同的要求，剥制标本有两种类型。一种是陈列标本，称真剥制标本，要求制成生活时的姿态，另一种是研究标本，又叫假剥制标本，按统一规格剥制，下面以小型鸟类为代表，简单介绍剥制标本的制作方法。

鸟类剥制标本的材料：选用新鲜、外表完好无损的成鸟制作标本为佳。

1. 剥皮前的准备

（1）材料的准备：选粗细与鸟类大小相称的铅丝（如鸽子，一般选用16号和18号铅丝）、竹丝或棉花、防腐剂（砒霜、石膏粉等）鸟类标本的登记标签（表3-1）解剖工具、通条（前端分叉的专用工具）、针、线、树枝或树根、底托、义眼等，鸟类标本的登记标签（表3-1）。

表3-1　鸟类标本的记录表格

鸟类登记卡		编　号		年　月　日	
学名				采集时间	
中名				采集地点	
俗名					特征与习性
性别		嘴峰长		脚颜色	
体重		嘴裂长		嘴颜色	
总长		跗跖长		采集者	
翼长		趾长		制作者	
翼展度		爪长			
尾长		虹膜颜色			

（2）测量与记录：测量与记录是鸟类标本制作前的重要环节，教学和科研用

的标本必须进行测量与记录。测量方法如下（图 3–2）。

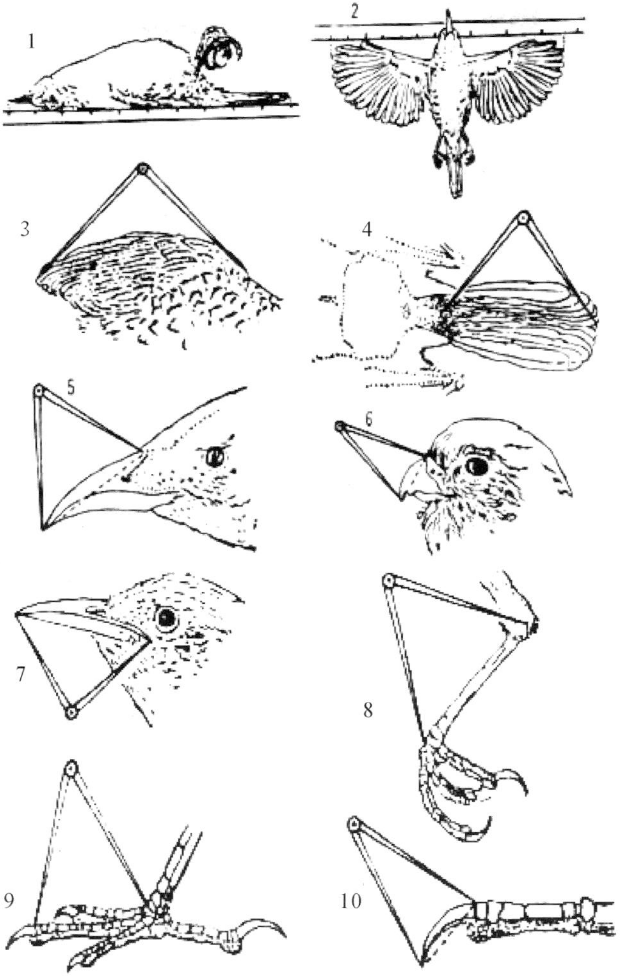

图 3–2　鸟体测量法

1. 体长　2. 翼展长　3. 翼长　4. 尾长

5. 嘴峰长　6. 嘴峰长（蜡膜除外）7.　嘴裂长　8.　跗蹠长　9. 趾长　10. 爪长

体长：嘴端至尾端距离（此项量度应在标本未剥之前测）。

嘴峰长：嘴基生羽处至上嘴先端的直线距离。

翼长：翼角（即腕关节）至最长飞羽至先端的距离。

尾长：尾羽基部至最长尾羽尖端的距离。

跗跖长：自胫骨与跗跖关节后面的中点，至跗跖与中趾关节前面最下方鳞下缘之间的距离。

2. 剥制过程

标本剥皮有三种方法：胸部开线剥皮法、腹部开线剥皮法及背部开线剥皮法。此处仅介绍腹部开线剥皮法。

1）假剥制标本的制作

（1）先用棉花把嘴、鼻孔、肛门以及伤口堵塞好，避免黏液、血液及排泄物污染标本的羽毛。

（2）腹部剥皮：把鸟的腹部朝上平放在工作台，分开腹部的羽毛，裸露出绒羽和皮肤。自龙骨突下部至肛门前端开一纵口（开口尽量小一些），注意用解剖刀轻轻划开皮肤，不要划破腹腔，以免腹腔中的体腔液流出。在开口处向两侧剥离使皮肤和肌肉分离。

（3）后肢及尾部皮肤的剥离：剥皮至露出膝关节，自关节出处剪断，剥离胫部的皮肤，去除胫骨上的肌肉。在皮肤内面及胫骨上涂上防腐剂，取一摞棉花缠在胫骨上，代替原来的肌肉，然后将皮拉上复位。同样方法剥制另一侧的后腿，注：鹰类等要剥至跗跖骨的上端。然后向尾部剥离，并剪断泄殖腔及尾骨。

（4）翅膀皮肤的剥离：向肩部方向剥离至露出一侧肩部的肱骨头，从肩关节处将肱骨断离后按后腿剥制方法剥制并复位，注意只剥到桡尺骨的部位。制作展翅标本时不要将羽根从尺骨外缘处剥下，一般姿态需将羽根从尺骨边缘剥下。然后再剥制另一侧翅膀。

（5）颈部及头部皮肤的剥离：向头部方向继续剥离，一边剥离一边涂上滑石粉和防腐粉，至剥离到嘴的基部，从第一颈椎处剪断颈部。清除头部的眼球、肌肉。剪开部分头骨扩大枕骨大孔，用眼科镊夹取脱脂棉球从枕骨大孔伸进颅腔内，除净脑浆，然后涂防腐剂于颅外、颅腔内面、口腔内及眼眶内。对于颈细头大的鸟类，在剥离颈项时尽量靠近枕骨处剪断，翻转过来后在头的腹面开一小口，开口的大小以能取出头骨及残留颈椎为准。大型鸟类，特别是涉禽类，在脚掌开一小口取出跗跖处的筋腱，便于铅丝通过和防腐。具有肉质冠的品种，在皮内面冠的基部用解剖刀将肉冠分为两片，但边缘不要割破，制作时在肉冠中涂防腐剂并加入一定量填充物，以避免干燥后收缩。制作好的标本肉冠上不留解剖痕迹。

（6）填充：头部、颈部和躯干部的填充用一稍长于体长的铁丝，粗细根据鸟的大小而定。一端穿过鸟的眼眶，然后折转将鸟头骨拴住，折转后的铁丝略等于体长。在头骨上及皮肤内侧涂上防腐剂，揉两团比眼球略大的棉花团塞进眼眶中，另缠一摞棉花在铁丝上，多少根据鸟脖子大小而定。轻轻翻起头部的皮肤使复原。注意一定要将头部皮肤展开包裹住头骨。然后用眼科镊子整理眼皮处的皮肤。颈及胸部的填充，用镊子夹起一摞棉花从腹部皮肤开口处，顺着铁丝小心从颈部塞进头的一侧，然后用同样方法在头部另一侧塞一摞棉花。注意伸到头部的棉花条尾端填充在胸部。如果只做假剥制标本，只需在靠近背部皮肤处填一层棉花，然后将两侧肱骨拉近交叉，两条股骨也拉近交叉，将套着头骨的铁丝压在交叉的肱骨和股骨上，尾端插进尾椎骨。在躯干部补填适量的棉花，注意鸟类的胸部可以适当多填充一些棉花，使其饱满。

（7）缝合：缝合前要注意检查一遍各部位是否填充得均匀、饱满，而后用针线由前向后将剖开处加以缝合，针从里向外交叉缝制，针距不宜过密，不要缝到毛根，不要把羽毛压在线下。在缝合过程中，线暂勿收紧，等全部缝好后，用手轻轻捏紧躯体两边的皮肤，然后把线收紧，收线时用力要均匀，不能用力过猛，以免皮肤破裂或断线，线收紧后要立即打结。

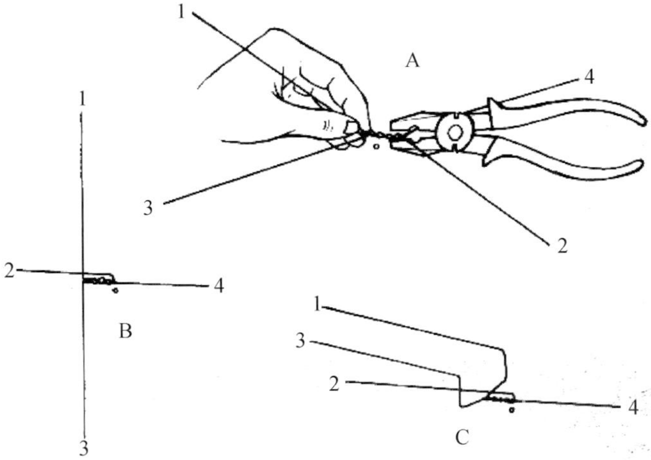

图 3-3 鸟类标本支架制作方法

（8）整形与固定：①用镊子初步把鸟体各处的羽毛整理一遍，力求理顺。然后将标本固定成测量外形时的平躺姿势，在双脚上用棉线拴上采集标签和鉴定标签，若还未鉴定出种类，则可以鉴定后再拴鉴定标签，但务必要拴上采集标签。②在羽毛上涂一层硫磺粉，以防虫蛀。用纱布在鸟体上轻轻缠 3～5 圈，以防羽毛被风吹乱，用棉线将喙缚住，以防张开。③将标本放在通风但无阳光直射处晾干，去纱布、棉线。在喙、冠、颜面等部位按原色着色。

2）真剥制即姿态标本的制作

真剥制标本剥皮过程与假剥制过程基本一致，不同的是需要制作假体铁丝或（铅丝）支架。

（1）铅丝支架的制法。

由于鸟类的体型大小、高矮不等，所选用的铅丝型号有严格的要求。一般采取能穿过跗蹠部皮下，而不使跗趾外皮爆裂，并就一根铅丝能支撑全身重量的型号为准。就铅丝的型号来讲，从 26 号到 8 号的铅丝在制作鸟类标本时均能用到，如长尾红头山雀、暗绿绣眼鸟等特小型的鸟类，就采用26号至24号铅丝，丹顶鹤、秃鹫、鹈鹕等大型鸟类采用8号到10号铅丝，但最为常用的有20、18、16、14号等几种型号。

铅丝的组合与测量：一般采用三根铅丝，并在鸟体中间部位把第一根铅丝扎紧，也有采用一根半为一种型号，另一根半为另一种型号的做法。连接都要扎紧（图3–3）。

从头到左侧脚一根（腹面朝上），铅丝要长出鸟嘴3～4 cm，超过脚5～6 cm（大型鸟类要更长一些）。第二根从左翅到右脚，铅丝要长过脚5～6 cm，（最好是翅的铅丝细于脚的铅丝，也就是翅半根，脚半根）。第三根铅丝从右翅到尾，长于尾综骨5～6 cm，尾羽特别长的种类，如红嘴蓝鹊、红腹锦鸡等，通向尾部的铅丝要作“丫”型（图3–3）。

在量铅丝前，先在鸟体的背、腰部填一层较薄的竹丝或棉花，穿好铅丝后，用手拿住三根铅丝的中部，把双翅、双脚轻轻拉直，使两边对称。脚的铅丝必须留出5～6 cm左右，以备站立在树枝或底托上，把铅丝从中间弯转，用另一根短铅丝从中扎紧，再把扎好的三根铅丝弯成桥字形，而后分开（图3–3）。

（2）填充假体。

填充假体是至关重要的一个环节，填充的好坏直接影响到下一步的整形工作。因为剥好的鸟皮就像一个有弹性的空布袋，所以在剥皮时要注意观察鸟类体型各部位的肌肉情况，来决定填充各部位填充物的多少。具体填充假体过程如下。

把穿好铅丝架的鸟皮平放在工作台上，使头部朝左、胸腹朝上，用镊子或通条，左手轻握头部，右手用镊子或通条把竹丝顺铅丝的下方送到后枕部，送填充物不宜过多，从后枕到双肩的前方按顺序填平。而后再用少量的竹丝或棉花从铅丝的上面填进，也就是颏、喉部位，使铅丝包在竹丝中间。填好后，用手触摸没有结块，并有松软的感觉为宜。

将鸟体调转，头朝右，用镊子或通条把已在肩、背、腰部的竹丝或棉花铺均，肩部相对要薄，腰部相对要厚而多一些，后背、腰的填充物是整体的三分之一左右为宜。

用镊子或通条把竹丝或棉花送到小腿部，开始量要少，以后按顺序慢慢增多，填得要均匀。填好双腿后，开始填充尾部、腹部及两肋，先从尾部填起，按顺序填至胸部，要尽量使其恢复原体同样大小，饱满、相对结实。应该注意的是胸肌前方的嗉囊部要相对松软，最后在胸部开口处铺上一层薄薄的棉花，以便缝合。

（3）缝合步骤参照假剥制方法。

（4）整形。

姿态标本的整形主要包括翅、腿、爪和头颈部的整形。

翅的整形：根据标本生活时的姿态，调整展翅或者未展翅的翅形。

腿的整形：用手握住鸟体，尽量把脚拉到原来的长度，然后用手捏住大腿与小腿（股骨与胫骨）的关节部位，向后下方推，再把脚向上推弯（胫骨与跗骨间的关节），把大腿向前推到原位。注意鸟的大腿、胫跗部（跗间关节以上部位）几乎藏在鸟躯干部，被羽毛掩盖。不同种类遮盖程度有一定差异。

整理好双腿、双翅后，鸟体的整个轮廓已经形成，用手拿住尾部，把全身的羽毛梳理一遍，尽量使羽毛顺势、平整，头部与眼睑处最为重要，如发现缺少羽毛，应尽可能利用附近的羽毛把它遮盖起来。倘若发现躯体某一部位无法表达所要求的造型时，可用通条插入胸部缝合处，从里向外矫正。

头颈部整形：颈部的长短由伸出嘴处的铅丝决定，当选好所需的长短位置后，剪去多余铅丝，而后把铅丝插入鸟嘴上颏使其固定。用镊子或小通条，从嘴部送进少量棉花补充眼睑、颏、喉等部位，使其两边均匀，再把眼圈拨圆按上义眼（若暂未准备义眼，标本干后再补装也可）。

装座：把选好的标本座树枝打好孔，将标本脚下的铅丝插入孔中，再把铅丝固定好，用镊子把已定型的标本羽毛重新整理一遍。较大的鸟如猛禽类制作展翅标本，翅展开后将翼羽梳理整齐，还需用硬纸片夹住翼羽以帮助定形。制作尾羽展开的姿态标本，也需要用夹硬纸片方法定形。待标本干后去掉纸片。注意纸片要尽量轻。

（5）善后工作的处理。

制作好的标本应在室内自然风干，在自然风干的过程中，待半小时检查其经过皮肤的收缩后是否局部变形，这时是很容易纠正过来的。

等标本完全干燥后，对无羽区、裸区颜色褪掉的部位，要用油颜材料进行配涂。一般需要着色的部位有面部、冠部、颈部、跗趾、脚等。此外还要用清漆在喙的角质部、腿的跗趾部、脚趾部进行涂刷，起到保护作用。

将标本放置在无阳光直射的标本柜中，保持室内干燥，标本柜内放干燥剂（如硅胶）和防虫药物（如樟脑球）等，以免标本发潮或被虫咬破，造成标本的损坏。

（二）兽类标本的制作及保存

蝙蝠等一些小型兽类可以制成浸制标本，制作方法同两栖爬行类。大多数兽类一般制作成剥制标本。剥制过程与鸟类标本剥制相似。

首先使兽体柔软，恢复自然状态，且腹部朝上、头尾伸直。整理好后，进行标本测量（体重、体长、尾长、耳长、后足长等）（图 3-4，图 3-5）。然后进行剥皮，用解剖刀沿标本腹部正中，从胸骨后到肛门前仅仅切开外皮，将切口两边皮与肌肉分离，操作时用力不要太猛，以免将腹腔切破而污染皮毛，并向两侧背部及后肢腿部推进，将后肢推出切口从膝关节处剪断，并除去小腿上的肌肉，剥离背部等周围的肌肉，再把生殖器、直肠与皮肤连接处剪断，清理尾基部组织，使尾椎基部暴露出来，一手捏紧尾基部毛皮，另一手将尾椎缓缓抽出。翻转躯干部，剥离至前肢在肘关节处剪断。剥头部时，小心地从耳基与头骨的连接处剪断，紧贴头骨分离以保持眼睑完整。剥离上下唇、在鼻尖软骨处剪断，毛皮即与整个躯体脱离，然后做假剥制标本。

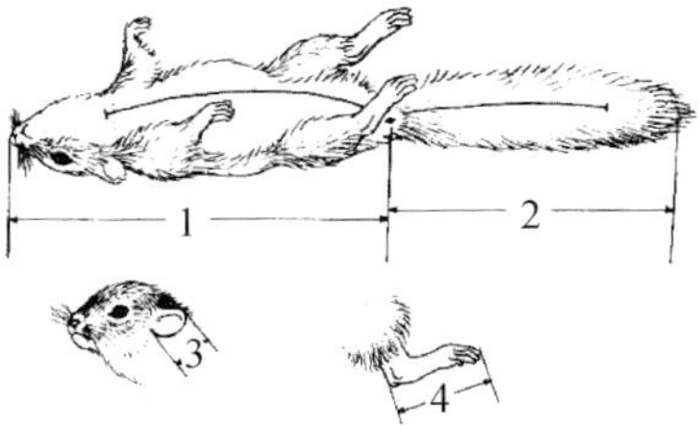

图 3-4　哺乳动物的测量方法（一）

1. 体长　2. 尾长　3. 耳长　4. 后足长

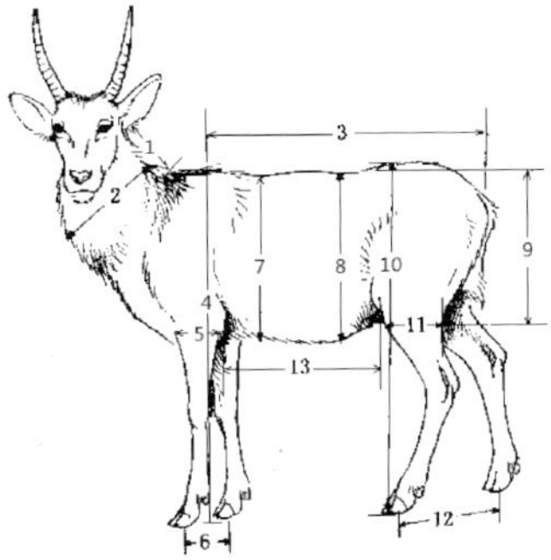

图 3-5　哺乳动物的测量方法（二）

1. 颈长　2. 颈围　3. 躯干长　4. 肩高　5. 前肢围　6. 前肢左右间距
7. 胸围　8. 腹围　9. 腰围　10. 臀高　11. 后肢围　12 后肢左右间距　13 前后肢间距

剥皮后，清除附在皮内的脂肪和肌肉，取防腐剂涂遍毛皮内表面，足、耳、头、尾等重点处多涂。

剥皮和防腐处理后，保存皮张的标本，通风晾干后，体内填装稻草或棉花即成。削好 1 根比原尾椎骨稍细且又均匀光滑的竹制假尾椎骨或用铅丝紧缠棉花制成假尾，插入尾部末端，假尾要比原尾长一些，以达到腹腔开口处的 1/2 处为好，这样一方面可固定尾巴，也可支撑整个身体，四肢骨上缠棉花以代替被剥去的肌肉，取与体长相仿的竹条卷上棉花，做成与头、胸、腹粗细相似的假体，翻转毛皮包裹假体。充填时填充物必须成条状，逐渐填充，缝合切口时，要将标本摆正，针从里向外交叉缝制。

中型兽类如：兔、旱獭、巨松鼠、鼬科等动物，制作方法与小型兽类标本基本相同。这类标本由于体大，腹部开口处要稍大些，用竹丝等做填充物填充躯体时，需加一根竹棍，以便支撑身体。

有些特殊的哺乳动物的剥皮方法稍有不同。例如：蝙蝠类，因其形态与鸟类相似，剥皮和填充法，可参照鸟类标本制作。灵长类，应在背部剖开剥皮，以免腹部靠口，容易显露切口缝合的痕迹，而影响美观。

兽类中的海豚、江豚的装填方法（体形小的可参照一般鱼类的充填方法）与鲟鱼大致相同，在剥皮时需将胸鳍和尾鳍剖开，并除去肢骨，在装填时将已锯成形状、大小相似于胸鳍和尾鳍的三夹板嵌入鳍内，用铅丝固定在躯体的支架上，并于上下垫入适量的竹丝或其他填充物，以代替被除去的肢骨和肌肉。用三夹板的目的是防止胸鳍和尾鳍在干燥过程中收缩变形。因为海豚和江豚的皮肤富有弹性，收缩性很大，装填时必须充实、饱满，避免收缩变形。最后用针线把它缝合。在缝合过程中，注意观察，不足之处，应采取措施，适当地加以补充，或修改纠正。

制成的兽类剥制标本保存方法见鸟类标本的保存方法。

第四章　动物学野外实习中的生态学研究

第一节　野外实习中生态学研究的意义、内容及步骤

一、野外实习中生态学研究的意义及内容

在野外实习中，不仅可以认识许多动物种类，掌握它们的分类学特征，而且可以了解不同动物的生存环境。在某一生态环境中，有哪些动物生存？不同种类数量及分布格局是怎样的？动物与环境之间是怎样相互影响的？这些问题都属于生态学研究的范畴。生态学是研究生物与生存环境之间相互关系的科学，按照生物系统结构层次划分，生态学包括个体生态学、种群生态学、群落生态学及生态系统生态学等内容。在每个层次上，根据研究的内容和深度，可分为生态学现象、生态学定量研究、生态学问题分析。例如：一块林地内昆虫的种类、数量及分布；一段河流内鱼类的种类及数量情况；某种动物对环境的选择性；某种鸟类的食性研究；某种动物的繁殖行为等等。

二、野外实习中生态学研究的步骤

野外实习中生态学研究主要指生态问题得到定量研究和分析，需要选定题目，设计研究方法，最后对野外收集到的数据进行分析并撰写实习论文。

由于野外实习时间及实习地域有限，研究题目不能太大，方法设计要具有可行性，要根据个人及小组的特点、实习地点的实际情况以及仪器设备条件等来选择题目和设计方法。因此在实习之前应做好充分的准备，例如查阅文献、与专业课老师交流、了解实习地点的动物特点、了解实验室能够提供的研究条件等。

第二节　动物生态学研究的基本方法

一、昆虫及土壤动物生态学研究的基本方法

（一）昆虫物种多样性调查

昆虫多样性（Insect diversity）主要指昆虫在物种组成、群落结构和基因水平的

丰富度，以及在自然生态体系中作用和功能表达的多样化。

1. 调查工具

略，参考本书第三章第一节昆虫标本的采集、制作及保存方法。

2. 调查方法

一般分生境进行，常见调查方法有样线法、样方法等，白天调查时间应选择在昆虫活动频繁的时段 10：00 ~ 15：00。

3. 采集方法

根据实际情况，选用适当的昆虫标本采集方法，参考本书第三章第一节昆虫标本的采集、制作及保存方法，并做好记录。

4. 调查结果

1）标本制作及保存

略，参考本书第三章第一节昆虫标本的采集、制作及保存方法。

2）标本鉴定

利用文献资料对采集到的昆虫进行鉴定。

3）物种多样性分析

（1）物种名录：对经鉴定的标本进行整理，列出所获标本物种名录，并统计数量。

（2）物种多样性分析：物种多样性的分析指数很多，可选择其中一些进行对比研究，如辛普森指数（Simpson's index）：

$$\lambda = \sum P_i^2 \quad (i = 1, 2, 3, \cdots, S)$$

式中，P_i是群落中第 i 个物种的个体数（N_i）与所有物种个体总数（N）的比值，S 为物种的数目。λ 值越大，表示群落的多样性程度越低，反之亦然。为避免引起逻辑上的混乱，有学者建议用 D 表示群落的多样性，这是辛普森指数的另一种表达方式，即

$$D = 1 - \sum_{i=1}^{S} P_i^2$$

式中，P_i和 S 的含义同上式，D 值越大，表示多样性程度越高。

香农-威纳指数（Shannon-wiener index）：

$$H' = \sum P_i \log P_i \quad (i = 1, 2, 3, \cdots, S)$$

式中，P_i和 S 与辛普森指数中的对应符号同义。

（二）土壤动物调查

土壤动物指长期或一生中大部分时间生活在土壤或地表凋落物层中的动物。

1. 主要器材

铲子、卷尺、取样器（购买或定制）、干漏斗（Tullgren 装置）和湿漏斗（Baermann 装置）、解剖镜、记录本、标签、青霉素小瓶（或离心管）等。

2. 调查研究方法

调查点的选择可在同一生境，也可在不同生境中选。调查时，寻找典型的平坦地段，不要选择斜坡、洼地和小丘等地形部位，避开岩石、倒木、树根、蚂蚁窝附近，尽量保持样地自然状态。在每一处定点采集样地分为 5 个采集样点。

1）大型土壤动物采集法

大型土壤动物是指一般肉眼可见的各类动物，取样方法可以直接挖取 1/4 m^2（0.5 m×0.5 m），和一定深度的土壤（如 15～20 cm），当即进行手检，每个标本都应附带标签（记录采集时间、地点、样地、样点及土层），装入酒精瓶中的动物，也要放入相应的号签，用铅笔书写。带回实验室鉴定。

2）中、小型节肢动物集虫法

用容量为 100 mL 的取样器取样，置 Tullgren 漏斗上，烘 48 小时，然后分离、鉴定。

3）湿生土壤动物集虫法

用容量为 25 mL 的取样器取样，置 Baermann 湿漏斗上，烘 48 小时，然后分离、鉴定。

4）原生动物样品分离

先用 25 mL 的取样器取样，将土壤晾干；然后用 3 级 10 倍环式稀释法取样，经过培养作定量计数和鉴定，或直接镜检。

3. 标本的处理和分类鉴定

土壤动物涉及 8 个动物门，体形大小悬殊，形态各异，标本处理方法各异，这些方法可参考《中国亚热带土壤动物》，标本分类鉴定可参考《中国土壤动物检索图鉴》等。

4. 结果统计及分析

1）土壤动物不同类群统计

根据调查、鉴定结果，分样地、样点及土层统计土壤动物种类。

2）调查样地土壤动物群落结构特征

土壤动物群落多度、类群丰富度、群落多样性和均匀度是反映土壤动物群落水平分布的重要指标。一般以总密度表示土壤动物群落的多度，密度（个/m^2）=个体数量/取样面积；以类群数表示其类群丰富度，以 Shannon 多样性指数（H'）表示其多样性，以 Pielou 均匀度指数（J）表示其均匀度。H'和 J 的计算公式如下：

$$H' = -\sum P_i \log P_i \quad (i = 1, 2, 3, \cdots, S)$$

式中，S 为动物类群数；P_i为第 i 类群的百分比。

$$J = \frac{H'}{H'_{max}}$$

式中，H'表示 Shannon 多样性指数，H'_{max}表示 H'的理论最大值，即假设群落中所有物种个体数都相同时的 H'值，实际计算时，一般用 $\log_2 S$ 替代 H'_{max}。

二、鱼类野外调查方法

（一）鱼类调查的主要方法

1. 走访与购买

通过对农户、当地科技人员、相关专家、本地水产市场知情人等访问或座谈以及向当地捕鱼人员购买等形式来掌握鱼类物种的相关信息。

2. 实习水域捕捞与采集

在市场购买或向捕鱼人员采集到的标本，一般体型较大，种类也较单一。为了让学生认识更多的鱼类，了解鱼类的种类组成、年龄、分布以及进行鱼类分类实践，需要多采集一些小型非经济性鱼类和不同年龄的个体，安排在当地有经验的向导带领下，组织学生用小型拉网或撒网对选择的水域进行捕捞，调查记录鱼类的种类和数量并采样分析。使学生既能丰富采集的种类，又能体验渔业生产与捕捞实践，学习捕鱼技术。

（二）鱼类调查内容与要求

1. 调查内容

鱼类调查的主要内容一般包括以下几方面：种类组成；数量分布；生物学特点，包括栖息环境、产卵场、年龄、生长等；种群结构，包括性比、性成熟年龄、种群年龄组成等；受威胁现状，如水环境污染、栖息地破坏、滥捕等；分布特征，如时空变化等；资源量等。

2. 调查要求

1）调查时间及频次

通常在确定实习时间时就应该了解实习地域鱼类的种类、分布和生活习性，了解采集的适宜时间，如有特殊情况可酌情调整调查时间与次数。

2）样区设置

根据调查对象群体的不同生活阶段（繁殖产卵、索饵、越冬等）确定调查时间和调查范围。

3）采样

调查年龄组成的取样数量：每种鱼的标本数量宜在30尾以上，稀有或特有种类的标本应少采集。

（三）鱼类调查测量与记录

1. 测量前的处理工作

把收集的鱼类标本，先用清水洗涤，有的鱼类体表多黏液，特别是鲶科、鳅科鱼类和黄鳝等黏液腺特别发达，更需要以清水反复刷洗干净。洗涤时如发现有寄生虫，要小心取下放入瓶内，并加70%的酒精保存，要以标签注明采集编号。每一种鱼类都有独特的颜色，同一种鱼在不同的环境中，其体色也有差异。鱼类体色虽非主要鉴别特征，但对于认识鱼类也有一定意义。一种有特殊体色的种类，在浸制以后，体色会逐渐变淡或变色，因而趁活着时或尚新鲜时，仔细进行体色描述甚为重要。

2. 登记、编号

把描述过体色及洗涤好的标本，放在工作台上或解剖盘里，根据采集顺序依次登记编号。在登记时，每个标本要系一个标签，拴在胸鳍基部。标签可用白布条制作，规格为4 cm×0. 8 cm，正面可预先编好号（用绘图墨水写上，干后涂上清漆）。如无预先准备好的带号白布条，可用碳素墨水笔写上。在条件不具备的情况下，也可将采集编号用铅笔写在纸条上，然后折叠塞入鱼的口腔深部（表4-1）。

表 4-1　鱼类采集记录表

采集地	名称		水系		日期
	坐标		海拔		
河流环境	生境				
	河流比降		水流速度		
	河流底质		透明度		
	河宽		水深		
	水生植物		渔具		
生态因子	气温		水温		
	pH		风力与风向		
鱼类种类和数量					
鱼类名称	鱼类编号	数量	鱼类名称	鱼类编号	数量

3. 鱼体的测量（见第二章）

4. 野外记录的原则和方法

在野外观察时，不放过任何细节，要以敏锐的观察力去审视周围的一切，并做详细的记录。有些细节在当时似乎是微不足道，经过长期积累却能成为有价值的资料。当观察到某种现象或其他需要做记录的情况时，尽可能立即记录，切勿过于相信自己的记忆力。在不得已的情况下，也应在观察的当天趁记忆犹新的时候进行回忆记录。每次记录都应写上时间及地点，凡是别人看到的内容，应注明来自同学、老师还是居民向导的介绍。

野外记录，一般以天为单位，把一天中所看到的全部内容记载下来，包括日期、地点、天气、气温、观察的内容等，当天回到住处以后，必须整理笔记，并注意分析研究，从细微处发现问题，为再观察时提供应注意的新内容及遗漏待补之处。应当注意最初开始记录时，不要忽略最普通的常见动物，以免在最后整理时，才发现疏忽、遗漏，给统计或总结工作带来困难。如果进行专题研究，可以以种为单位，把每天对于该种动物的观察资料另行整理。

每次到野外时都应当携带笔记本和带有橡皮头的 2H 或 HB 铅笔。用铅笔记录是为了防止遭到雨淋或水浸，不会像钢笔或圆珠笔那样字迹变模糊。

绘制简单的实习地点的平面图，标明生境的轮廓和专题观察地点的较详细的平面图。图要有规定的符号（如阔叶树、针叶树、灌木、巢、采食地等），要进行编号，注明方向、地区名称和日期，应与观察记录中的编号及日期一致。

三、两栖类野外调查方法

（一）抱对统计方法

部分爆发繁殖的蛙类如林蛙等，在繁殖期间会聚集于局部区域形成抱对，统计此类蛙的数量，可以采用抱对统计法。调查者可以以肉眼技术，几人分别计数，然后取其平均数作为该水域某种蛙类的数量，同时也可获得该物种的种群性别比资料。

（二）样线统计法

样线统计法是野生动物调查中常用的方法，也是野外实习中经常用到的方法。该方法适用于非繁殖期和繁殖期不聚集的蛙类种群数量的调查。调查路线应随机布设在具有两栖动物分布的生境中，然后调查者沿着调查样线以一定的速度前进，仔细观察记录样线两边蛙类的种类和数量。以调查路线长度和调查路线宽度之积为调查面积，从而计算单位面积上蛙类的数量。调查样线的长度和宽度根据实习地的地形、植被和调查者实力范围确定。可几人同时进行调查，后取调查结果的平均值作为该调查样地蛙类的种群数量。

（三）捕尽法

将一定样方面积上所有的两栖动物都捕捉完，再计算其密度。为了保证调查结果的准确性，确定样方后，为了防止两栖动物的逃逸，尽量数人从样方周围朝中心在较短的时间内围捕。结果可获得不同种所占的比例和每个种的密度，还可以确定每个种的性别等种群特征。捕捉后除了留取少量标本之外，应原地释放剩余个体。此法适用于农田、草滩等生境两栖动物的调查。

（四）标志重捕法

随机捕捉调查样地上一定数量的个体（设数量为 M），然后通过涂色或剪趾等标记后，全部原地释放，经过一定时间后再进行随机重捕（设数量为 n）。统计其中标记个数（设数量为 m）。设样方内全部个体数为 N，则有 $N : M = n : m$，以此可以估计出样地内调查动物的总数。

四、爬行类野外调查方法

爬行动物数量的调查方法有样线法、捕尽法、标志重捕法等，与上述两栖动物数量调查方法相同，于此不再详述。

五、鸟类及兽类野外调查方法

动物野外实习中涉及较多的是物种数量调查。动物的调查时间应该与生物活动的最高峰（物候条件确定）时间一致。对鸟类和兽类来说，观察时间应尽量安排在清晨，这时动物活动频繁。

野外对鸟类的观察比较困难，多数鸟类隐匿在枝叶之间不易寻见，或瞬间飞过，因此应根据形态特点、羽毛颜色、活动姿势和鸣声等准确迅速地识别（详见第二章），同时应注意鸟巢的调查。对兽类的观察难度更大，因为兽类多在夜间或晨昏活动，白天活动的少，且栖息地隐蔽条件好，活动隐蔽；另外兽类十分机警，善于回避。这都增加了直接观察的难度，应尽量记录观察到的动物种类及数量，并通过兽类活动时留下的痕迹，包括足迹、采食痕迹和粪便等来识别物种，也可以到当地毛皮收购站调查了解。

鸟兽数量调查方法主要有总体记数法、样方法、样线法、标志重捕法，后三种方法具体过程见两栖类调查方法，此处仅介绍总体计数法。

总体记数法：对于一些栖息地范围有限的昼行性大型兽类来说，可直接点数统计其全部数量。一些群居性动物，在繁殖季节常集成大群生活，更容易集中计数。可以先了解哪些地段生活着需要调查的动物，然后抽调一定的人力，逐块计数，最后得出动物的总数。对于翼手类动物，可在其傍晚外出觅食时在出口处统计出飞数量。总体计数可以获得十分准确的结果。总体计数时，时间要相对集中，尤其对于活动范围较大的动物，最好要在同一天完成，防止动物迁移漏计或重计。

除了对动物的种类和数量进行调查外，还需要对其生境进行调查，看动物与生境之间的关系如何。对生境的调查一般包括以下几个因子：

（1）地形地貌：山地或平原、坡向、坡度、坡位、海拔、土壤类型等。

（2）气候因子：天气的晴阴状况、温度、风速、风向、降水等。

（3）植被因子：植被型、林木密度、盖度、喜食植物的种类、主要食物的可利用量等。

（4）其他因子：人类或动物干扰的程度、离隐蔽地的距离等。

第五章　四川龙门山地区常见动物

第一节　四川龙门山地区自然环境概况

龙门山是继阿尔卑斯陆—陆碰撞造山地带、科迪勒拉洋—陆造山带后新发现的世界第三种造山带类型，是中国南方的东西地形分界线。广义上的龙门山北东起于广元，南西达泸定，全长约 500 km，宽 30 ~ 70 km，是我国地势第一阶梯（青藏高原）向第二阶梯（四川盆地）过渡的区域。其总体特征为：西北高、东南低，呈阶梯状下降依次划分为高山、中山、低山、丘陵、平原 5 种地貌单元。最具有代表性的龙门山中段北东起于北川县桂溪，南西到崇州市九龙沟，长约 180 km，宽约 60 km，包括都江堰市、江油市、彭州市、崇州市、什邡市、绵竹市、安县、北川县、茂县和汶川县，面积约 9200 km^2（李晓琴等，2010）。

龙门山横亘于四川盆地西北，形成了一道巨大的天然屏障，阻挡着暖湿气流的西进和北上，暖湿气流随地势爬高凝结成雨，使整个龙门山地区成为四川省内降水最高的地区，即著名的“华西雨屏带”。基本特点主要表现为常年阴湿、多云多雨、辐射量少、蒸发量低（龙门山成都段旅游资源普查课题组，2007）。龙门山平坝区年日照时数为 945 ~ 1139 h，年平均气温为 15. 3 ~ 16. 4 ℃，中低山区大致为 9. 7 ~ 11. 7 ℃，中高山区大致为 5 ~ 7 ℃，海拔 3500m 以上的地区年平均气温小于 0 ℃。平坝地区夏季平均气温为 23. 0 ~ 23. 9 ℃，冬季为 6. 0 ~ 7. 1 ℃。山区夏季平均气温在 20 ℃ 以下，冬季 3 ℃ 以下。山区较平坝夏季凉爽，冬季严寒（李晓琴等，2010）。

在四川省植被区划上，本区正处在四川盆地西部中山植被地区与川西高山峡谷植被地区的交汇地带，植被类型众多。并且植被类型随山地海拔的增加而变化，从下而上依次有常绿阔叶林（海拔 1800 m 以下）、落叶阔叶混交林（1800 ~ 2100 m）、针阔叶混交林（2100 ~ 2700 m）、亚高山阴暗针叶林（2700 ~ 3800 m）、高山灌丛草甸（3800 ~ 4200 m）、高山流石滩植物群落（4500 ~ 5200 m）只分布于北部雪宝顶和中段四姑娘山、巴郎山等高山顶上。此外，在岷江上游谷地和杂谷脑河下游谷地为半干旱灌丛草坡，本区的森林面积约有 13460 km^2，约占总面积的 23 %。

龙门山地区所处地理位置特殊，自然环境复杂，为各种动物的栖息繁衍创造了优越的条件。在中国动物地理区划上，龙门山地区正处在东洋界华中区与西南区的交汇地带，汇集了东西和南北各地区的动物。该区域内动物资源十分丰富，分布有许多珍贵稀有动物。据有关资料的不完全统计，本区的脊椎动物计有 600 余种，占四川省动物种总数的一半以上，其中珍贵稀有动物共有 40 余种（郑远昌，1985）。

第二节　四川龙门山地区常见动物

一、部分常见昆虫

（一）蜻蜓目 Odonata

1. 碧伟蜓 *Anax parthenope julis*（蜓科 Aeschnidae）

识别要点：体型较大，成虫腹长约 55 mm；头部前缘有一条黑色横纹，胸部为黄绿色，腹部黑褐色，两侧有黄色条状斑纹。

2. 细腰长尾蜓 *Gynacantha subinterrupta*（蜓科 Aeshnidae）

识别要点：体形较大，成虫腹长 50 mm 左右；头部以黄色为主，额有不明显的黑色“T”字纹；胸部黄褐色，无斑纹；腹部以黑褐色为主，基部两节膨大，第二腹节背面有三条黑色横纹。

3. 马奇异春蜓 *Anisogomphus maachi*（春蜓科 Gomphidae）

识别要点：成虫腹长约 35 mm；头部颜面黑色，额黄绿色；合胸背前方黑色具 1 对“7”字形黄绿条纹，胸侧面黄绿色具黑纹，第二条黑纹上方间断，翅基微带金黄色。雄虫腹部黑色背中具黄细纹，第 8 ~ 9 腹节稍有扩张侧缘具黄斑，第 8 节的较大，第 9 节的较小，雌虫各腹节侧面都具有黄条纹，前后相接形成 1 条纹带。

4. 小团扇春蜓 *Ictinogomphus rapax*（春蜓科 Gomphidae）

识别要点：成虫腹长约 46 mm；头顶具一对甚大角状突；合胸背前方有一对倒“八”字形黄绿纹，其后的条纹完整且近上端处狭细或间断；腹部背面的黄斑明显，第 8 节侧缘扩张如扇，扇区完全黑色。雌虫第 8 腹节不如雄虫扩张度大。

5. 大团扇春蜓 *Sinictinogomphus clavatus*（春蜓科 Gomphidae）

识别要点：成虫腹长约 60 mm，形态特征与小团扇春蜓近似，但第 8 腹节扇区内侧为黄色，外侧为黑色。

6. 闪蓝丽大蜻 *Epophthalmia elegans*（伪蜻科 Corduliidae）

识别要点：体大型，成虫腹长近 60 mm；头部额顶具蓝黑金属色，雄性头部正面有两条黄白色横斑；合胸密布绒毛具强烈的青蓝色金属光泽，胸侧面可见 3 条黄色纵纹；腹部黑色具黄斑，雄性第二腹节两侧具耳状突起。

7. 红蜻 *Crocothemis servillia*（蜻科 Libellulidae）

识别要点：中型种类，腹长约 30 mm；刚羽化的雌雄个体都为金黄色，腹部背面中央有很细的黑色纵纹，一段时间后，雄性全身赤红色，翅基有红斑；雌虫为黄色，翅前缘和基部出现淡黄色，且雌虫腹背的黑纵纹比雄虫更加明显。

8. 网脉蜻 *Neurothemis fulvia*（蜻科 Libellulidae）

识别要点：体中型；腹长约 23 mm；身体红褐色，翅除端部的一个小区域外，全为红褐色，翅脉密如网状，易于区别。

9. 白尾灰蜻 *Orthetrum albistylum*（蜻科 Libellulidae）

识别要点：最常见的蜻蜓种类之一；体中型；腹长约 40 mm，腹节侧面具白色月牙斑，是其显著特征。雄性体色为带有粉末状的水青色；胸部侧面有两条宽大的黑褐色斑纹；腹部末端四节黑色。雌性和未成熟雄性褐色中略显淡绿，腹部黑斑发达。

10. 狭腹灰蜻 *Orthetrum sabino*（蜻科 Libellulidae）

识别要点：成虫腹长约 37 mm，后翅长约 35 mm，这是一种身穿“迷彩服”的种类；合胸绿色至黄绿色具黑斑纹；腹部第 1、2 节膨大，色彩类似胸部，其余各节较细显黑色并具白斑。雌雄色彩近似。

11. 鼎异色灰蜻 *Orthetrum triangular*（蜻科 Libellulidae）

识别要点：成虫腹长约 32 mm。雄虫头胸黑色，腹部第 2 ~ 6 节及第 7 节前半段蓝灰色，末节黑色。雌虫黄褐色，合胸侧面有 2 条宽黑纹，腹部背面及侧面具有 3 条黑色细纵纹。

12. 黄蜻 *Pantala flavescens*（蜻科 Libellulidae）

识别要点：最为常见的蜻蜓种类，中型，腹部长约 30 mm。体色为黄褐色，雌虫复眼上部显红褐色，下部呈青白色，合胸大部分黄色具黑细纹，腹部末端背面有黑斑。

13. 玉带蜻 *Pseudothemis zonata*（蜻科 Libellulidae）

识别要点：成虫腹长约 30 mm。雄虫前额黄白色，合胸以黑色为主具不甚明显的黄白细纹，翅基部有黑斑，翅端黑色，第 3、4 腹节黄白色，老熟雄虫此处为纯白色，未熟个体腹部白色部分为黄色。雌虫腹部第 3、4 节大部分黄色，雌虫近似雄虫，但腹部白色部分有黑斑，且第 5 ~ 7 腹节侧缘有小黄斑。

14. 晓褐蜻 *Trithemis aurora*（蜻科 Libellulidae）

识别要点：成虫腹长约 25 mm。雄虫体色紫红，额头有蓝黑色金属光泽，翅脉红色，翅基有红褐斑，腹末节有小黑斑。未成熟雄虫如同雌虫体黄色具黑纹，翅基部有黄褐斑，但腹部的黑纹不如雄虫明显。

15. 顶单脉色蟌 *Matrona basilaris basilaris*（色蟌科 Calopterygidae）

识别要点：雄性腹长 55 mm，雄虫体绿色具有强烈的金属光泽，翅顶端稍透明，靠近翅基部约占翅膀 1/3 区域为蓝色，其余黑色。雌虫合胸古铜绿色，后方有黄色细纹，翅褐色具白色较短的伪翅痣。

16. 杯斑小蟌 *Agriocnemis femina*（蟌科 Coenagrionidae）

识别要点：成虫腹长约 18 mm。雄虫合胸背前方黑色具有绿色条纹，侧面草绿色，腹背黑色，末节橙色，老熟个体合胸背前方和腹部末节均具白色粉末。雌虫合胸背前方黑色具有水蓝色条纹，腹背黑色。

17. 短尾黄蟌 *Ceriagrion melanurum*（蟌科 Coenagrionidae）

识别要点：小型豆娘，腹长 30 mm 左右。头部下唇淡黄色，头顶和后头暗橄榄绿色；胸部也为橄榄绿色，侧面黄色；翅透明，翅痣金黄；腹部 1 ~ 6 节鲜黄，7 ~ 10 节背面有黑斑。

18. 褐斑异痣蟌 *Ischnura sengalensis*（蟌科 Coenagrionidae）

识别要点：常见的小型豆娘，成虫腹长约 25 mm。雄虫胸部青绿色并具有黑色条纹，腹部背侧黑色，腹侧黄色，末端具有水蓝色斑。雌性部分个体与雄性形同，部分个体体色较淡且无水蓝色斑。

（二）等翅目 Isoptera

19. 黑翅土白蚁 *Odontotermes formosanus*（白蚁科 Termitidae）

识别要点：常见的土栖性白蚁，繁殖蚁多在春天出现，翅狭长，棕褐色，前缘枯黄色，飞翔距离短，通常仅有数米；兵蚁头部暗黄色，上颚镰刀型，触角念珠状，腹部淡黄色，工蚁头部乳白色，身体柔弱状。

20. 黄翅大白蚁 *Macrotermes barneyi*（白蚁科 Termitidae ）

识别要点：繁殖蚁体长 14 ~ 16 mm，翅长 24 ~ 26 mm。体背面栗褐色，足棕黄色，翅黄色。头宽卵形。复眼及单眼椭圆形，复眼黑褐色，单眼棕黄色。前胸背板前宽后窄，前后缘中央内凹，背板中央有一淡色的“+”字形纹，其两侧前方有一圆形淡色斑，后方中央也有一圆形淡色斑。

（三）蜚蠊目 Blattodea

21. 美洲大蠊 *Periplaneta Americana*（蜚蠊科 Blattidae）

识别要点：美洲大蠊是蜚蠊科中体积最大的昆虫，成虫体长 29 ~ 35 mm，红褐色，翅长于腹部末端。前胸背板中间有较大的蝶形褐色斑纹，斑纹的后缘有完整的黄色带纹。

22. 黑胸大蠊 *Periplaneta fuliginosa*（蜚蠊科 Blattidae）

识别要点：体大型，头至翅端部总长达约 33 mm。身体及足微黑褐色，前翅红褐色，翅发达超过腹端。腿上的刺发达，行动迅速。为室内常见种类，是重要的卫生害虫之一。

23. 德国小蠊 *Blattella germanica*（姬蜚蠊科 Blattellidae）

识别要点：德国小蠊在室内蟑螂中最小的一种，体长在 15 mm 以下。成虫为棕黄色。在前胸背板上有两条平行的褐色纵纹。

（四）螳螂目 Mantodea

24. 薄翅螳 *Mantis religiosa*（螳科 Mantidae）

识别特征：体中到大型，通常绿色或褐色。前足基节内侧的基部各具 1 个大黑斑，斑呈卵形或中间为黄色（四川标本则全黑），中后足腿节端部缺膝刺，前后翅大部分透明。

25. 棕静螳 *Statilia maculata*（螳科 Mantidae）

识别特征：棕静螳体型较小，仅有 45 ~ 50 mm 左右，身体褐色。前足基节和腿节内侧具有大块的黑色斑纹，前足内部有黑，白，粉色斑。棕静螳生性安静，可长时间守候猎物。

26. 中华大刀螳 *Tenodera sinensis*（螳科 Mantidae）

识别特征：大型的常见螳螂，体长达到翅端约 95 mm，绿色。前胸及前翅带有少许紫色斑纹。

27. 短胸大刀螳 *Tenodera Brevicollis*（螳科 Mantidae）

识别特征：中到大型的螳螂，体长 65 ~ 70 mm。绿色种类，与中华大刀螳相比，胸部短粗，体形略小。

28. 丽眼斑螳 *Creobroter gemmata*（花螳科 Hymenopodidae）

识别特征：常见的美丽螳螂种类，长相奇特，非常引人注意，体长约 35 mm，绿色。复眼呈圆锥状向上突起，前翅中部具有一个大型的眼状斑纹。

（五）直翅目 Orthoptera

29. 东方蝼蛄 *Gryllotalpa orientalis*（蝼蛄科 Gryllotalpidae）

识别特征：成虫体长 30 ~ 35 mm，灰褐色，全身密布细毛。头圆锥形，触角丝状。前胸背板卵圆形，中间具一暗红色长心脏形凹陷斑。前翅灰褐色，较短，仅达腹部中部。后翅扇形，较长，超过腹部末端。腹末具 1 对尾须。前足为开掘足，后足胫节背面内侧有 4 个距。

30. 乌头眉纹蟋蟀 *Teleogrrllus occipitalis*（蟋蟀科 Gryllidae）

识别特征：大型蟋蟀，体长约 25 mm，最明显的特征是复眼中间有黄褐色的“八”字形斑纹。

31. 日本纺织娘 *Mecopoda neiponensis*（纺织娘科 Mecopodidae）

识别特征：大型螽斯，较为粗壮，体长可达 34 mm，身体通常为绿色或褐色。头部短，头顶极宽，颜面近于垂直。翅很大且宽，前翅稍超过后足腿节的端部，后翅短于前翅。

32. 条螽 *Ducetia* sp.（露螽科 Phaneropteridae）

识别特征：中型螽斯。头顶尖角形，侧扁。前翅较长，后翅长于前翅，体淡绿色，带有少许黄褐色的线条。雌性产卵器扁平，马刀状。

33. 棉蝗 *Chondracris rosea*（斑腿蝗科 Catantopidae）

识别特征：体型巨大的纯绿色蝗虫，面部及前胸具少量淡色条纹，后足胫节红色具白色大刺。

34. 中华稻蝗 *Oxya chinensis*（斑腿蝗科 Catantopidae）

识别特征：成虫雄体长 15 ~ 33 mm，雌虫 19 ~ 40 mm，黄绿、褐绿、绿色，前胸背板后横沟位于中部之后，前胸腹板突圆锥形，略向后倾斜，翅长超过后足腿节末端。雄虫尾端近圆锥形，肛上板短三角形，平滑无侧沟，顶端呈锐角。雌虫腹部第 2 ~ 3 节背板侧面的后下角呈刺状，有的第 3 节不明显。产卵瓣长，上下瓣大，外缘具细齿。

35. 短额负蝗 *Atractomorpha sinensis*（锥头蝗科 Pyrgomorphidae）

识别特征：中小型蝗虫，体褐色或绿色，无斑纹，后翅淡红色，头顶尖，整体呈纺锤形。

（六）革翅目 Dermaptera

36. 蠼螋 *Labidura riparia*（蠼螋科 Labiduridae）

识别要点：体长而扁，黄褐色，鞘翅栗色，足浅黄色。头、胸及腹部背面颜色较深。腹部末端浅色，尾夹浅黄色，粗大，直伸，具一内齿。体长 12 ~ 24 mm。

37. 异螋 *Allodahlia scabriuscula*（球螋科 Forficulidae）

识别特征：全体黑褐色，鞘翅宽阔，其上具刻点小突起，腹部较宽，两侧有不明显瘤突。尾夹基部有明显弯曲，之后直伸，内缘具一细齿。

38. 华球螋 *Forficula sinica*（球螋科 Forficulidae）

识别要点：体长 11. 9 ~ 13. 5 mm。体型狭小，暗褐色或褐红色，头部呈暗浅红色，触角、尾铗浅褐色，前胸背板的侧边和足黄色或褐黄色。前胸背板接近方形。鞘翅发达。尾铗短小，基部内缘扁扩，内边缘锯齿状，其后稍呈弧形，末端尖。足正常。

（七）半翅目 Hemiptera

39. 水黾 *Gerris paludum*（黾蝽科 Gerridae）

识别特征：体黑褐色，长约 22 mm，细长，非常轻盈。前脚短，可以用来捕捉猎物，中脚和后脚很细长，长着具有油质的细毛，具有防水作用。

40. 环斑猛猎蝽 *Sphedanolestes impressicollis*（猎蝽科 Reduviidae）

识别特征：体长约 16 ~ 18 mm，体黑色光亮，具黄色或暗黄花斑，本种色泽及色斑有变异。

41. 中稻缘蝽（华稻缘蝽）*Leptocorisa chinensis*（蛛缘蝽科 Alydidae）

识别特征：体长 17 ~ 18 mm，体色为绿色，体形、触角及足均细长。前翅革质部分褐色，膜质部分黑色。

42. 稻棘缘蝽 *Cletus punctiger*（缘蝽科 Coreidae）

识别特征：体长 9.5 ~ 11 mm，宽 2.8 ~ 3.5 mm，体黄褐色，狭长，刻点密布。头顶中央具短纵沟，头顶及前胸背板前缘具黑色小粒点，触角第 4 节纺锤形。复眼褐红色，单眼红色。前胸背板多为一色，侧角细长，稍向上翘，末端黑。

43. 金绿宽盾蝽 *Poecilocoris lewisi*（盾蝽科 Scutelleridae）

识别特征：体长 13.5 ~ 15.5 mm，宽椭圆形。触角蓝黑，足及身体下方黄色，体背是有金属光泽的金绿色，前胸背板和小盾片有艳丽的条状斑纹。

44. 硕蝽 *Eurostus validus*（荔蝽科 Tessaratomidae）

识别特征：成虫体长 25 ~ 34 mm，体宽 11.5 ~ 17 mm。椭圆形，大型。酱褐色，具金属光泽。触角黑色，末节枯黄，前胸背板前缘有蓝绿色光泽，小盾片上有较强的皱纹。

45. 斑须蝽 *Dolycoris baccaram*（蝽科 Pentatomidae）

识别特征：成虫体长 8 ~ 13.5 mm，宽约 6 mm，椭圆形，黄褐或紫色，密被白绒毛和黑色小刻点。触角黑白相间，前翅革片红褐色，膜片黄褐色，透明，超过腹部末端。

46. 赤条蝽 *Graphosoma rubrolineata*（蝽科 Pentatomidae）

识别特征：长椭圆形，体长 10 ~ 12 mm，宽约 7 mm。头黑色，触角棕黑色，基部两节赤黄色。小盾片的黑纹向后不变细，两侧的黑纹直达盾片边缘。身体背面有黑色及橘红色相间的纵条纹。

47. 菜蝽 *Eurydema dominulus*（蝽科 Pentatomidae）

识别特征：成虫：椭圆形，体长 6 ~ 9 mm，体色橙红或橙黄，有黑色斑纹。头部黑色，侧缘上卷，橙色或橙红。前胸背板上有 6 个大黑斑，略成两排，前排 2 个，后排 4 个。小盾片基部有 1 个三角形大黑斑，近端部两侧各有 1 个较小黑斑，小盾片橙红色部分成“Y”字形，交会处缢缩。翅革片具橙黄或橙红色曲纹，在翅外缘形成 2 黑斑；膜片黑色，具白边。

48. 麻皮蝽 *Erthesina fullo*（蝽科 Pentatomidae）

识别特征：成虫体长 18 ~ 23 mm。头长，黑色，具粗刻点，渐向前尖，头部背面黑色，其侧缘及中央有黄色纵纹，触角黑色，第 5 节基部淡黄色。卵圆形，灰绿色，顶端有一圆形卵盖。若虫椭圆形，腹部背面两侧各有黑点，背面有黑斑，随虫龄而变化。

49. 斑衣蜡蝉斑衣蜡蝉 *Lycorma delicatula*（蜡蝉科 Fulgoridae）

识别特征：体长 15 ~ 25 mm，翅展 40 ~ 50 mm，全身灰褐色；前翅革质，基部约 2/3 为淡褐色，翅面具有 20 个左右的黑点；端部约 1/3 为深褐色；后翅膜质，基部鲜红色，具有黑点；端部黑色。体翅表面附有白色蜡粉。头角向上卷起，呈短角突起。翅膀颜色偏蓝为雄性，翅膀颜色偏米色为雌性。

50. 蚱蝉 *Cryptotympana atrata*（蝉科 Cicadidae）

识别特征：大型蝉类，体长 45 mm，全身漆黑，胫节有红斑，翅透明，翅脉红色。夏天常见种类，常大规模群蝉共鸣，“咋–咋–”声不断，震耳欲聋。

51. 程式网翅蝉 *Polyneura cheni*（蝉科 Cicadidae）

识别特征：非常艳丽的蝉，体长 40 mm，翅展 100 mm，体黑色。复眼红色。前胸前缘为暗黄色带，后缘也为暗黄色。中胸中部带有两个大型黄褐色角状斑。腹部多有白色蜡粉。前翅赭色，翅脉绿色，分为两个区。后翅橙黄色为主。见于植被环境非常好的林区。

52. 蟪蛄 *Platypleura kaempferi*（蝉科 Cicadidae）

识别特征：较小型蝉类，体长约 23 mm，体形粗短。前翅斑纹很多，后翅除外缘透明外，均为黑色。夏天常见种类，常发出“滋–滋–”声，不如蚱蝉声音大，较脆弱。

53. 黑斑丽沫蝉 *Cosmoscarta dorsimacula*（沫蝉科 Cercopidae）

识别特征：成虫体长 15 ~ 17 mm。头部橘红色，前胸背板橘黄至橘红，近前缘有两个小黑点，后缘有两个近长方形的大黑点。前翅除月状区为黄褐至棕褐色外，其余部位为橘红或橘黄（随羽化时间的早晚，红色深浅有变化），上有 7 个黑点。

54. 大青叶蝉 *Cicadella viridis*（叶蝉科 Cicadellidae）

识别特征：成虫体连翅长近 10 mm，全身青绿色，头部正面淡褐色，两侧各有 1 组黄色横纹。头部冠区淡黄绿色，有 1 对黑斑，前胸背板前缘区淡黄绿色，后部大半深青绿色，前翅蓝绿色，边缘淡白色。

（八）脉翅目 Neuroptera

55. 草蛉 *Chrisoperla* sp.（草蛉科 Chrysopidae）

识别特征：体中型，绿色。头部具有铜色复眼，触角长，丝状，无单眼。前缘区有 30 条以下的横脉，不分叉。

（九）广翅目 Megaloptera

56. 普通齿蛉 *Neoeuromus ignobilis*（齿蛉科 Corydalidae）

识别特征：体长通常在 40 mm 以上，翅展 100 mm 左右。头部黄褐色。胸部黄褐色，前胸两侧各有一条宽的黑色带，翅面端半部黄褐色或褐色而基半部几乎无色。腹部黑褐色。通常在溪流边发现。

57. 花边星齿蛉 *Protohermes costalis*（齿蛉科 Corydalidae）

识别特征：体长约 40 mm，翅展近 100 mm，头部和胸部呈黄褐色，腹部呈褐色。头顶两侧无任何黑斑且侧单眼远离中单眼为重要的识别特征。翅多处带有淡黄色斑，其中前翅基部1个较大，中部有3~4个，端部近1/3处有1个，后翅端部近1/3处有1个。常见于水边，夜间有趋光性。

（十）鞘翅目 Coleoptera

58. 中国虎甲 *Cicindela chinenesis*（虎甲科 Cicindelidae）

识别特征：成虫体长17.5~22 mm，头和前胸背板金属绿色，前胸背板中央区域红铜色。鞘翅底色金属铜色，每鞘翅基部有2个几乎相接的深蓝色斑，中后部具有1个大型深蓝色斑，深蓝色和铜色交接区域金属绿色；鞘翅约3/5处具1对白色横行斑，鞘翅近末端靠近边缘处具1对白色小圆斑，两组白斑均位于大蓝斑区域内。

59. 金斑虎甲 *Cicindela aurulenta*（虎甲科 Cicindelidae）

识别特征：体长14~18 mm，头和前胸背板大部分铜色至金绿色，鞘翅大部分深蓝色，翅缝及鞘翅周缘铜色，翅缝处的铜色区域在鞘翅基部及约1/3处向两侧扩展，铜色及深蓝色交接的区域略显绿色，每鞘翅各具4个白斑，第1个极小，位于肩部，第2个位于约1/4处，第3个位于鞘翅中部，最大，第4个位于5/6处。

60. 粗纹步甲 *Carabus crassesculptus*（步甲科 Carabidae）

识别特征：体长约25 mm，体色主要为蓝，蓝绿，蓝紫，也有一些较为暗淡接近黑色。头顶密布浅凹及皱纹，上颚弯曲，前端近钩状，基部有叉状齿，前胸背板略方，宽大于长，密布浅凹及皱纹，前缘窄于基缘，最宽处距基部2/3，侧缘在此前弧形收狭，之后略直线收狭，中线明显，前角圆钝，后角略凸、钝。雄虫前足跗节宽于雌虫。

61. 奇裂跗步甲 *Dischissus mirandus*（步甲科 Carabidae）

识别特征：体长18 mm左右，黑色种类。鞘翅背面具4个黄色大斑，具强烈光泽，为常见的捕食性昆虫。

62. 双斑青步甲 *Chlaenius bioculatus*（步甲科 Carabidae）

识别特征：体长13 mm。头及前胸背板绿色，有紫铜色金属光泽，鞘翅青铜色，或近于黑色，后端具有圆形黄斑。常见于石下。

63. 屁步甲 *Pheropsophus* sp.（步甲科 Carabidae）

识别特征：体长约18 mm，头和胸部大部分、前胸背板侧缘、鞘翅斑纹、翅缘大部分黄褐色。鞘翅略方形，基部稍窄，肩角宽圆，端缘略凹，沿中线有横皱。受惊和捕食时肛门会放出一种有毒雾气。

64. 中华婪步甲 *Harpalus sinicus*（步甲科 Carabidae）

识别特征：体长15 mm，上颚粗大发达。上唇周缘、上颚基部、口须、触角、前胸侧缘、鞘翅后部、侧缘棕红色。头部光洁，几乎无刻点。前胸背板近于方形，两侧稍膨出呈弧形。

65. 黄缘真龙虱 *Cybister bengalensis*（龙虱科 Dytiscidae）

识别特征：体长约 35 mm，背面黑色，常具绿色的光泽。鞘翅侧缘黄色明显宽于前胸背板侧缘黄边，翅缘黄边至末端逐渐收窄，末端钩状。生活于水中，捕食水生小动物，如蝌蚪、蜗牛和小鱼等。

66. 尼负葬甲 *Necrophorus nepalensis*（埋葬甲科 Silphidae）

识别特征：体长约 20 mm，体黑色。唇基膜区及触角末 3 节橙色，鞘翅前、后部有不规则橙色横斑各 1 个，左右横斑对称但不相连，前后横斑中各有游离黑色小圆斑 1 个，腹末 2～3 腹板常外露。常发现于野外动物尸体上，有较强趋光性。

67. 梭毒隐翅虫 *Paederus fuscipes*（隐翅虫科 Staphylinidae）

识别特征：体长 6.5～8 mm，体形“蚁状”，鞘翅短，腹部大部分裸露，后翅折叠于鞘翅下。体色黑红相间，鞘翅黑色，具蓝绿色金属光泽。具驱光性。该虫体液有毒，毒液强酸性。可捕食农林重要害虫。

68. 扁（巨锯陶）锹甲 *Dorcus titanus*（锹甲科 Lucanidae）

识别特征：雄虫体有大小型，体长约 36～85 mm。大型个体上颚长，末端尖而内弯，内缘近基部和近末端各有 1 个大齿，2 个大齿之间有许多小锯齿。小型个体上颚较短，内侧仅基部有 1 个大齿，自此至末端之间有少数不规则的钝齿，鞘翅上的刻点显著较小。

69. 褐黄前锹甲 *Prosopocoilus blanchardi*（锹甲科 Lucanidae）

识别特征：体长 20～43 mm（不含上颚），宽 3～16 mm。体黄褐色至褐红色，头、前胸背板、小盾片和鞘翅边缘多为黑色或暗褐色，上颚端部、前胸背板中央色泽深，在前胸背板两侧近后角处有 1 个灰黑色圆斑。

70. 华武粪金龟 *Enoplotrupes sinensis*（粪金龟科 Geotrupidae）

识别特征：常见的粪金龟种类，体长 25 mm 左右。雄虫额头顶部有 1 个强大的微弯角突，雌体仅具短小锥形角突。前胸背板短阔，表面十分粗糙，雄虫于盘区有 1 个端部分叉的几乎平直前伸的粗壮角突，角突前方及两侧滑亮，雌虫则于前中段有 1 个端部微凹前伸凸起。

71. 双叉犀金龟 *Allomyrina dichotoma*（犀金龟科 Dynastidae）

识别特征：大型甲虫，体长 40～60 mm。雄虫头上面有 1 个强大双分叉角突。前胸背板中央有 1 个短壮、端部有燕尾分叉的角突，角突端部指向前方。雌虫头上粗糙无角突。前胸背板中央前有“Y”形洼纹。

72. 中华彩丽金龟 *Mimela chinensis*（丽金龟科 Rutelida）

识别特征：体长 18 mm 左右，体背浅黄褐色，带强绿色金属光泽，有时体背草绿或暗绿色。鞘翅肩突外侧 1 浅色纵条纹，有时前胸背板具 2 个不甚明晰暗色斑。臀板黑褐带绿色金属光泽。

73. 大云斑鳃金龟 *Polyphylla laticollis*（鳃金龟科 Melolonthidae）

识别特征：成虫体长约 30 mm。前胸背板后缘无毛，前侧角钝，后侧角近直角形。雄虫触角鳃片部长大且弯曲，长度约与前胸宽度接近。唇基前侧角锐而翘起，头上有乳黄色鳞片和暗褐色竖毛。前足胫节外缘 2 齿，雌虫 3 齿。

74. 黄粉鹿花金龟 *Dicranocephalus wallichi*（花金龟科 Cetoniidae）

识别特征：体长 19 ~ 25 mm，体被黄绿色粉层。唇基呈鹿角状剧烈前突，前胸背板中央 2 条叉状栗色肋纹较短，鞘翅近长方形，肩部最宽，两侧向后渐收狭，缝角不突出。

75. 日本脊吉丁 *Chalcophora japonica*（吉丁虫科 Buprestidae）

识别特征：成虫纺锤形，体长约 30 mm 左右，全体赤铜色至金铜色，新鲜个体全面覆盖黄灰色粉状物。前胸背板及鞘翅上的纵隆线铜黑色，其间具粗大刻点，两后缘角有不定型凹陷，通常缺小盾片。

76. 朱肩丽叩甲 *Campsosternus gemma*（叩甲科 Elateridae）

识别特征：体长约 36 mm，全身发亮，无毛，椭圆形。前胸背板两侧、前胸侧板、腹部两侧及最后两节间膜红色，鞘翅金绿色，有铜色闪光。

77. 木棉梳角叩甲 *Pectocera fortunei*（叩甲科 Elateridae）

识别特征：大型叩甲，体长约 26 mm。雌性触角成弱锯齿状，雄性第 3 ~ 10 节各节着生有狭长形叶片，呈栉齿状。前胸背板中央纵向隆凸，两侧低凹，有明显的中纵沟，后角锐尖，端部稍转向外方。

78. 窗萤 *Pyrocoelia* sp.（萤科 Lampyridae）

识别特征：雄虫体长约 20 mm，触角略呈栉尺状，头部黑色，前胸背板橙色，半圆形，鞘翅黑色。雌虫外形与幼虫极为相似，橙黄色，前翅黑色，退化缩小。见于低海拔山区，为常见的种类。

79. 马铃薯瓢虫 *Henosepilachna vigintioctomaculata*（瓢虫科 Coccinellidae）

识别特征：体长近 7 mm，体背红棕色至黄红色。头背面中央部有 2 个（有时联合）黑点。鞘翅上有 6 个基斑及 8 个变斑，变斑常小于基斑或两者大小相近。

80. 异色瓢虫 *Leis axyridis*（瓢虫科 Coccinellidae）

识别特征：体长约 6 mm，虫体背面的色泽及斑纹变异较大。头部由橙黄色或橙红色至全为黑色，前胸背板上浅色而有“M”形黑斑，向深色形变异时，该黑色部分扩展相连以致中部全为黑色仅两侧浅色。向浅色变异时，该斑黑色部分缩小留下 4 个黑点或 2 个黑点。鞘翅近末端处有 1 个明显的横脊痕，这是辨别该种的重要特征。

81. 六斑月瓢虫 *Menochilus sexmaculata*（瓢虫科 Coccinellidae）

识别特征：体长约 6 mm。前胸背板黑色，小盾片黑色，鞘翅基色为红色或橘红色，周缘黑色。每翅有 3 条黑色横带或斑纹：第 1 条在近基部，其前缘中部突出；第 2 条几乎横贯鞘翅中部，前、后缘呈波曲状；第 3 斑位于鞘翅近端部，近于卵形。

82. 红头豆芫菁 *Epicauta ruficeps*（芫菁科 Meloidae）

识别特征：体长可达 22 mm，体黑色，头红色。触角基部有 1 对光滑的瘤，与头同色，鞘翅狭长，两侧近于平行。常见的种类。

83. 星天牛 *Anoplophora chinensis*（天牛科 Cerambycidae）

识别特征：体长约 35 mm。前胸背板中瘤明显，侧刺突粗壮。鞘翅基部具有颗粒，并有 2～3 条纵隆纹，每鞘翅上有白色毛斑 15～20 个，横列 5～6 行，有时不整齐。

84. 桑天牛 *Apriona germari*（天牛科 Cerambycidae）

识别特征：也称粒肩天牛，体长可达 46 mm。前胸背板前后横沟之间有不规则的横脊纹，具有侧刺突。鞘翅基部约 1/3 处有黑色光亮的瘤状颗粒，翅肩角及内外端角均呈刺状。

85. 松墨天牛 *Monochamus alternatus*（天牛科 Cerambycidae）

识别特征：体长 23 mm 左右。前胸背板上有 2 条橙黄色纵带。鞘翅棕红色，每翅有 5 条纵脊，纵脊间有近方形的黑白相间的绒毛小斑，翅端平切，内端明显，外端角圆形。

86. 十星瓢萤叶甲 *Oides decempunctatus*（叶甲科 Chysomelidae）

识别特征：体长可达 14 mm。触角末端 3～4 节黑褐色，每个鞘翅具有 5 个近圆形黑斑，排列成 2-2-1。后胸腹板外侧，腹部每节两侧各具有 1 个黑斑，有时消失。

87. 黄色凹缘跳甲 *Podontia lutea*（叶甲科 Chysomelidae）

识别特征：大型跳甲，体长可达 12 mm，椭圆形，橙黄色有光泽。触角 1～2 节黄色，其余黑色。足的腿节深黄色，胫节、跗节黑色。鞘翅刻点排列整齐。

88. 大锯龟甲 *Basiprionota chinensis*（铁甲科 Hispidae）

识别特征：体长 15 mm 左右，椭圆形，淡黄色。前胸背板向外延展，鞘翅背面隆起，两侧向外扩展，形成明显的边缘，近末端 1/3 处各有一个大的椭圆形黑斑。

89. 甜菜大龟甲 *Cassida nebulosa*（铁甲科 Hispidae）

识别特征：体长 7 mm，长卵圆形、较扁平。触角端部黑色，其余部分与体背同色。体背灰白至黄褐色，鞘翅上散生不规则的细小黑斑纹，鞘翅基部与前翅交界处为黑色。

90. 大竹象 *Cyrtotrachelus longimanus*（象甲科 Curculionidae）

识别特征：体长 20～34 mm，体棕黄色。头部、触角、跗节、腿节端部黑色，前胸背板基部具黑色不规则圆形斑，鞘翅基部及端部黑色。体型大且粗壮，雄虫体型较大，前足腿节及胫节延长，且胫节内沿具毛列。喙长且粗壮，触角端节扩大成三角形。前胸背板隆起。鞘翅表面平坦，具纵沟。跗节较细长。

（十一）双翅目 Diptera

91. 短柄大蚊 *Nephrotoma* sp.（大蚊科 Tipulidae）

识别特征：体长 14 mm 左右，体色呈橘黄色。中胸背板黑色，腹部背板带黑色横纹。前中后足均黑褐色，翅膀透明，有彩虹的金属光泽，翅痣黑色。

92. 绿花斑虻 *Chrysops* sp.（虻科 Tabanidae）

识别特征：体长 10 mm 左右。眼光裸，黄绿色并有黑斑。触角远长于头。胸褐色，但背面具宽的黄绿色斑，小盾片黄绿色，翅具斑，足细长。腹黄褐色，具两黑色条带。

93. 切黑狭口食蚜蝇 *Asarkina ericetorum*（食蚜蝇科 Syrphidae）

识别特征：体长 14 mm 左右。复眼红褐色，颜、后头白色；胸、腹大部黄色，胸背板黑褐色；腹部各节端缘黑色，第 1 节中央有一竖的黑色线状带；翅略呈褐色。

94. 黑带食蚜蝇 *Episyrphus balteata*（食蚜蝇科 Syrphidae）

识别特征：体长约 10 mm。头棕黄色，颜黄色，触角红棕色；胸黑色具闪光，翅略呈棕色；腹部各节基部黑色，端部棕黄色，也具闪光。

95. 黄颜食蚜蝇 *Syrphus ribesii*（食蚜蝇科 Syrphidae）

识别特征：体长 12 mm 左右。颜黄色，触角短，黑色；小盾片黄色；胸部铜绿色，带有光泽；腹部大部黑色，第 1 节端部两侧各具一黄色斑，其余各节端缘均有黄色横带。

96. 柑橘大实蝇 *Bactrocera minax*（实蝇科 Tephritidae）

识别特征：幼虫俗称“柑蛆”，成虫体长 10～13 mm，翅展约 21 mm，全体呈淡黄褐色。复眼金绿色；中胸背面中央有一条黑色纵纹，从基部直达腹端；腹部第 3 节近前缘有一条较宽的黑色横纹，纵横纹相交成“十”字形。

97. 桔小实蝇 *Bactrocera dorsalis*（实蝇科 Trypetidae）

识别特征：成虫体长 7～8 mm，全体深黑色和黄色相间。胸部背面大部分黑色，但黄色的“U”字形斑纹十分明显；腹部黄色，第 1、2 节背面各有一条黑色横带，从第 3 节开始中央有一条黑色的纵带直抵腹端，构成一个明显的“T”字形斑纹。

（十二）鳞翅目 Lepidoptera

98. 多斑豹蠹蛾 *Zeuzera multistrigata*（木蠹蛾科 Cossidae）

识别特征：翅展 44～68 mm。触角黑色；胸部白色，背面有 3 对黑斑点。雄性前翅脉间密布规则排列的黑色细短纹。腹部白色，每节有黑色横带。

99. 豹裳卷蛾 *Cerace xanthocosma*（卷蛾科 Tortricidae）

识别特征：翅展 33 ~ 40 mm；头白色；胸部黑紫色，有白斑；腹部各节背面黄色和黑色各半；前翅紫黑色，带有许多白色斑点和短条纹，中间有一条锈红褐色斑由基部通向外缘，在近外缘处扩大呈三角形的橘黄色区。块状斑。

100. 黄纹旭锦斑蛾 *Campylotes pratti*（斑蛾科 Zygaenidae）

识别特征：翅展 65 ~ 81 mm；头、胸及腹部蓝黑色，腹部末端蓝灰色；前翅沿翅脉及边缘黑色有蓝色金属光泽，翅脉间有黄色或红色条纹，前翅前缘基部红色，基部后缘黄色；后翅外横线黑色，各脉间有红色及黄色条纹。

101. 茶斑蛾 *Eterusia aedea*（斑蛾科 Zygaenidae）

识别特征：翅展约 70 mm；胸部及腹部第 2 节黑色带蓝色金属光泽，腹部第 3 节以后黄色；前翅基部有数枚黄白色斑块，中部内侧黄白色斑块连成一横带，中部外侧散生 11 个斑块；后翅中部黄白色横带甚宽，近外缘处亦散生若干黄白色斑块。

102. 李拖尾锦斑蛾 *Elcysma westwoodi*（斑蛾科 Zygaenidae）

识别特征：翅展 70 mm 左右；体黄白色半透明，头、胸部黑色；前后翅均淡黄，半透明，翅脉淡黄，外侧黑有光泽；后翅带有较长的尾突。

103. 迹斑绿刺蛾 *Latoia pastoralis*（刺蛾科 Limacodidae）

识别特征：翅展约 40 mm，头及背绿色，腹部和后翅浅黄色；前翅绿色，基部为 1 个褐色大斑，外缘有 1 个褐色大斑，外缘有 1 条浅黄色宽带，在前缘下呈齿状内曲，臀角处内曲更明显。

104. 绿翅绢野螟 *Diaphania angustalis*（螟蛾科 Pyralidae）

识别特征：翅展 40 mm 左右；嫩绿色，触角细长丝状；胸部背面嫩绿，腹面略白；双翅嫩绿色，前翅狭长，中室端脉有 1 个小黑点，中室内有 1 个较小的黑点，前翅前缘淡棕色，外缘毛深棕，后缘浅绿，后翅中室有 1 个黑斑。

105. 大白斑野螟 *Polyhlipta liquidalis*（螟蛾科 Pyralidae）

识别特征：翅展 40 mm 左右；头黑褐色，触角白色；胸背黑褐色；腹部第 1 ~ 3 节白色，第 3 节背面有 1 对黑斑，其他赭色；翅白色半透明，前翅基角黑褐色，由中室至翅后缘有 1 个黑色大型斑纹，黑斑内有白色斑点；后翅外缘有 1 排小黑点。

106. 小蜻蜓尺蛾 *Cystidia couaggaria*（尺蛾科 Geometridae）

识别特征：翅展 48 mm 左右；头顶和胸部背面中部黑褐色，两侧黄褐色；腹部细长，黄褐色有黑褐斑；翅白色，斑纹黑褐色；翅端部为 1 条褐色宽带，有时黑褐色斑纹扩展并占据大部分翅面，白底被切割为不规则碎块。

107. 云尺蛾 *Buzura thibetaria*（尺蛾科 Geometridae）

识别特征：翅展 70 mm；头顶白色；翅白色，有粗黑条纹，前、后翅的外缘有淡黄色斑；后翅中线上有 1 条黑色环状纹，外线黑色呈波状；腹部白色有黑色环纹

6～7圈。

108. 樟翠尺蛾 *Thalassodes quadraria*（尺蛾科 Geometridae）

识别特征：翅展约 36 mm；头灰黄色，复眼黑色，触角灰黄色；胸、腹部背面翠绿色，两侧及腹面灰白色；翅翠绿色，布满白色细碎纹；前翅前缘灰黄色，前、后翅各有白色横纹 2 条，翅反面灰白色。

109. 曲突山钩蛾 *Oreta sinuate*（钩蛾科 Drepanidae）

识别特征：翅长 14 mm；前翅顶角外伸弯曲，内侧有 1 个黄色斑，翅基部棕黄色，有棕色弧纵纹，顶角内侧至后缘中部有 1 条赭褐色斜线；后翅大部为黄色，中部内侧有赭黄色横带，外缘侧角有 1 个褐色圆斑。

110. 浅翅凤蛾 *Epicopeia hainesi*（凤蛾科 Epicopelidae）

识别特征：翅展约 30 mm；前翅鳞片薄，翅膜呈灰褐色，翅脉明显可见烟赭色；后翅基部至外缘内侧色较浅，翅脉黄褐色，明显可见；外缘至臀角烟黑色，尾带内侧沿外缘有 4 个红点，尾带上有些个体也有红斑。

111. 栎黄枯叶蛾 *Trabala vishnou*（枯叶蛾科 Lasiocampidae）

识别特征：雄性翅展 40～58 mm，雌性 53～85 mm；全体绿色、黄绿或者橙黄色；前翅三角形，斑纹黄褐色，后翅中部有两条明显的黄褐色横浅纹，中室至内缘为 1 个大型黄褐色斑纹，前、后翅原貌黄褐色。

112. 绿尾天蚕蛾 *Actias ningpoana*（天蚕蛾科 Saturniidae）

识别特征：翅展可达 130 mm；体白色，带有绒毛；触角土黄，栉齿状；翅粉绿色，基部有较长的白色绒毛；前后翅各有一条与外缘平行的淡褐色细线；前后翅中室端部均有一个眼状斑；后翅带有长约 40 mm 的尾带。

113. 长尾天蚕蛾 *Actias dubernardi*（天蚕蛾科 Saturniidae）

识别特征：翅展 90～120 mm；雌雄色彩完全不同；雄蛾体橘红色，翅杏黄色为主，外缘有很宽的粉红色带；雌蛾体青白色，翅粉绿色为主；雌雄蛾前翅中室带有眼状斑，后翅均有一对非常细长的尾带，且尾带都带有粉红色。

114. 华尾天蚕蛾 *Actias sinensis*（天蚕蛾科 Saturniidae）

识别特征：翅展 80～100 mm；雌雄色彩差异明显；雄蛾体黄色，翅黄色为主；雌蛾体青白色，翅粉绿色为主；雌雄蛾前后翅均带有眼状斑，并都带有波纹状的线条；后翅均有一对长约 3～3.5 mm 的尾带。

115. 王氏樗天蚕蛾 *Samia wangi*（天蚕蛾科 Saturniidae）

识别特征：翅展 130～160 mm；翅青褐色，前翅顶角外突，端部钝圆，内侧下方有黑斑，斑的上方有白色闪形纹；内线、外线均为白色，有黑边，外线外侧有紫色宽带，中室端有较大新月形半透明斑；后翅色斑与前翅相似。

116. 枯球箩纹蛾 *Brahmophthalma wallichii*（箩纹蛾科 Brahmaeidae）

识别特征：翅展约 150 mm；前翅中带上部外缘呈齿形外突，顶角内侧黄色区，在较明显的3根翅脉上有许多“人”字形纹；后翅中线弯曲度较大，基部黄色加深；外缘下方只有3个半球形斑，其余呈曲线形纹。

117. 甘薯天蛾 *Agrius convolvuli*（天蛾科 Sphingidae）

识别特征：翅展86~100 mm；前翅内、中、外横线棕褐色，均为锯齿状双线组成，顶角有黑色波状斜纹；腹部各节两侧有白、红、黑3条横线。

118. 鬼脸天蛾 *Acherontia lachesis*（天蛾科 Sphingidae）

识别特征：翅展100~120 mm；头部棕褐色，胸部背面有骷髅形纹，眼纹周围有灰棕色大斑；前翅黑色有微小白点间杂有黄褐色鳞片，内外横线各由数条各色波状纹组成；后翅杏黄，有3条横宽带；腹部黄色，各节间有黑色横带。

119. 红带新鹿蛾 *Caeneressa rubrozonata*（鹿蛾科 Amatidae）

识别特征：翅展24~30 mm；头黑色，翅基片红或黄色，端部具有黑毛，或全为黑色；翅斑透明，翅斑大小不一，且有变化；前后翅大部分为透明斑，其余区域黑色。

120. 粉蝶灯蛾 *Nyctemera plagifera*（灯蛾科 Arctiidae）

识别特征：翅展52~57 mm；头黄色，劲板黄色，腹部白色；头胸部多黑点；翅白色，翅脉暗褐色；后翅白色，也有若干暗褐色斑。

121. 红缘灯蛾 *Amsacta lactinea*（灯蛾科 Arctiidae）

识别特征：体长约25 mm；翅展50~67 mm；头颈部红色，腹部背面橘黄色，腹面白色；前翅白色，前缘具明显红色边线，中室上角有1个黑点，后翅横纹为黑色新月形，外缘有1~4个黑斑。

122. 人纹污灯蛾 *Spilarctia subcarnea*（灯蛾科 Arctiidae）

识别特征：体长约20 mm；翅展40~52 mm；腹部背面大部分红色，且中间有1列黑点，腹面黄白色；前翅黄白杂肉色，外缘至后缘有1斜列黑点，左右合拢时呈“人”字形纹，后翅白色或微带红色。

123. 条纹艳苔蛾 *Asura strigipennis*（灯蛾科 Arctiidae）

识别特征：翅展16~30 mm；黄色；前翅常染红色，特别是前缘区和外缘区；黑色基点1个，前缘基部黑边，内线5个黑短带，中线黑色，从前缘向后缘倾斜，中室端有1个黑点，外线为1列不规则的黑色短带，端线为1列黑点。

124. 霉巾夜蛾 *Parallelia maturate*（夜蛾科 Noctuidae）

识别特征：翅展约55 mm；前翅灰褐色；内线与中线呈紫灰色中带；外线为双线、暗褐色，线间紫灰色；由顶角向内倾斜伸出一黑纹，与外线折角处相接，该黑纹前方为紫黑色。

125. 中金夜蛾 *Diachrysia intermixta*（夜蛾科 Noctuidae）

识别特征：翅展37 mm左右；头部及胸部红褐色，翅基片及后胸褐色，腹部黄白色；前翅棕褐色，基线与内线灰色，斑纹斜，细灰边，肾纹灰色细边；前翅近中部有一大金斑；后翅基半部微黄，外部褐色。

126. 中带三角夜蛾 *Chalciope geometrica*（夜蛾科 Noctuidae）

识别特征：翅展约 43 mm；前翅棕褐色，在中部有一黑绒色的三角区，其外侧为细黄白色外线，中间为宽黄白色中线，此二线相互平行，外线的外侧衬有一褐色条，再外则有齿形曲折的黄绒色条斜伸至顶角。

127. 绿角翅夜蛾 *Tyana falcata*（夜蛾科 Noctuidae）

识别特征：翅展 28 mm 左右。体绿色，复眼黑色；前翅绿色，前缘褐色，中室横脉两端各 1 个褐点，缘毛白色；后翅白色。

128. 枯叶夜蛾 *Adris tyrannus*（夜蛾科 Noctuidae）

识别特征：翅展 96～106 mm；头胸部棕色，腹部杏黄色；前翅枯叶色深棕微绿，顶尖很尖，外缘弧形内斜，后缘中部内凹，翅脉上有许多黑褐色小点，翅基部和中央有暗绿色圆纹；后翅杏黄色，中部有一肾形黑斑及一牛角形黑纹。

129. 直纹稻弄蝶 *Parnara guttata*（弄蝶科 Hesperiidae）

识别特征：体长 17～19 mm，翅展 28～40 mm；体和翅黑褐色，头胸部比腹部宽，略带绿色；前翅具 7～8 个半透明白斑排成半环状；后翅中间具 4 个白色透明斑，呈直线或近直线排列；翅反面色浅，斑纹与正面相似。

130. 黑豹弄蝶 *Thymelicus sylvaticus*（弄蝶科 Hesperiidae）

识别特征：翅展 30 mm 左右。翅橙黄色，脉纹暗褐色，外缘区有暗褐色宽带，前翅中室外侧有暗色斑；缘毛基部褐色，端黄灰色。反面橙黄色，脉纹及两侧黑色，但很细，前翅基部、后角及后翅外缘暗褐色。

131. 旖弄蝶 *Isoteinon lamprospilus*（弄蝶科 Hesperiidae）

识别特征：翅展约 33 mm；翅正面黑褐色，外缘毛黑白相间；前翅近顶角有 3 个白斑排成斜列，翅中部有 4 个方形透明白斑；后翅正面无斑纹。

132. 斑星弄蝶 *Celaenorrhinus maculosus*（弄蝶科 Hesperiidae）

识别特征：翅展 43 mm 左右；翅正面棕褐色，前翅斑纹白色，亚顶端有白色小点 5 个；后翅黄色斑纹 15 个，基部有黄色放射状条纹。

133. 曲纹袖弄蝶 *Notocrypta curvifascia*（弄蝶科 Hesperiidae）

识别特征：翅展约 40 mm；翅黑褐色，前翅中部有 1 条白带，斜向排列，较宽，近顶端有 2 组小白斑，分别为 4 个和 3 个；后翅无斑。

134. 无趾弄蝶 *Hasora anura*（弄蝶科 Hesperiidae）

识别特征：翅展 50 mm 左右。雄蝶前翅亚端部通常有 1～2 个小白点；雌蝶前翅正反面除亚缘有 3 个小黄点外，还有 3 个较大的方形黄斑，后翅中室端有 1 个黄白色斑，并有小的黄白色条纹，臀角不明显突出，无黑色臀角斑。

135. 黑弄蝶 *Daimio tethys*（弄蝶科 Hesperiidae）

识别特征：翅展约 38 mm；翅黑色，斑纹和缘毛均为白色；前翅顶角和中部各有 5 个白斑；后翅中部有 1 条白色横带，其外缘有黑色圆点；后翅反面基半部白色，内有几个黑点。

136. 飒弄蝶 *Satarupa gopala* 弄蝶科 Hesperiidae

识别特征：翅展 54 ~ 70 mm。前翅有 1 条由 10 余个白色斑组成的斜带，中室中部有 1 个白色斑；后翅中部有 1 条极宽的白色横带，外侧有 1 列黑褐色斑点，仅近前缘的 1 个在白色带内；后翅反面基半部全为粉白色；腹部白色。

137. 金凤蝶 *Papilio machaon*（凤蝶科 Papilionidae）

识别特征：翅展约 85 mm；翅金黄色，翅脉黑色；前翅外缘具有黑色宽带，其间排列有 8 个黄色斑点；翅基黑色，上面密布黄色鳞片，中室端部有 2 个黑斑；后翅外缘也有黑色宽带，带中间有 6 个黄色新月斑及由蓝色鳞片组成的一列圆斑，臀角处有一橙色圆斑。

138. 柑橘凤蝶 *Papilio xuthus*（凤蝶科 Papilionidae）

识别特征：翅展约 100 mm；翅黄绿色，沿翅脉有黑带；外缘有黑色宽带，前翅黑色宽带中嵌有 8 个绿黄色新月斑，其内方有蓝色斑列，臀角处有 1 个橙色圆斑，内有 1 黑点。

139. 碧凤蝶 *Papilio bianor*（凤蝶科 Papilionidae）

识别特征：翅展 90 ~ 135 mm；体翅黑色，遍布翠绿色鳞片；前翅端半部色浓，翅脉间多散布黄色和蓝色鳞片；后翅亚外缘有 6 个粉红色和蓝色飞鸟形斑，臀角有 1 个半圆形粉红色斑，翅中域特别是近前缘形成大片蓝色区，反面色淡，斑纹非常明显；雄蝶前翅有非常明显的天鹅绒状性标。

140. 玉带凤蝶 *Papilio polytes*（凤蝶科 Papilionidae）

识别特征：翅展 90 ~ 110 mm；雄蝶前翅外缘有 1 列白斑，后翅中部有 1 列白斑排成带状；后翅反面外缘凹陷处有橙色点，亚外缘有 1 列橙色新月形，翅中部也有 1 列横白斑；雌蝶多型，白带型后翅外缘斑似雄蝶反面，翅中域有 6 个白斑，近后缘 2 个斑红色；赤斑型，后翅中域无白斑列，中外方有 2 个长形小蓝斑，近后缘为 2 个长形大红斑。

141. 蓝凤蝶 *Papilio protenor*（凤蝶科 Papilionidae）

识别特征：翅展 95 ~ 120 mm；翅黑色，有靛蓝色天鹅绒光泽；雄蝶后翅正面前缘有黄白色斑纹，臀角有外围红环的黑斑；后翅反面外缘有几个弧形红斑，臀角具有 3 个红斑；雌蝶后翅正面臀角有外围带红环的黑斑 1 个及弧形红斑 1 个；后翅反面与雄蝶相似。

142. 宽尾凤蝶 *Agehana elwesi*（凤蝶科 Papilionidae）

识别特征：翅展约 130 mm；前翅前缘色深，中室内有数条黑色纵纹；后翅外缘波状，波谷红色，外缘区有 6 个弯月形红斑；尾突宽大呈靴形；有的后翅中室端半部呈白色，故称“白斑型”。

143. 青凤蝶 *Graphium sarpedon*（凤蝶科 Papilionidae）

识别特征：翅展 76 mm；翅窄长，底色黑，无尾突；前后翅中央贯穿 1 列略呈方形的蓝绿斑，后翅外缘有 1 列蓝绿色的新月形斑；后翅反面近基部有 1 条红色短线，翅中部至后缘处有数条红色斑纹。

144. 菜粉蝶 *Pieris rapae*（粉蝶科 Pieridae）

识别特征：翅展约 55 mm；翅面和脉纹白色，翅基部和前翅前缘较暗；雌蝶特别明显，前翅顶角和中央 2 个斑纹黑色，后翅前缘有 1 个黑斑。

145. 东方菜粉蝶 *Pieris canidia*（粉蝶科 Pieridae）

识别特征：翅展 52 ~ 60 mm；翅白色；前翅中部外侧的 2 个黑斑和后翅前缘中部的 1 个黑斑比菜粉蝶的大而圆，顶角同外缘的黑斑连接；后翅外缘脉端有三角形黑斑；翅反面处前翅中部 2 个黑斑清晰外，其余斑均模糊。

146. 暗脉菜粉蝶 *Pieris napi*（粉蝶科 Pieridae）

识别特征：翅展约 50 mm；翅脉黑色，前翅正面脉纹、顶角及后缘均为黑色，但近缘的 2 个黑斑较小，不很清晰；后翅前缘外侧有 1 个黑色圆斑，反面淡黄色较淡，翅脉部分黑色较浓；此种有春夏两型：春型较小，翅稍长，黑色部分较浓；夏型较大，体色相对较淡。

147. 橙黄豆粉蝶 *Colias fieldii*（粉蝶科 Pieridae）

识别特征：翅展约 55 mm；雌雄异型；翅为橙黄色，前后翅外缘的黑带较宽，雌蝶带中有橙黄斑，雄蝶则无，前后翅中室端的黑点和橙黄点较大。

148. 圆翅钩粉蝶 *Gonepteryx amintha*（粉蝶科 Pieridae）

识别特征：翅展约 70 mm；雄蝶前翅正面深柠檬色，前缘和外缘有褐色斑点，中室端脉上有暗橙黄色圆斑 1 个；后翅外缘也有斑点；雌蝶白色，翅反面黄白色，中室端斑淡紫色；后翅脉端尖出不明显。

149. 白条黛眼蝶 *Lethe albolineata*（眼蝶科 Satyridae）

识别特征：翅展 55 mm 左右。前翅反面中室内有 1 条白色窄带，中室外具 1 条斜白窄带和 1 条直白窄带，亚外缘可见 4 ~ 5 个小黑斑。后翅反面外缘线白色波状，亚外缘具 6 枚眼状纹。中部有 1 条白带，另 1 条白带沿眼状纹内侧至臀角处。

150. 玉带黛眼蝶 *Lethe confusa*（眼蝶科 Satyridae）

识别特征：翅展约 60 mm；前翅黑褐色，中域有 1 条白色斜带，翅顶角有 2 个小白斑；翅反面除具备正面斑纹外，前翅顶角处有 4 个眼状斑；后翅有淡色波曲的内线、中线、外线及缘线，亚缘有 6 个眼状斑。

151. 大绢斑蝶 *Parantica sita*（斑蝶科 Danaidae）

识别特征：翅展 80 ~ 90 mm；翅青白色，半透明，前翅脉纹黑色；前缘、后缘的端部一半黑色，顶角区黑色，有放射状青白色斑；外缘宽带黑色，有大小青白色小点 2 列；后翅脉纹、前缘、外缘及臀区红褐色；雄蝶后翅反面有长圆形块状“香鳞斑”。

152. 金斑蝶 *Danaus chrysippus*（斑蝶科 Danaidae）

识别特征：翅展约 70 mm；翅面底色橙黄，前翅前缘、端部及外缘黑褐色，亚端部横列 4 个大白斑；后翅外缘有黑褐色带，其中有 1 列白点，中室端有 3 个黑褐色斑，翅反面类似正面，但前翅顶角域黄褐色。

153. 虎斑蝶 *Danaus melanippus*（斑蝶科 Danaidae）

识别特征：翅展 85 mm 左右。前翅各边缘黑色，翅端有大的黑色区，区内有 1 条白色斜带，该带由 5 个相邻的白色棒状斑组成，附近有几个小白点；外缘有 2 列小白点。后翅外缘内有 2 列白色小点，内侧有时不明显。

154. 箭环蝶 *Stichophthalma howqua*（环蝶科 Amathusiidae）

识别特征：翅展 98 ~ 110 mm；翅正面浓橙色，前翅顶角黑褐色，外缘有 1 条褐色细线，并有 1 列鱼纹斑；后翅鱼纹斑大而显著；翅反面略带红色，前后翅中央近基部有 2 条横波状纹；沿翅中央各有 5 个红褐色眼斑，外缘有 2 条波状纹。

155. 枯叶蛱蝶 *Kallima inachis*（蛱蝶科 Nymphalidae）

识别特征：翅展 85 ~ 110 mm；翅褐色或紫褐色，有藏青色光泽，两翅的亚缘均有 1 条深色波状的横线；前翅顶角尖，中域有 1 条宽的黄白色斜带；后翅具尾突；翅反面呈枯叶色，静息时从前翅顶角臀角处有 1 条深褐色的横线，加上几条斜线和斑块、斑点，酷似枯叶。

156. 网丝蛱蝶 *Cyrestis thyodamas*（蛱蝶科 Nymphalidae）

识别特征：翅展 55 ~ 60 mm；翅正面白色或浅黄色，脉纹褐色清晰，整个翅面的线条和斑纹均为黑褐色与赭色或黄色等混合形成，两翅有不少条纹从前翅穿过后达翅臀缘，与翅脉相交形成网纹；前翅顶角尖，有精致的黑褐色镶边；后角有 1 个赭色杂以黄绿色似花束的斑；后翅臀角有 2 个似前翅后角的花纹。

157. 黑脉蛱蝶 *Hestina assimilis*（蛱蝶科 Nymphalidae）

识别特征：翅展 75 ~ 80 mm；翅淡绿白色，脉纹黑色；前翅有几条横带，留出淡绿色部分成斑状；后翅亚外缘后半部有 4 ~ 5 个红色斑，斑内有黑点。

158. 翠蓝眼蛱蝶 *Junonia orithya*（蛱蝶科 Nymphalidae）

识别特征：翅展 45 mm；雄蝶前翅基部藏青色，后翅宝蓝色；前翅中部有白色斜带，前后翅各有 2 个眼状纹，外缘灰黄色；雌蝶基部深褐色，眼状斑比雄蝶大而醒目；本种季节型明显；秋型前翅反面色深，后翅多为深灰褐色，斑纹模糊。

159. 美眼蛱蝶 *Junonia almana*（蛱蝶科 Nymphalidae）

识别特征：翅展 49 ~ 60 mm；翅正面橙红色，反面橙黄色；前后翅外缘各有 3 条黑褐色波状纹，翅面各有一大一小 2 个眼状纹；翅反面各眼斑纹大小差别不显著。

160. 残锷线蛱蝶 *Limenitis sulpitia*（蛱蝶科 Nymphalidae）

识别特征：翅展约 65 mm；翅正面黑褐色，斑纹白色；前翅中横脉斑列弧形排列，后翅中横带极倾斜，到达后翅后缘的 1/3 处；亚缘带的大部分与中横带平行；翅反面红褐色，除白色斑纹外还有黑色斑点，白色的外缘线。

161. 紫闪蛱蝶 *Apatura iris*（蛱蝶科 Nymphalidae）

识别特征：翅展 59 ~ 64 mm；翅黑褐色，雄蝶有紫色闪光；前翅约有 10 个白斑，中室内有 4 个黑点；反面有 1 个黑色蓝瞳眼斑，围有棕色眶；后翅中央有 1 条白色横带，并有 1 个与域前翅相似的小眼斑；反面白色带上端很宽，下端尖削成楔形带，中室端部尖出显著。

162. 青豹蛱蝶 *Damora sagana*（蛱蝶科 Nymphalidae）

识别特征：翅展 74 ~ 80 mm；雌雄异型；雄蝶翅橙黄色，前缘中室外侧有 1 个近三角形橙色无斑区；后翅中央“<”黑纹外侧也有 1 条较宽的橙色无斑区；雌蝶翅青黑色，中室内外各有 1 个长方形大白斑，后翅沿外缘也有 1 列三角形白斑，中部有 1 条白色宽带。

163. 斐豹蛱蝶 *Argyreus hyperbius*（蛱蝶科 Nymphalidae）

识别特征：翅展 55 ~ 65 mm；雌雄异型；雄蝶翅橙黄色，后翅外缘黑色具蓝白色细弧纹，翅面有黑色圆点；雌蝶前翅端半部紫黑色，中间有 1 条白色斜带；反面斑纹和颜色与正面有很大差异。

164. 素饰蛱蝶 *Stibochiona nicea*（蛱蝶科 *Nymphalidae*）

识别特征：翅展 55 mm 左右；翅面黑色，反面棕褐色。前翅外缘有 1 列整齐的小白斑，其中 2a 室有 2 个，亚外缘有 1 列小白点，上述 2 列白点间有 1 条蓝色线。中室内有 3 条蓝白色短线，中室外侧也有数个小白点，后翅外侧也有数个小白点。后翅外缘有 1 列白斑，白斑内侧有 1 列黑点和蓝色带。反面斑点同正面，且更清晰。

165. 二尾蛱蝶 *Polyura narcaea*（蛱蝶科 Nymphalidae）

识别特征：翅展 70 ~ 75 mm；前翅基部淡黑色，前缘有 1 条黑色宽带，外缘与亚缘的 2 条黑色宽带平行，其间为淡绿色的斑列；后翅基部淡黑色，后中域有 1 条黑色斜带，外缘黑色，共有 2 个尾突。

166. 白带螯蛱蝶 *Charaxes bernardus*（蛱蝶科 Nymphalidae）

识别特征：翅展 68 mm；翅正面红棕色或黄褐色，反面棕褐色；前翅有很宽的黑色外缘带，中区有白色横带；后翅亚外缘有黑带；反面前翅中室内有 3 条短黑线，后翅在 1 列小白点的外侧有小黑点，斑纹同正面，但颜色浅。

167. 小红蛱蝶 *Vanessa cardui*（蛱蝶科 Nymphalidae）

识别特征：翅展 50 ~ 55 mm；前翅正面半部棕黑色，亚顶部有很多白色斑点，在赭橙色的中域区有 3 个棕黑色不规则的斑，它们相连而组成 1 条斜带；基部浅棕色；后翅端部橙红色，外缘、亚缘和后中域均有黑棕色斑列；基部淡棕色。

168. 黄钩蛱蝶 *Polygonia c-aureum*（蛱蝶科 Nymphalidae）

识别特征：翅展 50～60 mm；季节型分明；翅黄褐色，基部有黑色斑；前翅中室内 3 个黑色斑；后翅基部有 1 个黑点；前后翅外缘突出部分尖锐（秋季型更显著），后翅反面有“L”形的银色纹。

169. 秀蛱蝶 *Pseudergolis wedah*（蛱蝶科 Nymphalidae）

识别特征：翅展 55 mm 左右。翅正面赭色，前后翅中室内各有 2 个肾形环纹，前翅端半部有 3 条黑线，亚缘线内侧有等距离排列的黑点；前翅 4 个，后翅 5 个。翅反面暗褐色，外缘线细，锯齿状，两边淡紫色，中域有 2 条黑褐色波状宽带。

170. 苎麻珍蝶 *Acraea issoria*（蛱蝶科 Nymphalidae）

识别特征：翅展约 60 mm；翅黄褐色，外缘有褐色的宽带，内嵌有灰白色的斑点；雄蝶前翅中室端有 1 条横纹，雌蝶在端纹内外各有 1 条横纹，后缘还有 1 个孤立的黑斑；后翅反面外缘三角形斑列内侧有 1 条褐红色的窄带。

171. 朴喙蝶 *Libythea celtis*（喙蝶科 Libytheidae）

识别特征：翅展 45～50mm；下唇须长，突出在头顶前方呈喙状；翅黑褐色，前翅顶角突出呈镰刀的端钩，近顶角有 3 个白斑，中室内有 1 个钩状红褐斑，同其外侧的圆形红褐斑相接触；后翅外缘锯齿状，中部有 1 条红褐色横带。

172. 白带褐蚬蝶 *Abisara fylloides*（蚬蝶科 Riodinidae）

识别特征：翅展约 40 mm；翅面色浅，斜带白色，翅缘有白色缘毛，后翅外缘带有一列黑色斑纹；雌蝶斜带较雄蝶细，后翅中部有 1 条模糊细条纹。

173. 波蚬蝶 *Zemeros flegyas*（蚬蝶科 Riodinidae）

识别特征：翅展 35 mm 左右；翅面绯红褐色，脉纹色浅；有白点，在每个白点的内方均连有 1 个深褐色斑；前翅外缘波曲，后翅外缘中部突出。翅反面色淡，斑纹清晰。

174. 浓紫彩灰蝶 *Heliophorus ila*（灰蝶科 Lycaenidae）

识别特征：翅展 28 mm 左右；正面黑褐色，部分区域有深紫蓝色光泽；后翅外缘有 2 个橙红色新月斑。翅反面橙黄色，前翅外缘有窄的赤红带，外缘有黑色，臀角有 1 个长形黑斑，具白边。

175. 靛灰蝶 *Caerulea coeligena*（灰蝶科 Lycaenidae）

识别特征：翅展 36～42 mm；雄蝶正面青蓝色，前翅外缘弧形，顶角和外缘有细窄黑色带，后翅前缘与后缘为淡灰色；雌蝶前翅前缘、外缘和后翅前缘有黑色宽带，前翅后缘黑带较窄，中央部分暗青蓝色。

176. 蚜灰蝶 *Taraka hamada*（灰蝶科 Lycaenidae）

识别特征：翅展 25 mm；前后翅均无斑纹，从翅表可透视反面斑纹，缘毛黑白相间；翅反面白色，斑黑色，大而显著，布满整个翅面；雄蝶前翅外缘平直，雌蝶前翅外缘呈弧形。

（十三）膜翅目 Hymenoptera

177. 黄柄壁泥蜂 *Sceliphron madraspatanum*（泥蜂科 Sphecidae）

识别特征：体长 15 mm 左右；体黑色，具黄斑；翅淡褐透明，翅脉略深；前胸背板和中胸盾片具密的细横皱纹，侧板具小刻点；腹柄黄色较长。

178. 陆马蜂 *Polsties rothneyi*（马蜂科 Polistidae）

识别特征：体长约 23 mm；头略宽于胸；触角端部黑色，两复眼之间有一黑色横带，其下均为橙黄色；前胸背板中部两侧各有一较小的黑色三角形斑；翅棕色。

179. 墨胸胡蜂 *Vespa velutina*（胡蜂科 Vespidae）

识别特征：体长约 20 mm，体被棕色毛；头胸黑色，被黑色毛；前胸背板前缘中央向前隆起，前足胫节前缘内侧、跗节黄色，余呈黑色，中、后足胫节、跗节黄色，余呈黑色。

180. 金环胡蜂 *Vespa mandarinia*（胡蜂科 Vespidae）

识别特征：大型蜂类，体长近 40 mm，体被棕色毛；头宽于胸，两触角窝间三角状平面隆起，头部橘黄色；胸部大部分黑褐色；前、中、后足各节均呈黑褐色，腹部除第 6 节外全呈橙黄色，其余各节背板均为橙黄色与黑褐色相间。

181. 中华异喙蜾蠃 *Allorhynchium chinense*（蜾蠃科 Eumenidae）

识别特征：体长约 15 mm 左右；头部宽略窄于胸部宽，额部呈黑色，复眼内缘中部有黄色短纵带；前胸背板黑色，密布粗糙刻点，覆有白色短毛；中胸背板全黑色，小盾片黑色，矩形；翅呈深褐色，带紫色光泽；腹部黑色，覆有白色短毛。

182. 东方蜜蜂 *Apis cerana*（蜜蜂科 Apidae）

识别特征：工蜂体长 10 ~ 13 mm；头部呈三角形；唇基中央稍隆起，中央具三角形黄斑；上唇长方形，具黄斑；上颚顶端有 1 个黄斑；触角柄节黄色；小盾片黄或棕或黑色；体黑色；足及腹部第 3 ~ 4 节背板红黄色，第 5 ~ 6 节背板色暗，各节背板端缘均具黑色环带。

183. 西方蜜蜂 *Apis mellifera*（蜜蜂科 Apidae）

识别特征：其与东方蜜蜂工蜂的形态主要区别为：①唇基黑色，不具黄或黄褐色斑；②体型较大，为 12 ~ 13 mm，体色变化大，深褐色至黄或黄褐色；③后翅中脉不分叉。

二、常见的鱼类

（一）鲤形目（Cypriniformes）

1. 鲤科（Cyprinidae）

松潘裸鲤（*Gymnocypris potanini*）：俗名白鱼、冷水鱼。以水生昆虫和藻类为主食。模式产地在松潘。小型鱼类，体长不超过 200 mm，体延长，稍侧扁。口亚下位，呈弧形。下颌前缘无锐利角质；下唇细狭，分为左右两侧叶；唇后沟中断。无须。背鳍刺细弱，其后侧缘下部具细齿。腹鳍起点与背鳍第 2 或第 3 分枝鳍条的基部相对。身体裸露无鳞，除臀鳞外，仅在肩带部分有 2 ~ 3 行不规则的鳞片；臀鳞每侧 16 ~ 20 枚，其行列前端约达腹鳍基部至臀鳍起点之间距离的中点。第 1 鳃弓鳃耙外侧 6 ~ 9 枚，内侧 9 ~ 14 枚。繁殖期在每年的 6 ~ 7 月。

齐口裂腹鱼（*Schizothorax*（*schizothorax.*）*prenanti*）：俗称：雅鱼，齐口鱼，细甲鱼，齐口细鳞鱼。体长，稍侧扁。吻钝圆；口下位，横裂（在小个体中略呈弧形）。体背部暗灰色，腹部银白色，背鳍、胸鳍和腹鳍呈青灰色，尾鳍红色。生活于支流清溪中的个体体侧有小黑斑，达到性成熟的雄鱼吻部出现有珠星。分布于岷江、大渡河等水系，为长江上游的一种重要食用鱼。属冷水性鱼类，水流湍急的环境中活动，秋后向下游动，在河流的深坑或水下岩洞中越冬。生殖季节一般在 8 ~ 9 月，产卵于水流较急的砾石河床中。

鲤鱼（*Cyprinus carpio*）鳞大而圆，上腭两侧各有二须，单独或成小群地生活于平静且水草丛生的泥底的池塘、湖泊、河流中。

鲫鱼（*Carassius auratus*）：体侧扁而高，头短小，吻钝，无口须，咽喉齿 1 行，杂食性，是一种适应性很强的鱼类，栖于江河、湖泊、池沼、河渠中，尤以水草丛生的浅水湖和池塘较多。

草鱼（*Ctenopharyngodon idellus*）：梳状咽喉齿两行。栖息于平原地区的江河湖泊，一般喜居于水的中下层和近岸多水草区域。性活泼，游泳迅速，常成群觅食。为典型的淡水中中上层草食性鱼类。在干流或湖泊的深水处越冬。生殖季节亲鱼有溯游习性。是中国淡水养殖的四大家鱼之一。

鲢鱼（*Hypophthalmichthys molitrix*）俗称鲢子、白鲢，体形侧扁、稍高，呈纺锤形，背部青灰色，两侧及腹部白色。头较大。眼睛位置很低。鳞片细小。腹部正中角质棱自胸鳍下方直延达肛门。胸鳍不超过腹鳍基部。各鳍色灰白。形态和鳙鱼相似，鲢鱼性急躁，善跳跃，是中国淡水养殖的四大家鱼之一。

鳙鱼（*Aristichthys nobilis*）：俗称花鲢、胖头鱼，属于滤食性鱼类。体侧扁，头部大而宽，头长约为体长的 1/3，口大，端位，下颌稍向上倾斜。鳃耙细密呈页状，但不联合。口咽腔上部有螺形的鳃上器官，眼小，位置偏低，无须，下咽齿勺形，齿面平滑。鳞小，腹面仅腹鳍甚至肛门具皮质腹棱。胸鳍长，末端远超过腹鳍基部。体侧上半部灰黑色，腹部灰白，两侧杂有许多浅黄色及黑色的不规则小斑点。是中国淡水养殖的四大家鱼之一。

麦穗鱼（*Pseudorasbora parva*）：又名罗汉鱼，为江河、湖泊、池塘等水体中常见的小型鱼类。体略平扁。口上位。无须。背鳍无硬刺。生殖时期雄鱼体色深黑，吻部、颊部出现珠星。雄鱼个体大，雌鱼个体小，差别明显。生活在浅水区。杂食，主食浮游动物。产卵期4~6月。

2. 鳅科（Cobitidae）

红尾副鳅（*Paracobitis variegatus*）：小型鱼，体长一般为100~170 mm，身体延长，侧扁，头部较平扁。尾柄上下具膜质软鳍褶，背侧鳍褶的前方至臀鳍上方。侧线完全，延伸至尾鳍基部。体被小鳞，前躯鳞片稀疏，后半部具细鳞，胸腹部裸出。腹面浅黄色，尾鳍鲜红色，其他各鳍浅黄色。底栖生活，喜欢在流水冲刷的石穴环境中生活，一般在山区支流中数量较多，平时喜栖息在岩缝、石隙或多巨石的回水湾活动。

泥鳅（*Misgurnus anguillicaudatus*）：分布于亚洲沿岸的中国、日本、朝鲜、俄罗斯及印度等地。体细长，前端稍圆，后端侧扁。体灰黑，并杂有许多黑色小斑点，背鳍和尾鳍膜上的斑点排列成行，尾柄基部有一明显的黑斑。其他各鳍灰白色。体色常因生活环境不同而有所差异。泥鳅喜欢栖息于静水的底层，常出没于湖泊、池塘、沟渠和水田底部富有植物碎屑的淤泥表层，对环境适应力强。除西部高原地区外，自南到北各处都有此鱼生长。

3. 亚口鱼科（Catostomidae）

胭脂鱼（*Myxocyprinus asiaticus*）：体侧扁，背部在背鳍起点处特别隆起。吻钝圆。口小，下位，呈马蹄形。唇厚，富肉质。臀鳍短，尾柄细长，尾鳍叉形。鳞大，侧线完全。在不同生长阶段，体形变化较大。成熟个体体侧为淡红、黄褐或暗褐色，从吻端至尾基有一条胭脂红色的宽纵带，背鳍、尾鳍均呈淡红色。

（二）鲇形目（Siluriformes）

1. 鮡科（Sisoridae）

黄石爬鮡（*Euchiloglanis kishinouyei*）：俗名黄石爬、石爬子。为中小型底栖鱼类，体长，平扁，背部隆起，腹部平，后部侧扁。头极宽扁。眼甚小。口下位，横宽。唇厚，具小乳突，唇间以皮膜相连。须4对，鼻须扁薄，上颌须全部由宽阔的皮膜与吻部相连，末端尖突。鳃孔小，止于胸鳍基之上。背、胸鳍无硬刺；偶鳍平展，第一根鳍条粗大，腹面有横褶。胸鳍宽圆，不达腹鳍；脂鳍长；臀鳍小。尾鳍近截形。常匍匐在河流砾石滩上生活，食水生昆虫及其幼虫。

2. 鲿科（Bagridae）

黄颡鱼（*Pelteobagrus fulvidraco*）：又名黄腊丁，广布于中国东部各水系。在静水或缓流的浅滩生活，昼伏夜出。体长123~143 mm，杂食，主食底栖无脊椎动物，食物多为小鱼、水生昆虫等小型水生动物。4～5 月产卵，亲鱼有掘坑筑巢和保护后代的习性。

3. 胡子鲶科（Clariidae）

胡子鲶（*Clarias fuscus*）：体延长，后部侧扁。头宽扁。口下位。眼小。须 4 对。体无鳞，侧线明显，较平直。背鳍很长，约占体长的 2/3，臀鳍也很长，均无硬刺，并不与尾鳍相连。胸鳍具锯状硬棘。尾鳍圆形。体棕黑色，腹部较浅。

三、常见的两栖动物

（一）有尾目（Caudata）

1. 小鲵科（Hynobiidae）

山溪鲵（*Batrachuperus pinchonii*）：俗名羌活鱼、白龙、杉木鱼，是中国的特有物种。雄体全长 181～204 mm，雌体全长 150～186 mm。头部略扁平，头长大于头宽，吻端短圆，唇褶发达，口角位于眼后角下方；上唇褶包盖下唇后端，上、下颌有细齿；犁骨齿列呈"/\"形位于内鼻孔之间或其后缘，每列小齿 4～6 枚；舌大，长椭圆形，两侧略游离，鼻孔略近吻端，眼大；躯干浑圆或略扁平，尾粗壮，圆柱形，向后逐渐侧扁。体侧一般有几个肋沟。四肢适中，前后肢贴体相向时，指、趾端部相距 1～2 个肋沟，仅个别者相遇或略重叠；指、趾扁平，末端钝圆，基部无蹼，4、2、3 指几乎等长，略长于第一指；趾长顺序 3、2、4、1，掌、蹠突均不显著。尾粗壮，雄鲵尾长为体长的 90%，雌鲵为 81%，尾圆柱状向后逐渐侧扁；尾鳍褶低厚，平直，背鳍褶约起自尾的后 1/3 处，腹鳍褶起自尾的后 1/4 处；尾末端钝圆。常见于高山山溪及湖泊的石块或树根下以及苔藓中或融雪泉水碎石下。成体多以虾类和水生昆虫为食，其生存的海拔范围为 1500～3600 m。该物种的模式产地在四川宝兴。

2. 蝾螈科（Salamandridae）

细痣棘螈（*Echinotriton asperrimus*）体全长 120～150 mm，尾长约为头体长的 85%（♀）～88%（♂）。犁骨齿列呈"/\"形。皮肤粗糙，密布瘰粒。头背两侧有骨质嵴棱。通身棕黑色，腹面稍浅，指趾端、泄殖腔孔周缘及尾下缘橘红色。头背嵴棱较不发达；正背中央脊棱显著，有与脊椎相应的凹痕；背侧各有一行瘰疣（肋腺），其下多有肋骨尖端支持。以昆虫及其幼虫、蚯蚓、蜘蛛、蛞蝓或其他小型无脊椎动物为食物。国家Ⅱ级重点保护动物。

（二）无尾目（Anura）

1. 角蟾科（Megophryidae）

峨眉角蟾（*Megopyrys omeimontis*）：体形中等，雄蟾体长 57 mm，雌蟾 71 mm。头扁平，头宽略大于头长，吻部盾形，显著突出于下唇，眼球上半橘红或橘黄色，下半略浅或为深棕色，瞳孔纵置，鼓膜卵圆形，距眼近，其间距一般不超过鼓膜直径；上额有齿，犁骨棱末端具小齿。背面皮肤较光滑，有细肤棱和细疣粒，两眼间三角斑和其后的"V"形斑上均有清晰的细肤棱，背两侧各有 1 条纵肤棱，上眼睑外缘近中部有小突起；体腹面皮肤光滑。第一、二指基部有关节下瘤；后肢较长，有股后腺，胫跗关节前伸达眼或略超过，左右跟部重叠；指、趾端圆，趾侧缘膜窄，基部相连成蹼迹。背面颜色变异较大，多为棕褐色或暗橄榄色，两眼间和背部"V"形深色斑镶有浅色边；胸、腹部棕色斑不规则，咽胸深灰棕色，咽中部和肩前部有黑色斑；腹中部肉色，两侧有棕黑斑，股腹面红棕色。雄性第一、二指上有细密婚刺，有单咽下内声囊。蝌蚪全长 47 mm，头体长 14 mm。生活于海拔 700 ~ 1500 m 的山溪及其附近的密林中。

2. 蟾蜍科（Bufonidae）

中华蟾蜍（*Bufo gargarizans*）：俗名癞肚子、癞疙疱、癞蛤蟆。体长约 79 ~ 121 mm。头宽大于头长，吻圆而高，吻棱明显。鼻间距小于眼间距。头部无骨质棱；瞳孔横椭圆形，鼓膜明显，近圆形，耳后腺大，呈长圆形，皮肤粗糙具大小瘰粒，腹部满布疣粒，胫部瘰粒大，一般无褶。背部无显著花斑，雄性背面墨绿色或褐绿色，雌性背面色浅，呈土褐色；腹面乳黄色与棕色或黑色形成花斑。蝌蚪全长 30 mm，头体长 12 mm 左右。唇齿式：I：1-1/Ⅲ，仅两口角有唇乳突。栖居广泛，从海拔 120 ~ 900 m 多种生境中。

3. 蛙科（Ranidae）

峨眉林蛙（*Rana omeimontis*）：雄蛙体长约 60 mm，雌蛙约 67 mm。头长略大于头宽，吻端钝尖；瞳孔横椭圆形，鼓膜约为眼径的 2/3，眼间距小于上眼睑宽或鼻间距；上颌有齿。体背面光滑，雄性背部无疣或有小疣，雌蛙常有少数圆疣；背侧褶细窄而平直，在颞部不弯曲，从眼后直达胯部，四肢背、腹及体腹面皮肤光滑；雌性一般有外跗褶，雄性的不显。后肢长，无股后腺，胫跗关节前伸达鼻孔前面，左右跟部相重叠；指、趾端圆而无沟；趾间蹼发达，各趾间为全蹼，缺刻甚浅。背面颜色变异颇大，多为绿黄色、深黄色或褐灰色，有的个体在体背面有黑色斑点或在肩部上方有"∧"形黑斑；颞部有三角形褐黑斑；四肢背面一般有褐色横纹；

腹面白色或乳黄色。雄性第一指婚垫甚发达，基部者明显分为2团，具有粗刺；无声囊；背腹侧均有雄性线。生活于海拔520～2100 m的山区森林和草丛中。蝌蚪全长51 mm，头体长17约mm，体背面橄榄灰色，体尾密布紫黑色斑点，唇齿式为：Ⅰ：2-2（或3–3）/Ⅱ：1-1。

黑斑侧褶蛙（*Rana nigromaculatta*）：俗称青蛙、田鸡。体长约70～80 mm，雄性略小，头长大于头宽。吻钝圆而略尖，吻部钝圆，吻棱不显。瞳孔横椭圆形，鼓膜大而明显，约为眼径的2/3～4/5，眼间距小于上眼睑宽，上颌有齿。背面皮肤粗糙，背侧褶宽，其间有长短不一的肤棱，体侧有长疣和痣粒；胫部背面有纵肤棱；体和四肢腹面光滑。指趾末端钝尖，无沟；后肢较短，胫跗关节前伸达鼓膜和眼之间，左右跟部不相遇，胫长不到体长之半，第四趾蹼达远端第一关节下瘤，其余趾间蹼达趾端，蹼凹陷较深。雄性有灰色婚垫，有1对颈侧外声囊，有雄性线。卵径1.5～2 mm，动物极深棕色。蝌蚪全长51 mm，头体长20 mm；体背灰绿色，尾部有细麻斑；体肥大，尾肌较弱，尾鳍发达，后段窄，末端钝尖；下唇齿式：Ⅰ：1-1/Ⅱ：1-1，上唇无乳突，两侧及下唇乳突1排，口角部位有副突。广泛生活于平原或丘陵的水田、池塘、湖沼、河流及海拔2200 m以下的山地。

棘腹蛙（*Rana boulengeri*）：体大而肥壮。体长97～110 mm，雄蛙稍大。皮肤较粗糙，背面有若干成行排列的窄长疣，趾间全蹼。雄性前肢特别粗壮，胸腹部满布大小黑刺疣。成体背面多为土棕色或浅酱色。上下颌有显著的深棕色或黑色纵纹。两眼间常有一黑横纹。背部有不规则的黑斑。四肢背面有黑色横纹。咽喉部棕色花斑较多。瞳孔菱形，深酱色。生活于海拔300～1400 m山区的溪流或其附近的水塘。

隆肛蛙（*Feirana quadranus*）：体长79～97 mm，吻部较圆，吻棱明显，瞳孔菱形，眼间距小于上眼睑宽，鼓膜校而不显。体背及四肢背面、体侧满布疣粒，胫跗关节前伸可达鼻孔前方，无跗褶，趾间满蹼，第五趾外侧缘仅达趾基部。雄性肛部周围皮肤呈囊状泡突起。蝌蚪尾末端钝圆；唇齿式：Ⅰ：6-6（或7-7）/Ⅱ：1-1，下唇齿三排几乎等长。生活于海拔500～1900 m山区的溪流或沼泽地水坑中或其附近的灌木、草丛地带。

泽陆蛙（*Fejervarya multistriata*）：体长40～46 mm左右。头长略大于头宽或相等，吻端钝尖，瞳孔横椭圆形，眼间距很窄，为上眼睑的1/2；鼓膜圆形。背部皮肤粗糙，颞褶明显，无背侧褶，体背面有数行长短不一的纵肤褶，褶间、体侧及后肢背面有小疣粒；体腹面皮肤光滑。指、趾端钝尖无沟；后肢较粗短，胫跗关节前伸达肩部或眼部后方，左右眼部不相遇或仅相遇，胫长小于体长之半；趾间近半蹼；第五趾外侧无缘膜或极不显著；外蹠突小。背面一般为灰橄榄色或深灰色，杂有褐黑色斑纹；上、下唇缘有褐黑色纵纹，四肢背面各节有褐色横斑2～4条，体和四肢腹面为乳白色或乳黄色。雄性第一指上浅色婚垫发达，具单咽下外声囊；有雄性线。蝌蚪全长33 mm，头体长13 mm左右。唇齿式：Ⅰ：1-1/Ⅲ，下唇乳突中央约缺5个乳突位置。生活于平原、丘陵和海拔2000 m以下山区的稻田、沼泽、水塘、水沟等静水域或其附近的旱地草丛。

仙琴水蛙（*Hylarana daunchina*）：体长40～50 mm。头长宽基本相等，眼间距大于上眼睑宽，瞳孔横椭圆形，鼓膜与眼几乎等大，体背皮肤光滑，体侧有疣粒。后肢较长，胫跗关节前伸可达鼻孔，胫长超过体长之半，左右跟部相遇，趾末端吸盘较大。趾间具1/3蹼。第四趾蹼的凹陷处不达第二关节下瘤。体背颜色变异大，多为棕黄、褐绿或灰棕色。背中有1条浅色脊线。四肢有酱黑色横纹，体腹部黄白色，咽侧紫黑色。四肢腹面肌肉红色，雄性有肩上腺，有1对咽侧下外声囊，鸣声似琴。卵径2 mm。蝌蚪全长47 mm，头体长17 mm左右。唇齿式：Ⅰ：1-1/Ⅱ：1-1，下唇齿外第一排略短于第二排，下唇乳突两排相距近，外排须状。生活于海拔1000～1800 m的山区沼泽地、水塘或水坑附近。

四川湍蛙（*Amolops mantzorum*）：雄蛙体长约52 mm，雌蛙体长约68 mm。头扁平，头长略小于头宽，吻端圆，眼间距与上眼睑几乎相等，颞褶较明显，鼓膜小而明显，梨骨齿弱，体背面皮肤光滑，无背侧褶，头侧及肛周围有少数疣粒，体和四肢腹面皮肤光滑。第一指指端膨大无边缘沟，其余各指均有大吸盘和边缘沟；后肢细长，胫跗关节前伸达到或超过鼻孔，胫长超过体长之半；各趾均有吸盘及边缘沟，第四趾蹼达第三关节下瘤，其余各趾为全蹼。体色变异大，背面绿色、棕褐色或蓝绿色，有不规则棕色或绿色花斑，体侧及四肢背面具黑斑纹；咽及喉部乳白色或灰黑色，腹部乳白或乳黄色；四肢腹面肉黄色，有的有云状斑。雄蛙第一指具大婚垫，无声囊，无雄性线。雌蛙卵巢乳白色，内径2.5 mm左右。蝌蚪全长35 mm，头体长14 mm左右，头体及尾基橄榄棕色，尾鳍后段有1浅色斑；体扁平，吻部扁圆，尾肌发达，尾鳍前段低平，尾末端钝圆；口后方有腹吸盘，唇齿式为Ⅲ：4–4：Ⅱ：1–1；眼后方有1对腺体，腹后部腺体1对位于后肢基部前方，彼此相距较远。生活于海拔1000～3000 m的大山溪、河流两侧或瀑布较多的溪段内。白天常栖息于溪河岸边石下，夜间外出活动。多蹲在溪内或岸边石头上，常头朝溪流。5～10月均发现有抱对现象；蝌蚪多吸附在激流内石上。

4. 树蛙科（Rhacophoridae）

斑腿树蛙（*Polypedates megacephalus*）：体扁而窄长，体长41～65 mm。头部扁平，头长大于头宽或相等，眼间距大于上眼睑宽，鼓膜大而明显；犁骨齿强，背部皮肤光滑，有细小痣粒，体腹有扁平疣，咽胸部较小，腹部大而稠密；指间无蹼；指侧均有缘膜；指趾端均具吸盘和边缘沟；后肢细长，胫跗关节前伸达眼与鼻孔之间；胫长约体长之半，左右跟部重叠；趾间蹼弱；指趾吸盘背部可见“Y”形迹。背部颜色多为浅棕色或黄棕色，一般有深色“X”形斑或为纵条纹；腹部乳白或乳黄色，咽喉部有褐色斑点；股后有网状斑，雄性第一、二指基部有乳白色婚垫；通常具有一对咽侧内声囊。有雄性线。卵乳白色，卵径 1.5 mm。蝌蚪全长 42 mm，头体长 13 mm；背部绿黄色、棕红色或橄榄绿色，尾部散有深棕色斑点；体短，前窄后宽圆，尾肌弱，尾鳍高而薄，尾末端细尖；唇齿式：Ⅰ：3-3/Ⅱ：1-1，下唇乳突 1 排，参差排列，在中央部位缺乳突。生活在海拔 520～2200m 的丘陵和山区，常栖息在稻田、草丛或泥窝内，或在田埂石缝以及附近的灌木、草丛基部或地面的腐叶下。

峨眉树蛙（*Rhacophorus omeimontis*）：体窄长而扁平，雄蛙体长 59 mm，雌蛙 76 mm 左右。头扁平，头宽略大于头长；雄蛙吻端斜尖，雌蛙吻端较圆而高，眼间距大于上眼睑宽；鼓膜大而圆；犁骨齿粗壮。皮肤粗糙，满布小刺疣；腹面和股部下方密布扁平疣。指间膜较发达，外侧 2 指蹼以缘膜达指端；指、趾吸盘均具边缘沟；后肢细长，胫跗关节前伸达部，胫长为体长之半，左右跟部相重叠；趾间全蹼，仅第四趾以缘膜达趾端；指、趾吸盘背面可见“Y”形迹。体色变异大，背面多为草绿色，与棕色斑纹交织成网状斑，有的呈棕色而斑纹为绿色；腹面有大小黑斑。雄性第一、二指基部背面有乳白色婚垫；具单咽下内声囊，有雄性线。卵径 3.3 mm 左右，浅绿或乳黄。蝌蚪全长 45 mm，头体长 15 mm，体尾黑色，无斑纹；尾末端粗细而钝尖，唇齿式：Ⅰ：4-4/Ⅱ：1-1，下唇乳突参差排列成两行，中央部位缺乳突。生活于海拔 700～2000 m 的山区林木繁茂而潮湿的地带，常栖息于竹林，灌木和杂草丛中，或水池石峰或土穴内。

5. 姬蛙科（Microhylidae）

四川狭口蛙（*Kaloula rugifera*）：体宽扁，体长 35～50 mm。头小，头宽大于头长，吻圆；眼间距大于上眼睑宽，鼓膜隐蔽；无犁骨齿；背部皮肤厚有小疣；指末端呈平切状；后肢粗短，胫跗关节前伸达肩后，胫长远短于体长之半；背部橄榄绿或草绿色，肩部有 2 条浅色斜行宽带纹；腹部米黄或深灰色。雄性具单咽下外声囊，整个胸腹部有皮肤腺；雄性腺明显。卵胶膜形成圆盘帽状漂浮器。生活于海拔 500～1200 m 的房屋附近及山坡石块下或土穴内。

四、常见的爬行动物

（一）有鳞目（Squamata）

1. 鬣蜥科（Agamidae）

汶川攀蜥（*Japalura zhaoermili*）：吻部钝圆，吻鳞宽而低，与吻鳞上缘相接的小鳞 5 枚，其中一枚较大。头部有黑褐横纹或横折纹；眼周有黑褐辐射纹 8 条，眼上方 4 条略宽，眼下 3 条较窄，眼后下角 1 条斜向口角者最宽；喉囊绿色躯干部两侧各有1条黄色纵纹，2条侧纵纹间正背有5个略呈方形的棕褐色大斑块，彼此靠近，尾部有15个左右的棕褐与灰褐相间的明显环纹。生活于海拔1200～1600 m的上坡上，栖息于稀疏的灌丛、有缝隙的岩石或树枝上。

2. 蜥蜴科（Lacertidae）

北草蜥（*Takydromus septentrionalis*）：体背部中段起棱，有大棱6纵行，鼠蹊窝1对，头、体、尾及四肢背面均为棕绿色，腹面灰棕或灰白色，眼后至肩部有1条纵纹。生活于丘陵山野草灌丛中，常见于农田、茶园、溪边、路边。

3. 石龙子科（Scincidae）

蓝尾石龙子（*Eumeces elegans*）：俗名蓝尾四脚蛇、四脚蛇。体长约60～90 mm，体覆光滑圆鳞，后颌鳞1片，体色底色为黑色，并从吻端到尾巴的基部缀有5条金色的长条纹，尾巴则为鲜艳而显眼的蓝绿色。常栖息于山区路旁草、石缝、树林下溪边乱石堆杂草中。其生存的海拔范围为100～1830 m。

铜蜓蜥（*Sphenomorphus indicus*）：俗名铜石龙子、石锡、山龙子、铜楔蜥、四脚蛇。体背古铜色，具金属光泽，体侧有明显的黑色纵带，腹部浅色无斑，肛前鳞2枚。生活于海拔100～2000 m的平原及山区。喜栖息于山麓荒地、路边、阴湿的石堆、石壁裂缝间及高大乔木林荫处。

4. 游蛇科（Colubridae）

美姑脊蛇（*Achalinus meiguensis*）全身紫蓝色，但背面较深腹面略浅，亦有金属光泽。每片背面鳞的四周色浅。眼小，眼径为其下缘至口缘的距离1/2弱；吻鳞小，略呈三角形，宽大于高，下中有一小缺刻，从背面完全见不到；没有鼻间鳞。左右鼻鳞在吻鳞上方彼此相切。一对较长的前额鳞几乎占有头背面前1/3的面积。额鳞近五角形，宽略大于长；颊鳞长约为高的2倍，构成眶的前缘；没有眶前鳞，眼后下缘有一枚极小眶后鳞；颞鳞2+2，上前颞鳞较小，前端入眶，下前颞鳞较大，后上前半段与顶鳞相切。上唇鳞6，3+2+1式，第一枚最小，最后一枚（第6枚）最大，其长度相当于前5枚之和。颏鳞宽而低，其后缘直接切颔片；颔片3对；下唇鳞6，前3对切前颔片，第一对下唇鳞在颏鳞之后彼此不相切。背鳞较小，狭长，彼此并列。背鳞21 21 19行，最外一行较宽大的鳞片平滑无棱，其余均有棱，但不十分明显；腹鳞163枚；肛鳞完整；尾下鳞单行48枚。上颌齿每侧面17枚。

棕黑腹链蛇（*Amphiesma sauteri*）：俗名棕黑游蛇、梭德氏游蛇。小型无毒蛇类，体长达700 mm以上，体色为黄褐色、红褐色至褐色，腹面为白色或澹黄色，上唇有一白色的条纹向右后方延伸至颈部背面，且呈倒“V”字形，至颈部背面转为黄色，身上有点状细斑连成一条纵线。以蚯蚓、小型蛙类或其蝌蚪为食。广泛分布于海拔 680 ~ 1450 m 的山区和丘陵中。

翠青蛇（*Cyclophiops major*）：俗名小青龙、青蛇、青竹标。身体细长，体型中等，成蛇体长为 800 ~ 1100 mm。头呈椭圆形，略尖，头部鳞片大，和竹叶青的细小鳞片有明显的区别。全身平滑有光泽，体色为深绿、黄绿或翠绿色，头部腹面及躯干部的前端腹面为淡黄微呈绿色。尾细长。眼大，黑色。栖息于中低海拔的山区、丘陵和平地，常于草木茂盛或荫蔽潮湿的环境中活动。不论白天晚上都会活动，但白天较常出现。动作迅速而敏捷，性情温和，不攻击人。在野外见到不明物体时会迅速逃走。

赤练蛇（*Dinodon rufozonatum*）：俗名红斑蛇、火赤链、桑根蛇。体背黑褐色。因具有 60 条以上的红色窄横纹而得名。背鳞平滑，或体后段的中央少数几行微棱。颊鳞常入眶。头背黑色，鳞缘红色，枕部有一“∧”形红色斑，眶后有一黑纹向后达第 7 枚上唇鳞。赤链蛇栖息于平原、丘陵和山区，常见于田野、山坡、路旁、竹林、村舍和水域附近，有时进入住宅内。常卷曲成团，伏于草堆下。

王锦蛇（*Elaphe carinata*）：俗名菜花蛇、王蛇、松花蛇。王锦蛇的主要特征是头部有“王”字样的黑斑纹，故有“王蛇”之称。其头部、体背鳞缘为黑色，中央呈黄色，似油菜花样，体前段具有 30 余条黄色的横斜斑纹，到体后段逐渐消失。腹面为黄色，并伴有黑色斑纹。尾细长，全长可达 2.5 m 以上。王锦蛇身体呈圆筒形，体大者可达 5 ~ 10 kg 以上。主要生活在丘陵和山地，在平原的河边、库区及田野均有栖息。

黑眉锦蛇（*E. taeniura*）：俗名花广蛇、黄颌蛇、家蛇、菜花蛇、锦蛇。黑眉锦蛇为大型无毒蛇，头和体背黄绿色或棕灰色；眼后有一条明显的黑纹；体背的前、中段有黑色梯形或蝶状斑纹；由体背中段往后斑纹渐趋隐失，但有 4 条清晰的黑色纵带直达尾端，中央数行背鳞具弱棱。背面呈棕灰色或土黄色，体中段开始两侧有明显的黑色纵带直至末端为止，体后具有 4 条黑色纹延至尾梢。腹部灰白色，体长约 1.7 m 以上，大者在 2.3 m 左右。生活在高山、平原、丘陵、草地、田园及村舍附近，也常在稻田、河边及草丛中，有时活动于农舍附近。

黑背白环蛇（*Lycodon ruhstrati*）：体细长，头宽扁，吻钝，头颈区别明显，瞳孔圆形。上唇鳞 8 枚或 9 枚；颊鳞 1 枚，入眶不接鼻鳞，个别不入眶；眶前鳞 1 枚不与额鳞相接，眶后鳞 2 枚；背鳞 17—17—15 行光滑或中央数行微棱；腹鳞 193 ~ 230 枚；肛鳞 1 枚；尾下鳞 75 ~ 102 对。背面黑色或黑褐色或黑灰色，头背面褐色，上唇白色；自颈至尾有波状横斑，此种斑在前部为白色，往后为灰绿色和浅绿色围以白色，至尾部则为完整环斑；前部横斑窄，间隔宽，向后横斑宽；腹面白色或黄白色或灰白色，中段以后散有黑点斑，向后此斑点密集，至尾下为灰黑色。

大眼斜鳞蛇（*Pseudoxenodon macrops*）：俗名大斜鳞蛇，中华斜鳞蛇。头椭圆形，与颈区分明显，吻钝圆；眼大，瞳孔圆形，鼻孔亦大。体前段背鳞显著斜列。背面红棕色、黑棕色或黑灰色。头背有棕色斑纹或黑灰色斑纹，颈部箭状黑斑或棕色斑显著，唇及颈侧色淡或橘红色，腹面黄白色或灰白色，前部有棕黑色斑块，后部密布黑斑点。头和颈部铅色，颈背有一黑色箭形斑，颈部及背中线直到尾端约有50个黄色或红砖色斑纹，斑纹边缘黑色。生活海拔900～1800 m的高山地区，常见于常绿阔叶草丛或高山草原中。

颈槽蛇（*Rhabdophis nuchalis*）：体型中等，成体全长600 mm左右，头背橄榄绿，上唇鳞色略浅，部分鳞缘黑色，头腹面灰褐色，躯干及尾背面橄榄绿，杂以绛红及黑斑，躯干及尾腹面砖红色，密缀绛红，后半尤甚。头颈略可区分，颈背正中两行鳞片对称排列，其间形成一沟槽，眼大小适中，眶后鳞3（偶为2），背鳞通身为15行，除两侧最外1行平滑，其余均具棱，肛鳞二分，

虎斑颈槽蛇（*R. tigrina lateralis*）：俗名野鸡脖子、竹竿青。体形中等，全长800 mm左右。背面翠绿色或草绿色，躯干前两侧有粗大的黑色斑块。颈部及其后一段距离的黑斑之间为鲜红色；腹面淡黄绿色。颈背正中有一明显浅槽，枕部两侧有一对粗大的“八”形斑。生活于海拔1800 m以下的平原、丘陵和山区的水域附近。

黑头剑蛇（*Sibynophis chinensis*）：俗名黑头蛇。全长500 mm左右。头背面为暗黑色，在后部有黑斑两块；上唇鳞白色，其下缘间杂以黑斑点；头腹部呈黄白色，亦间杂以黑褐细斑；背部暗褐色或深棕色，由头后至体后的背正中有棕褐色线纹1条，但在体后的线纹逐渐不明显；腹部灰绿色或灰白色，腹鳞两侧有多数纤细黑点并列成行。背鳞光滑；前后一致，17行；肛鳞2枚；生活于山区海拔低山和中山地区，最高海拔可达2000 m。生活在山脚下靠溪流的地方，草地或石乱中。

乌梢蛇（*Zaocys dhumnades*）：俗名乌蛇、乌风蛇。体全长可达2.5 m以上。体背绿褐或棕黑色及棕褐色；背部正中有1条黄色的纵纹；体侧各有2条黑色纵纹，至少在前段明显（成年个体），至体后部消失（有的个体是通身墨绿色的，有的前半身看上去是黄色，后半身是黑色）。次成体通身纵纹明显。头颈区别显著；吻鳞自头背可见，宽大于高。生活于海拔50～1570 m的平原、丘陵地带或低山地区。

福建颈斑蛇（*Plagiopholis styani*）：小型无毒蛇，头体长247～310 mm，尾长32～59 mm。头较小，与颈无区分；颈背可见一尖端向前的宽大箭形黑褐斑；躯干圆柱形，尾短。额鳞六边形，其长大于它到吻端的距离，颊鳞1枚，眶前鳞1，眶后鳞2，上唇鳞6，2-2-2-式，颞鳞2+2，下唇鳞6，前3枚与前额片相接；背鳞通身15行，平滑无棱，或肛前的背部中央5～11行起棱；腹鳞雄性202～109枚，雌性109～122枚；肛鳞完整；尾下鳞双行，雄性24～36对，雌性21～32对。雄体通身灰浅棕色，有一浅黄色脊线，黑色鳞缘和散布的棕黄和黑褐小点斑显示出杂色斑驳和深色网纹，头背灰棕色，上唇鳞浅黄色，鳞后缘黑色。躯体腹面黄棕色，尾腹面

浅黄色，雌性通身蓝灰色，鳞缘灰褐，显示出灰色网纹，腹面浅蓝灰色，头背蓝灰色，吻端和上唇鳞浅蓝色无斑。生活于高山森林中。

5. 蝰科（Viperidae）

山烙铁头（*Ovophis monticola*）：俗名恶乌子、黑斑竹叶青、山竹叶青、阿里山龟壳花。管牙类，有颊窝毒蛇，头较短，成三角形，与颈区分明显；头背部都是平滑小鳞，1 对鼻间鳞稍大，其间相隔 1 枚小鳞。吻部钝圆，吻棱不明显，躯干粗壮，尾短，体色棕褐色为主，背部有深色大斑块，这些斑块前后缀连。生活于海拔 300 ~2600 m 的山区。见于密林、草丛、茶山、耕地和路边。

菜花原矛头蝮（*Protobothrops jerdonii*）：俗名菜花烙铁头、菜花蝮、菜花蛇、菱斑竹叶青。管牙类，有颊窝毒蛇。体长中等，尾长约为全长的 1/7。头窄长三角形，吻棱明显；头被覆细小鳞片；背面黑黄间杂，多数背部有一行镶黑边的铁锈色或紫红色大斑块，每一斑块占数枚或十余枚背鳞。腹部黑黄间杂。头背黑色而有黄色套叠的细圈纹。生活于海拔 1500 ~ 3000 m 的山区，见于荒草坪、乱石堆、灌木丛内、溪边草地或干树枝上。

原矛头蝮（*P. mucrosquamatus*）：上腭骨具管牙，有颊窝的毒蛇。体型中等，760 mm 左右，尾长为体全长的 1/5。头呈三角形，头长约为其宽的 1.5 倍。颈细，头背布有很多细鳞片。吻较窄，两鼻间鳞较小，隔有数片更小的鳞片。左右两眼上鳞之间一横排上有小鳞 14 ~ 16 片。鼻鳞与颊窝鳞前缘之间有 1 至数片小鳞。体背颜色棕褐，在背部中线两侧有并列的暗褐色斑纹，左右相连成链状，腹部灰褐色，有多数斑点。有夜行性。见于荒草坪、乱石堆、灌木丛内、溪边草地等处，长盘踞在柴堆下。主要在晚上捕食。

五、常见的鸟类

（一）䴙䴘目（Podicipediformes）

䴙䴘科（Podicipedidae）

小䴙䴘（*Tachybaptus ruficollis*）：〔潜水鸭子、水葫芦〕体长 240 ~ 260 mm。夏羽：头顶、眼先、颊、上喉黑色、下喉、颈侧棕栗色，上体和两胁黑褐，尾为黑褐色或棕色绒状短羽，飞羽褐色，覆羽黑褐，胸灰褐，腹银白。冬羽：头顶和上体均暗褐：颊、耳羽及颈侧淡棕色；颏、喉白色，前颈和胸黄褐；其余下体银白。喙乌暗而端白；脚铅灰色，前趾具瓣状蹼。常活动于各种水域间，单个或成对活动，冬季常结小群，善潜水；巢呈盘状，浮巢；每窝产卵 3 ~ 6 枚。为省重点保护动物。

凤头䴙䴘（*Podiceps cristatus*）：体长 500 mm 左右。冬羽：头顶及枕部两侧的羽冠，后颈和上体均暗褐色，尾短，呈暗褐或白色，翅暗褐具白色块斑。颏、喉白色沾棕，颈侧、前颈白色，其余下体银白色。上喙末端和两侧黄色，下喙红色，脚橄榄黄色，具瓣状蹼。常 2 ~ 4 只结小群活动于江河、湖泊、水库等处，善游泳和潜水。为省重点保护动物。

黑颈䴙䴘（*P. nigricollis*）：〔潜水鸭子、水葫芦〕体长 300 ~ 320 mm。冬羽：头顶、后颈、背、腰均黑色，尾为黑、白色绒状短羽，翅的大部黑褐：次级飞羽白色，颊、喉白色，前颈褐色，羽端苍白，胸和腹银白；两胁灰黑。喙黑；脚灰褐色，具瓣状蹼。栖息江河、湖泊、水库和池塘间，多 2 ~ 3 只结小群活动，善潜水。为省重点保护动物。

（二）鹈形目（Pelecaniformes）

鸬鹚科（Phalacrocoracidae）

鸬鹚（*Phalacrocorax carbo*）：〔鱼老鸹〕体长 800 mm 左右。冬羽：颊、颏及上喉均白沾棕，头、颈黑色且具暗绿光泽，肩、上背及翼上覆羽青铜色，羽缘黑色，下背、腰、尾羽及下体黑色沾暗绿色光泽，飞羽黑褐而具绿色光泽。上喙黑褐，喙缘及下喙灰白；脚黑，四趾间均具蹼。栖息于江河、湖泊、水库、溪流、池塘等地，善游泳和潜水，多单个或 3 ~ 12 只结小群活动。为省重点保护动物。

（三）鹳形目（Ciconiiformes）

鹭科（Ardeidae）

苍鹭（*Ardea cinerea*）：〔青桩〕体长 800 ~ 900 mm，是鹭类中最大的一种。雄鸟：额、头顶中央及颈白色，头顶两侧和羽冠蓝黑，上体余部灰色，两肩有下垂的灰色羽毛，尾羽暗灰，初级飞羽灰黑，初级覆羽外翈灰黑色，三级飞羽灰色；颏、喉、胸及腹中央白色，两胁淡灰，前颈中部有 2 ~ 3 条纵行黑纹，胸有长丝状披羽，胸侧有大黑斑沿胸和腹侧伸至肛周会合。雌鸟：与雄鸟相似，但额及头顶灰褐，羽冠较短，胸及腹侧黑斑不显。喙黄色，脚角黄或深棕色。栖水库、湖泊、江河、水田等处，巢筑于高大乔木上，呈平盘状，每窝卵 3 ~ 5 枚。

大白鹭（*A. alba*）：体长 900 mm 左右。体形较大，翅长 350 mm 以上。体羽白色，背上蓑羽特长，超过尾端（繁殖期）。冬羽无蓑羽。喙脚均黑。数量稀少。栖息于江河、湖泊。

白鹭（*Egretta garzetta*）：〔鹭鸶、白鹤〕体长 500 ~ 700 mm。夏羽：通体乳白，枕部有两条辫形长羽，肩部具蓑羽。伸至尾端，羽端微向上卷。前颈亦具矛状羽，向下披至前胸。冬羽：蓑羽及枕部长羽大部消失。喙黑、下喙基部浅黄，脚黑绿色。在水库、湖泊、江河、水田觅食，常结群活动，营巢于村寨及寺庙附近的竹林和乔木树上，巢浅盘状，每窝产卵 3～4 枚。

牛背鹭（*Bubulcus ibis*）：体长 430 mm 左右。喙峰较跗蹠短，夏季的头、颈橙黄，背有橙黄色簑羽达至尾端，前颈簑羽达至胸部，其余体羽乳白。冬季体羽全白。喙黄色，脚青灰沾黄。栖村寨区的竹林，常同白鹭混群营巢，每巢产卵 3～5 枚；食蛙、蝗虫、甲虫、瓢虫、地老虎及水生昆虫等。

池鹭（*Ardeola bacchus*）：体长 400～500 mm。头、羽冠及后颈栗红，羽枝分散呈发状，羽冠延伸至背部，肩部有蓝黑色簑状羽伸至尾端，上体余部及尾均乳白色，两翅白色，眼先橄榄绿色，颏、喉白色，胸羽红栗色呈长矛状，胸侧有蓝灰色簑羽，下体余部乳白。幼鸟：头、颈黑褐，密布土黄色纵纹。喙黄色，端部黑色，脚浅黄色。栖村寨附近的竹林和树林。巢呈浅盘状，每窝产卵 3～5 枚。在稻田、池塘觅食。

夜鹭（*Nycticorax nycticorax*）：〔夜哇子〕体长 500 mm 左右。额白；头顶、枕、肩及背均黑色，并具绿色光泽；头后垂有 2 枚白色长羽；颈、腰、尾上覆羽淡灰色，尾及两翅灰色沾褐；眉纹白色；下体白色，胸侧及两胁染灰。幼鸟头及颈侧有淡棕色羽干纹，上体灰褐色；下体具褐色纵纹。喙黑；脚黄绿。栖村寨附近的竹林和乔木树上，夜出活动；集群营巢，每窝产卵 4～6 枚。

（四）雁形目（Anseriformes）

鸭科（Anatidae）

赤麻鸭（*Tadorna ferruginea*）：〔黄鸭〕体长约 630 mm。头、颈上部棕白，颈下部、肩、背栗棕，雄鸟颈基有一黑褐色领环，腰浅棕，具虫蠹状斑纹，尾上覆羽、尾羽均黑，两翅初级飞羽、小翼羽黑色，外侧次级飞羽外翈铜绿色，形成翼镜，内翈灰褐，具白色斑块，翅上覆羽白色沾棕。下体均为栗棕色，上胸、下腹及尾下覆羽更暗，喙黑；脚黑带黄。营巢于洞中，每窝产卵 6～12 枚。群栖于江河、湖泊、水库等处。

翘鼻麻鸭（*T. tadorna*）：体长约 600 mm。雄鸟：头和颈的上部黑褐，具绿色闪光，上背至胸侧栗棕，形成一宽阔环带，下背至尾羽均白，但尾羽具黑端，肩羽、初级飞羽黑褐，翅上覆羽白色，次级飞羽外翈金属绿色，形成翼镜，颈基、上胸白色，胸部栗色环带中部有一暗褐色纵纹伸至肛周，尾下覆羽棕白。雌鸟：羽色略淡，黑色部分无绿色金属光泽，喙赤红，上翘；雄鸟喙基有皮疣；脚红色。白天成小群栖于河湾及河口的浅水处及水田等地。

鸳鸯（*Aix galericulata*）：体长 450 mm 左右。雄鸟：额、头顶中央翠绿，枕部紫铜色与后颈的暗紫、绿色长羽组成羽冠，眉纹白色，背、腰、尾上覆羽及尾羽均暗褐，具金属铜绿色闪光，翅大多暗褐，初级飞羽外缘似银灰色，最内一枚飞羽内翈栗黄，扩大直立成帆状饰羽，颈侧领羽细长如矛，辉栗；颏、喉、颊几纯栗，下体余部呈暗紫、绒黑、乳白等色，胸侧各有3道黑带。雌鸟，上体大都灰褐，眼周和眼后纹白，初级飞羽外缘银灰色，下体羽色浅淡，腹和尾下覆羽白色，无羽冠、饰羽和领羽，喙红棕，脚黄褐色。栖于江河、水田等处，多成对或小群活动，曾20余只结群。为国家Ⅱ级重点保护动物。

赤颈鸭（*Anas penelope*）：体长460～492 mm。雄鸟：额、头顶具明黄色羽冠，头的余部和颈棕红，杂黑点，上体和肩具相间的褐色和灰白横斑，上背较黑而白斑稀少，尾羽褐色，小翼羽、初级覆羽褐色。其余覆羽纯白，翼镜翠绿，衬绒黑色宽边，初级飞羽暗褐，三级飞羽特别延长；颏、喉及下颈中央黑褐，胸灰棕、胸侧具粗斑，腹白。雌鸟：上体大多黑褐，羽缘浅淡，翼镜缀白边，头、颈侧、颏、喉及下颈均棕色，杂黑色小点；上胸棕色，下胸至尾下覆羽均白。喙蓝灰，尖端黑（♂）；或大部灰褐（♀）；脚淡铅褐色。栖于水草茂密的江河、湖沼等地，数只成小群活动。

罗纹鸭（*A. falcata*）：体长443～515 mm。雄鸟：额白，头顶、眼先和颊栗红，头的余部、枕及较长的冠羽亮紫铜绿色，颈基有一黑色闪绿的领圈，上背、肩及两胁灰白，满杂暗褐色波状横斑，下背、腰暗褐，尾上覆羽大多黑色，尾侧覆羽乳黄，尾羽灰褐，翅大多褐色，翼镜黑绿，前后镶白边，三级飞羽细长下弯成镰刀状，羽片多黑色，有白或棕色狭边，羽干白色，颏、喉、前颈纯白，胸腹白而密布新月形暗褐色斑，尾下覆羽黑色。雌鸟：上体大多暗褐。满布“U”形淡棕或红色斑纹；下体棕白。满布“U”形黑斑。上喙黑褐，下喙较淡，脚淡棕褐色。常同其他野鸭混群。

赤膀鸭（*A. strepera*）：体长445～510 mm。雄鸟：前额乳白杂黑色细斑，头顶、枕部红褐，头的余部浅棕黄密杂褐色虫蠹状纹；后颈、肩、背均暗褐，具白色波纹状斑，腰及尾上覆羽绒黑，尾羽灰褐具白色狭边，翅大多褐色，中、大覆羽多棕栗色，翼镜黑白两色；贯眼纹褐色；颏、喉、前颈上部浅棕密杂黑褐色小斑，上胸暗褐，杂“U”形白斑，下胸黄白杂黑褐色新月形斑，腹白，后部具褐色细纹。雌鸟：上体大多暗褐，羽缘白或浅棕色；下体大多白色，羽缘浅棕，轴纹褐色，前颈、上胸深棕。喙黑，下喙黄褐；脚橙黄。

绿翅鸭（*A. crecca*）：〔干半斤、小水鸭〕体长308～370 mm。雄鸟头颈大部分深栗色，自眼周经耳羽至颈侧各有一宽阔黑褐色带斑，闪蓝绿金属光泽，背、腰及尾上覆羽黑褐，尾羽暗褐，翅暗褐，翼镜金属翠绿；胸、腹白色，胸沾棕而具黑点，胁部具蠹状细纹，尾下覆羽中部黑色，两侧具三角形的乳黄色斑。雌鸟：上体暗褐具棕色羽缘，头侧棕白杂黑色斑点；颏、喉白具黑斑，胸褐、羽缘淡棕，下体余部白色沾棕。喙黑，下喙较淡。脚棕褐。白天栖于江河、湖沼、水库等地，晚间常飞往水田觅食。

绿头鸭（*A. platyrhynchos*）：〔青头鸭〕体长508～590 mm。雄鸟：头、颈翠绿闪金属光泽，颈基有一白环，上背、肩灰褐而密杂黑褐色虫蠹状细纹，下背棕褐，腰、尾上覆羽灰褐，两对中央尾羽黑色而向上弯曲，外侧尾羽辉黑褐而具白缘，翅大多灰褐，翼镜金属蓝，前后均镶白边，胸及两侧深栗，两肋和腹灰色，密布褐色蠹状细纹，尾下覆羽黑。雌鸟：额、头顶和枕均黑，羽缘淡黄，头侧、颈部黄色而杂褐色纵纹，尾羽淡褐；下体大多淡棕黄杂黑褐色蠹状纹。喙黄绿，喙甲黑色，脚橙红。栖于湖泊、江河、水库等地。白天群栖于江河岸边，晚上常飞往水田觅食。

斑嘴鸭（*A. poecilorhyncha*）：〔蒲鸭〕体长494～600 mm。额至上背暗褐，羽缘淡黄，下背几纯褐，尾上覆羽及尾羽黑褐，翅大多黑褐，翼镜金属蓝闪紫色光泽，贯眼纹褐色，眉纹、颏以及喉部均淡黄白色，颊部、颈侧淡黄，散布暗褐斑点，胸、腹褐色，向后渐浓，至尾下覆羽黑褐。喙黑，先端有一大黄斑，喙甲褐色，脚橙黄。群栖于江河、湖沼、水库等地，常与绿头鸭混群活动。

针尾鸭（*A. acuta*）：体长496～650 mm。雄鸟：头棕褐色，后颈正中绒黑，颈侧有白色宽带向下与下体白色相连，背为褐色与灰白相间的波状横斑，肩羽黑色具银灰羽缘，腰褐杂细白斑，尾上覆羽与背同色，两枚中央尾羽特别长尖。呈绒黑色，外侧尾羽灰褐；两翅灰褐，翼镜辉绿，前缘棕色，后缘白色，下体白色，羽端暗棕，下腹有褐色细蠹状纹，尾下覆羽黑。雌鸟：上体大多暗褐，尾羽较尖长，下体大多白色而有褐斑，上胸染棕黄。上喙暗铅色，喙甲、下喙黑色；脚灰黑。常同绿头鸭、斑嘴鸭混群，栖于河湾、湖泊等地，白天在水面或岸边休息，晚上飞到水田等处觅食植物和昆虫。

白眉鸭（*A. querquedula*）：体长351 mm左右。雄鸟：头顶黑褐，额基、后颈及颈侧均栗褐，密杂白色细纹；眉纹白，向后伸至枕侧；上体暗褐，羽缘淡棕，内侧肩羽黑绿，外侧大多蓝灰，翅上覆羽浅蓝灰，翼镜灰绿缀白边，初级飞羽暗褐；颏、前颈棕褐，胸棕黄，密杂暗褐新月形斑，腹棕白，两胁、后腹等白色染棕，缀黑褐色波状纹，尾下覆羽灰白，密杂褐色点斑。雌鸟：上体黑褐，羽缘多为浅棕色，眉纹棕白，翼镜灰褐而不显，下体大多棕白，散缀褐斑。喙铅灰，喙甲黑，脚灰褐。栖于江河、湖沼和水库等，成小群或与绿翅鸭混群活动。

琵嘴鸭（*A. clypeata*）：体长450～479 mm。喙的前半段特别宽阔呈琵琶状。雄鸟：头、颈大多黑褐，具亮翠绿色，背至尾上覆羽均黑，微闪翠绿色紫辉，尾羽暗褐，羽缘或外翈白色，翅大多暗褐，小、中覆羽蓝灰，翼镜翠绿，具白和黑色边，胸纯白，腹、胁栗色。雌鸟：上体大多暗褐，翅上覆羽暗蓝灰，翼镜较小。下体淡棕，具褐色斑。喙铅褐（♂）或黄褐，脚橙红。栖于江河、湖泊、水田等处，单只或成对或成小群或与绿翅鸭混群活动。

赤嘴潜鸭（*Netta rufina*）：体长479～530 mm。雄鸟：头部、上颈栗红，头顶至枕部具丝状橘黄色羽冠，使头显圆而膨大；上背、腰及尾上覆羽黑褐，下背棕褐，尾羽灰褐，肩羽前部白而微红，后部棕褐，两翅大、中覆羽和三级飞羽灰褐微棕，初级飞羽白色，外侧及内侧飞羽端部黑褐，冀镜纯白。下体亮褐，胸沾紫，尾下覆羽较黑，胁白。雌鸟：上体棕褐，冠羽不显；下体淡灰褐，肩部和翅与雄鸭同色。喙厚，鲜红色（♂）或黑褐色（♀），脚肉红（♂）或淡黄褐色（♀）。栖于江河、湖泊、水库等处。

红头潜鸭（*Aythya ferina*）：体长 430～446 mm。雄鸟：头、颈的上部栗红，上背棕褐，肩及下背灰色缀黑色波状细斑，腰、尾上覆羽黑褐，尾羽灰褐，羽端灰白，翅大多灰色，缀黑色波状细斑，外侧覆羽及初级飞羽灰褐，具黑色羽端和外缘，冀镜灰色；腹沙黄，具不规则的浅褐色横斑。雌鸟：头、上颈棕褐，尾上覆羽黑褐，具灰色细点。尾羽灰褐，翅大多灰褐，冀镜灰色，三级飞羽棕褐；喉、颊棕白；前颈、胸栗褐，腹、尾下覆羽沙黄，具褐色横斑，尾羽灰褐。喙蓝灰，基部和尖端黑色，脚铅灰色。群栖于湖泊、江河、水库等处。

白眼潜鸭（*A. nyroca*）：体长 400 mm。体纯褐色，雄鸟除尾下覆羽、下腹及翼镜白色外，其余均为栗褐色，头部具金属光泽，上背呈黑褐色。雌鸟色较浅似青头潜鸭雌鸟，但两胁少染白色，虹膜雄鸟乳白色，雌鸟黑褐色，喙灰黑色，脚黑褐色。繁殖期栖息于开阔而水生植物丰富的淡水湖泊、沼泽和水塘等水域，非繁殖期多栖息于水流缓慢或静水的河流、湖泊、河口和水库等水域，能潜水但持续时间不长，多集几十至数百只群体活动，与其他潜鸭混群。

凤头潜鸭（*A. fuligula*）：体长 406～420 mm。雄鸟：头、颈和长形羽冠及上体余部黑色，上体具小白点，头、颈、羽冠有紫绿色光泽；尾羽褐色，翅大多黑褐，翼镜白色；胸黑，胁、腹纯白；肛周、尾下覆羽深黑色。雌鸟：羽色似雄鸟，但羽冠形短，黑色部分为褐色代替；腹部灰白染褐，尾下覆羽褐色具白斑。喙、脚灰蓝色，喙甲近黑色。栖湖泊、水库。

斑背潜鸭（*A. marila*）：体长 420～470 mm。雄鸟头、颈、胸及尾部黑色，头部圆而膨大且泛墨绿色光泽，背部白色并具波浪状黑褐色细纹，形成"斑背"，下腹、两胁及翼镜白色。雌鸟棕褐色，两胁褐色较浅，喙基部具有一宽的白色环斑，翼镜和下腹白色，尾上、下覆羽黑褐色。似凤头潜鸭但无羽冠。虹膜黄白色，喙铅灰色而尖端黑色，脚铅灰色。喜爱水流较缓的水域，属本地区稀有种。

长尾鸭（*Clangula hyemalis*）：体长约 580 mm。中等体型的潜水鸭，雄鸟繁殖期全身黑褐色，从喙基到头顶至眼后和整个颊部围绕眼区具一大块略呈菱形的粉白色斑块，上背和肩羽深黑褐色并具棕红色宽边，形成矛状，腹、两胁和尾下覆羽白色，尾羽深色且特别延长。雄鸟非繁殖期头顶、颏、喉和颈白色，眼周白色并杂浅褐色，后颊至颈侧具一椭圆形大块黑褐色斑，上背白色而杂浅褐色，翼黑色，腹、两胁及尾下覆羽白色。雌鸟非繁殖期前额至头顶到后枕黑色，耳下至颈侧具一椭圆形大块黑斑，其余头、颈部白色，胸和上背黑褐色，下腹至尾下覆羽白色。虹膜雌鸟褐色，雄鸟非繁殖期棕褐色，繁殖期红色，喙铅灰色，尖端黑色，脚铅灰色。冬季多见于咸水水域，少见于淡水水域，栖息于湖湾和河流中，潜水觅食。

鹊鸭（*Bucephala clangula*）：体长415～469 mm。雄鸟：头及颈上部黑色，具蓝紫色金属光泽，生殖季节，喙基两侧有圆形大白斑，背、内侧肩羽、腰、尾上覆羽和尾羽均黑，初级飞羽黑褐；次级飞羽、中、大覆羽和外侧肩羽均白，组成一大型白斑；大覆羽羽端和肩羽外侧缘黑色，颈下部、胸、腹和胁均白，胁羽有黑缘，肛周灰褐而缀白点，尾下覆羽白色。雌鸟：头、颈褐色，颈基有一污白色领环，上体浅黑褐，羽端灰白，尾羽灰褐，翅上初级和内侧次级飞羽暗褐，外侧次级飞羽和大覆羽白色，小、中覆羽褐色，羽端色浅或白色，胁暗灰，羽缘白色，下体余部白色。喙黑（♂）或角褐，脚黄褐（♀）。

白秋沙鸭（*Mergellus albellus*）：体长419～456 mm。雄鸟：眼先、眼周黑色，枕部中央白两侧黑，各羽延长成羽冠，头、颈余部白色，上背白羽具黑端，黑端相连成半圆形狭带，伸达胸侧，背黑，腰、尾上覆羽灰褐，尾羽银灰，翅大多黑褐，翼镜黑褐色，前后缀白色；下体白色，体侧具黑褐色波状纹。雌鸟：额至后颈栗色，喉及前颈白色；上体余部大多灰褐，眼先、颊栗色；下体大多污白，体侧灰褐，羽端略沾土黄。喙较侧扁，喙甲下曲如钩。喙、脚铅灰（♂）或灰绿色（♀）。栖于江河、湖泊、水库等地，单只或小群活动，日间潜水捕食虾和鱼、昆虫等。

普通秋沙鸭（*Mergus merganser*）：体长585～662 mm。雄鸟：头、颈上部和羽冠黑，具绿色金属光泽，颈下部、外侧肩羽均白，内侧肩羽、上背均黑，下背灰褐，腰和尾上覆羽灰色，尾羽灰褐，初级飞羽、小被羽暗褐，次级飞羽、大、中覆羽白色，组成大形冀镜，下体纯白，雌鸟：头、颈上部、羽冠棕色，上体灰褐次级飞羽白色构成翼镜，其余覆羽色灰，下体白色，胁灰。上喙紫红（♂）或淡紫红（♀），先端有钩、喙甲、喙峰及喙角黑（♂）或淡紫红（♀）。脚橙黄（♂）或橘红（♀）。栖于大小江河、湖泊、水库，小群或单只活动。

（五）隼形目（Falconiformes）

1. 鹰科（Accipitridae）

黑耳鸢（*Milvus migrans*）：〔老鹰、岩鹰〕体长610 mm左右。额灰褐，头顶、后颈至腰均暗褐，各羽具黑色羽干纹，尾上覆羽褐色具白端，尾凹形，暗褐，具黑褐横斑，末端浅褐，飞羽黑褐，内翈基部白色，翅上覆羽暗褐具棕白色端斑。眼先及颊浅褐，耳羽黑褐；颏、喉灰白，具黑褐色羽干纹，胸、腹暗褐，尾下覆羽浅棕褐，喙黑，蜡膜绿黄；脚灰黄。常单个在高空翱翔；营巢于大树顶部或悬岩上，每窝产卵2枚。为国家Ⅱ级重点保护动物。

白尾海雕（*Haliaeetus albicilla*）：体长890～910 mm。成鸟头部、上胸具有浅褐色披针状羽毛，具黄色大喙，白色楔形尾，飞行时容易辨认。幼鸟喙为黑褐色，羽毛深褐色，具不规则的浅色点斑；虹膜黄色；成鸟喙黄色，脚黄色，爪黑色。活动于河流、水库、湖泊及沿海附近，主要捕食鱼类，从空中俯冲而下在水面将鱼抓走。飞行时振翅极为缓慢。为国家Ⅰ级重点保护动物。

高山兀鹫（*Gyps himalayensis*）：体长1100 mm。成鸟上体浅褐色为主，下体褐色具白色纵纹，初级飞羽和尾羽黑色，头部和头侧裸露，具丝状白色羽毛，颈侧具黄色“领羽”。虹膜暗黄色，喙暗褐色，脚灰色。栖息于海拔2500～4500 m的高山、草原及河谷地带。常单只或结成十几只小群翱翔，有时停息在较高的山岩或山坡上。主要以尸体、病弱的大型野生动物、旱獭、啮齿类动物或家畜为食。为国家Ⅱ级重点保护动物。

普通鵟（*Buteo buteo*）：体长500 mm左右。额、头顶至上背暗褐，羽端灰白或浅棕褐，下背至尾上覆羽浅褐，尾羽暗褐，有时沾棕，末端黄褐，具4～5道黑褐横斑，有的则仅具黑褐色次端斑，飞羽黑褐，翅上覆羽羽缘黄褐；头侧浅褐，颊部有暗褐纵纹；颏、喉灰白或浅褐；有时沾棕，具褐色纵纹，下体余部乳白或黄白，胸和腹具暗褐黑色纵纹，覆腿羽有时具棕褐色细横斑或纵纹。喙黑褐，基部沾蓝，蜡膜黄色。脚蜡黄。迁徙时集群。常单个活动；食鼠类、鸟类等。为国家Ⅱ级重点保护动物。

大鵟（*B. hemilasius*）：体长560～710 mm。体型最大的鵟，站立时像一只小型的雕，雄鸟较小。常在开阔地面或高树及电线杆上蹲伏，飞行时显得翅膀较长而尾较短，下体深色部分接近下腹部，深色带在下体中央不相连，以此与普通鵟区分，翅上初级飞羽基部有大面积浅色区域是辨识大鵟的重要特征。虹膜黄色，喙黑色，脚黄色，跗跖强壮且被羽毛。喜开阔无树生境，常站立于电线、裸岩等突出处，伺机捕食。为国家Ⅱ级重点保护动物。

金雕（*Aquila chrysaetos*）：体长780～1050 mm。体大而强壮，身体呈较深的褐色，因颈后羽毛金黄色而得名。幼鸟尾羽基部有大面积白色，翅下也有白斑，其飞行时很好辨认，成长过程中白色区域逐渐减小。虹膜栗褐色，喙基部蓝灰色，端部黑色，脚黄色。主要栖息于高山森林、草原、荒漠及山区地带，冬季可能游荡到浅山及丘陵生境，常借助热气流在高空展翅盘旋，翅膀上举呈深“V”字形。幼鸟冬季有南迁的行为。为国家Ⅰ级重点保护动物。

2. 隼科（Falconidae）

红隼（*Falco tinnunculus*）：体长340 mm左右。雄鸟：额棕白，头顶、后颈蓝灰，具黑褐纵纹；背及翅上覆羽暗红，具近似三角形黑色斑点，腰以后暗灰，尾具黑色次端斑和灰白端斑；初级飞羽黑褐，次级飞羽与背同色，眼先和眉纹棕白，耳羽灰色，髭纹灰黑，下体棕黄，颏、喉较淡，胸以后，具黑褐色纵纹。雌鸟：上体及尾暗红，沾灰，背和翅上覆羽具黑褐横斑，尾的横斑较多，其余似雄鸟。喙蓝灰，先端黑，蜡膜黄，脚蜡黄。栖山区或丘陵林缘。为国家Ⅱ级重点保护动物。

猎隼（*F. cherrug*）：体长 520 mm。大型隼类，雌雄羽色相似，头及上体棕褐色或灰褐色，具黑褐色横斑，不同个体颜色深浅差异较大，头顶具黑褐色细纹，脸颊白色，耳后及颈背斑驳，具不明显至宽阔的白色眉纹，眼下具黑褐色髭纹，两翼飞羽黑褐色，尾羽棕褐色而具黑褐色横斑，颏、喉及上胸白色，其余下体白色而且具黑褐色点斑或者纵纹。虹膜黑褐色，具黄色眼圈，喙蓝灰色且尖端深色，喙基具黄色或灰色蜡膜，跗跖黄色或者灰色。多栖息于高原、高海拔山地、半荒漠以及多峭壁和岩石的生境，以中小型鸟类、啮齿类动物和小型兽类为食，捕食于地面和空中。因毒药灭鼠和隼类贸易而导致种群数量急剧下降，特别是国际隼类贸易，在不少分布地遭遇到灭绝性捕捉。IUCN 受胁等级为易危（VU）。为国家Ⅱ级重点保护动物。

（六）鸡行目（Galliformes）

雉科（Phasianidae）

灰胸竹鸡（*Bambusicola thoracicus*）：〔竹鸡子〕体长 290 mm 左右。额和眉纹均灰，头体背面及次级覆羽大多呈橄榄褐色，背以后具蠹状纹和滴状黑点，头顶有小棕点；背有栗红块斑，次级飞羽和三级飞羽有栗褐块斑，尾栗红，中央尾羽的斑纹向外侧尾羽逐渐消失，头颈两侧和颏喉棕栗；上胸前部呈灰色，余部棕栗色，其余下体皮黄，胁有黑斑，喙褐；脚黄褐，是我国特产鸟。栖海拔 1300 m 以下的灌竹丛；巢筑于地面，每窝产卵 5 枚左右；4 ~ 8 月繁殖。

血雉（*Ithaginis cruentus*）：〔松鸡子〕体长 360 ~ 470 mm。头顶具明显的羽冠，雄鸟体羽乌灰色，蓬松细长，呈披针形。次级飞羽及尾羽具砖红色的羽缘，下体沾绿色，各个亚种之间体羽颜色变化较大。雌鸟暗褐色为主。虹膜褐色，眼周有红色或者橙黄色的裸皮，喙褐色，脚橙红色，雄性跗跖部有两个距。栖息于高海拔雪线至林线之间的针叶林、混交林和灌丛中，非繁殖期常呈大群活动。为国家Ⅱ级重点保护动物。

勺鸡（*Pucrasia macrolopha*）：〔山鸭子〕体长 400 ~ 600 mm。雄鸟具有长而飘逸的棕黑色羽冠，头呈金属绿色，颈侧具一白斑，上体具披针形的羽毛。雌鸟体型较小，羽冠较短。虹膜褐色，喙黑褐色，脚灰褐色。栖息于海拔 1000 ~ 4000 m 湿润的阔叶林、针阔混交林和针叶林中，尤其喜欢林下植被发达、地势崎岖的生境。常单独或成对活动，叫声响亮、粗犷。雄鸟炫耀时羽冠竖起。为国家Ⅱ级重点保护动物。

绿尾虹雉（*Lophophorus lhuysii*）：〔贝母鸡〕体长750～810 mm。雄鸟具紫色羽冠，下背白色，尾羽蓝绿色。雌鸟下背到尾上覆羽和尾端浅白色。虹膜褐色，眼周蓝色，喙角褐色，脚暗绿色。栖息于海拔3000～5000 m高山草甸的杜鹃花灌丛中。IUCN受胁等级为易危（VU）。为国家Ⅰ级重点保护动物。

蓝马鸡（*Crossoptilon auritum*）：体长约1000 mm，通体蓝灰色，仅颊部、耳羽和外侧尾羽白色，上颈及下腹白色，尾羽披散下垂。虹膜黄色到橙褐色，喙粉红色，脚红色。栖息于高山灌丛草甸、针叶林、混交林中。IUCN受胁等级为近危（NT）。为国家Ⅱ级重点保护动物。

雉鸡（*Phasianus colchicus*）：〔野鸡〕体长580～900 mm。中国最常见的雉类，雄鸟具有红色、黄色、栗色等多种艳丽的羽毛，颈部多有白环，尾羽长并具有横斑。亚种较多且羽色变异很大。东部的诸多亚种腰羽灰色，白色"颈圈"从很宽到无。新疆北部准噶尔亚种（*mongolicus*）和南部的莎车亚种（*shawii*）腰羽为铜红色，翅上覆羽白色。雌鸟稍小，体色暗淡，周身土褐色且密布有深色的斑纹，隐藏在灌丛中很难被发现。虹膜棕褐色，喙黄白色，脚灰色。生境类型十分多样，山林、灌丛、农田、草地、半荒漠、沙漠绿岛均有其活动。分布海拔从沿海滩涂可到3000 m的高度。隐蔽性很强，通常人走至跟前才突然惊飞，并伴有急速的惊叫声。雄鸟发情期常发出响亮的"叩、叩"声，两声一度，并伴有急速地抖翅声，在远距离就能听到。

红腹锦鸡（*Chrysolophus piclus*）：〔金鸡〕体长1000（♂）或650（♀）mm左右。雄鸟：后颈被披肩状的橙红长羽覆盖，羽有亮黑窄端和近端横斑；背亮绿，羽有亮黑窄端，额至羽冠和上体余部金黄，部分尾上覆羽和尾桂黄与黑褐斑驳，前者具变窄的红端，次级翅上覆羽和胸以后深红。雌鸟：额至背、两翅表面和胸胁等有黑色横斑；尾羽的下表面栗褐，具窄细横斑和蠹斑。喙和脚蜡黄。栖海拔1800 m以下的岩坡和灌竹丛。是我国特产鸟。为国家Ⅱ级重点保护动物。

（七）鹤形目（Gruiformes）

秧鸡科（Rallidae）

白胸苦恶鸟（*Amaurornis phoenicurus*）：〔秧鸡〕体长280～300 mm。头顶至背，肩及内侧覆羽灰褐沾橄榄色，腰和尾上覆羽棕褐，尾褐，翅羽余部灰褐。颏至上腹均白，下腹棕白，上胁橄榄灰色，下胁及尾下覆羽赤褐。喙绿褐，上喙基部橙红，喙端和下喙基部淡褐，额甲微小而端钝；脚黄绿。在稻田灌草丛和竹林中栖息，繁殖巢由稻株盘结筑成，卵黄白而斑驳，鸣声洪亮略似"苦恶"。

红胸田鸡（*Porzana fusca*）：体长200 mm。体小，喙短而脚长，后顶和上体纯褐色，头侧和胸部深棕红色，颏白色，两翼纯色无白斑，腹部及尾下近黑色并具白色细横纹。虹膜红色，喙偏褐色，脚红色。栖息于沼泽、湖滨、河岸、水塘、水稻田和沿海滩涂。性羞怯而难见到，常在黎明、黄昏和夜间活动。

董鸡（*Gallicrex cinerea*）：〔秧鸡〕体长360 mm左右。雄鸟：头颈灰黑，背、肩及翅上覆羽暗褐，羽缘蓝灰，腰至尾黑褐，羽缘棕白色或黄渴，飞羽表面褐色，三级飞羽边缘棕白，其余外缘略染灰棕，胸及上腹和胁黑灰，缀灰白窄端，下腹中央污白，尾下覆羽淡棕而具褐色横纹。雌鸟似雄鸟，但腹羽有宽阔的黄褐羽缘。喙黄绿，额甲尖长而橙红，脚绿褐。在稻田栖息和繁殖；巢由稻株盘结筑成。卵黄白而斑驳，晨昏鸣叫颇繁，鸣声低沉而略似“董董”。为省重点保护动物。

黑水鸡（*Gallinula chloropus*）：体长310 mm。成鸟额甲亮红色，体羽青黑色，仅两胁有白色细纹而成的线条，尾下有两块醒目白斑。幼鸟全身灰褐色，脸颊至下体色浅。虹膜红色，喙暗绿色，喙基红色而端黄色，脚绿色。多见于水生植物茂密的湖泊、池塘及河流中。常在水中慢慢游动，在水面浮游植物间翻拣找食，也取食于开阔草地。在陆地或水中尾常不停上翘，不善飞，起飞前常需先在水上助跑一段距离。

白骨顶（*Fulica atra*）：〔黑鸡〕体长420 mm左右。额甲小而先端钝圆。趾具瓣蹼，因而比较特殊；头颈均黑，上背、肩及翅上覆羽灰黑而有蓝色反光，上体余部黑褐，尾黑，初级和次级飞羽均褐，后者的端部有棕白块斑。下体褐灰，两胁较黑，尾下覆羽黑色。喙和额甲均白，喙基淡红；脚绿褐。栖水库、河流、堰塘和冬水田，可游泳和潜水。

（八）鸻行目（Charadriiformes）

1. 鹮嘴鹬科（Ibidorhynchidae）

鹮嘴鹬（*Ibidorhyncha struthersii*）：体长400 mm 。腿及喙红色，喙长且下弯。有一道前白后黑的横带将灰色的上胸于白色的腹部隔开，翼下白色，翼上中心具鲜明白色宽带。幼鸟上体具皮黄色鳞状纹，黑色斑纹不甚清晰，腿及喙近粉色。虹膜褐色，喙、脚绯红色。栖于山区水清澈、河床多大卵石、水流速快的河流沿岸。雄鸟炫耀时姿势下蹲，头前伸，黑色顶冠的后部耸起。

2. 反嘴鹬科（Recurvirostridea）

黑翅长脚鹬（*Himantopus himantopus*）：体长336～400 mm。额白，头顶、枕黑色，后颈白或黑色，上背、肩和两翅黑色，具绿色光泽，下背、腰、尾上覆羽白色，尾羽淡灰褐色。眼先、颊白色，耳羽灰黑，下体白色，喙黑。脚特长，橙红色。常活动于江河浅滩和水田。以甲壳类动物和昆虫等为食。

反嘴鹬（*Recurvirostra avosetta*）：体长430 mm。喙细长而上翘，头顶和颈背黑色，头顶其余部分白色，飞行时从下面看体羽全白，仅翼尖黑色，具黑色的翼上横纹及肩部条纹。虹膜褐色，喙黑色，脚蓝灰色。进食时喙往两边扫动。善游泳。飞行时不停地快速振翼并做长距离滑翔。

3. 燕鸻科（Glareolidae）

普通燕鸻（*Glareola maldivarum*）：体长200～227 mm。额、头顶、后颈、背、腰橄榄灰褐色，尾上覆羽和尾羽基部白色，尾羽端部暗褐，尾基白色由中央向外侧扩大，在尾部形成"V"状斑；初级、次级飞羽和初级覆羽黑褐，其余覆羽大多呈橄榄灰褐色；头侧自眼先经眼下至喉部后缘有一黑色细纹围绕呈半环状，黑环内缘嵌以白纹；颏、喉淡棕或棕白色，胸、胁棕褐，腹部淡褐，尾下覆羽白，腋羽栗红色。喙黑，基部红色；脚棕褐色。栖于江河岸边，少数见于丘陵地区；常几只至30余只集群活动。

4. 鸻科（Charadriidae）

凤头麦鸡（*Vanellus vanellus*）：体长292～338 mm。雄鸟：额、头顶和长而反曲的羽冠均黑，枕白色沾棕，背、腰辉绿，尾上覆羽前部暗褐，末端具绿色光泽，后部栗色，尾羽基部白色，先端黑，外侧尾羽几全白，初级、次级飞羽黑色，三级飞羽辉绿，翅上覆羽黑，具蓝绿光泽，眼先、耳羽、枕、颈侧白色沾棕。颏、喉白或棕白，前胸黑，其余下体白色。雌鸟：与雄鸟相似，但头顶棕褐或暗褐，尾下覆羽浅栗色。喙黑，脚暗栗色。栖河边开阔的农耕地等处，单个或结群活动。

灰头麦鸡（*V. cinereus*）：体长350 mm左右。夏季头、颈灰色沾褐，背、肩、腰和三级飞羽淡褐，腰侧、尾上覆羽均白，尾羽白，除最外侧尾羽外，均具黑色次端斑，初级飞羽和初级覆羽黑色，次级飞羽和大覆羽白色；胸部后缘有黑褐色带斑，其余下体白色或灰白色。冬羽上体渲染褐色较多，颏棕白而具灰色纵纹，喙黄，前端黑色，在喙基与眼之间有一黄色肉垂；脚黄色。栖干开阔的河漫滩、耕地；单个或三五成小群活动，曾见到100多只的大群。

长嘴剑鸻（*Charadrius placidus*）：体长230 mm。身体呈流线型，喙略显长，尾较剑鸻及金眶鸻长。繁殖期具黑色的前顶横纹和全胸带，但贯眼纹灰褐色而非黑色。虹膜褐色，喙黑色，腿及脚暗黄色。喜在河边及沿海滩涂的多砾石地带活动。

剑鸻（*C. hiaticula*）：〔小水斑鸠〕体长184～242 mm。额和眉纹均白，头顶前部黑，后部和枕灰褐，后颈有一白色环带，向下与颏、喉白色相连，紧接此白环有一黑色或褐色围绕上背和前胸；下背灰褐，羽缘棕色，腰淡灰褐，尾灰褐，多数尾羽近端黑褐，末端白，最外侧尾羽白；初级和次级飞羽黑褐，三级飞羽灰褐；初级覆羽黑褐，其余覆羽灰褐，羽端白或棕白色，其余下体白色，喙黑；脚黄色。栖于江河溪流漫滩、水库、池塘、开阔的水田以及沼泽等地，单个或三五成群活动；曾在河滩卵石缝隙发现一巢，卵 3 枚，窝内无铺垫物。

环颈鸻（*C. alexandrinus*）：体长 160 mm 左右。雄鸟夏羽：额和眉斑白色，前头顶、眼先至耳部黑色，后头顶和枕灰橄榄褐色沾棕色，后颈和颈侧有一白环，背及翅上覆羽灰褐，大覆羽有白端，腰至中央尾羽黑褐，两侧尾上覆羽和外侧尾羽白色，外侧飞羽黑褐，初级飞羽羽轴中段和内侧初级飞羽外翈缘斑白色；下体白色，胸侧有一枚黑斑。雌鸟前头顶无黑色，头侧和胸侧的黑色变为灰褐色。成鸟冬羽：头上无棕色，胸侧和面部无黑色。

金眶鸻（*C. dubius*）：体长 155 ~ 172 mm。眼睑四周金黄；额基、头顶前部、眼先、眼后、耳羽均黑，额和颈白色，其下有一围绕上背和上胸的黑领，头顶和上体余部及中央尾羽沙褐，后者羽端黑褐，外侧尾羽具白色端斑和黑色次端斑，越向外侧黑斑越小，初级飞羽黑褐，第一枚羽干白色，其余飞羽和覆羽褐色；下体余部白色。喙黑，下喙基部黄色。脚橙黄色。栖于江河岸边、湖泊、水库、池塘、稻田等处，单个或三五成群活动。

金鸻（*Pluvialis fulva*）：体长 218 ~ 234 mm。夏羽：头顶、后颈、背、肩、腰均黑，密布金黄色斑点；一条白带自额、眉纹至颈侧下延至胸侧，经胁、腹侧直至尾下将鸟体分为上下两部；尾羽褐色，具黑褐色横斑；初级和次级飞羽暗褐，三级飞羽特长，黑褐色，羽缘具金黄或棕白色斑点，中、小覆羽具金黄或白色斑点；下体黑色。冬羽：上体与夏羽相似，下体变白，腹胁沾染黄色，头颈两侧和腹具褐色纵纹，喙黑；脚铅灰色。栖于江河岸边沙滩、沼泽地带，多结成 3 ~ 8 只小群活动，也曾见 50 余只的大群。

灰斑鸻（*P. squatarola*）：体长 280 mm 左右。冬羽头顶黑色，具小形白斑，后颈灰色，上体灰褐色，杂以灰白沾棕色点斑，尾上覆羽和尾羽白色，具黑褐色横斑，初级和次级飞羽黑或黑褐色，内侧初级飞羽的外翈有白斑，次级飞羽边缘白色，三级飞羽和翅上覆羽均灰褐，密布灰白色斑点；颏、喉白色，颊、颈侧、上胸、胁灰白或淡棕，具暗褐色纵纹，腹部及尾下覆羽白色。夏羽，头侧，颏至腹变黑，并在头侧至胸侧缀有一条白纹。喙、脚均黑。喜栖于江河岸边、沼泽等环境，单个或 3 ~ 6 只结成小群活动。

5. 鹬科（Scolopacidae）

针尾沙锥（*Gallinago stenura*）：体长 175 ~ 225 mm。夏羽：额、头顶黑褐，羽端红棕，中央冠纹棕白，后颈棕色，杂以黑褐色纵纹，背、腰、肩、三级飞羽均黑，具棕色横斑，羽缘浅棕，在背部形成两条纵纹，尾上覆羽淡栗，杂以黑褐色横斑，尾羽黑，近端栗，羽端白，外侧 6 对尾羽窄细而坚硬，宽 2 ~ 4 mm，翅黑褐，多数覆羽具浅棕或棕白色横斑；眼先黑，眉纹、颊、耳羽均黄白，颈侧浅棕黄，杂以黑褐色斑；颏、上喉白色；下喉、胸棕色，具黑褐和棕褐斑杂，腹、胁均白，具黑褐色横斑。喙基黄褐，端部黑褐；脚黄绿。栖于河漫滩、稻田、池塘、湖泊等地，常结小群活动。

扇尾沙锥（*G. gallinago*）：〔泥钻、小麻啄〕190～290 mm。大小、羽色与针尾沙锥极相似，但尾羽仅 14 枚，外侧尾羽不特别窄细坚硬，其宽度在 10 mm 以上；第一枚初级飞羽外翈窄，常呈白色，次级飞羽和三级飞羽具较宽的白色羽端。喙端黑褐或黑色，喙基黄褐；脚橄榄绿。栖息于江河岸边、稻田、溪沟、水洼地、池塘等潮湿环境中；多三五成群活动，也曾见 40 只一起觅食的群体。

鹤鹬（*Tringa erythropus*）：体长 300 mm 左右。冬羽：额、头顶、颈灰褐色，肩、上背灰褐色，羽缘具小白斑，下背、腰纯白，尾上覆羽和外侧尾羽白色，具褐色横斑，外侧初级飞羽和初级覆羽黑褐色，内侧初级飞羽与次级飞羽暗褐具白色横斑，三级飞羽及其余覆羽暗褐，羽缘具白斑；眉纹白色，贯眼纹灰褐；颊部白色，有稀疏浅褐色纵纹；自颏至腹均白，前颈具褐色纵纹，胸、腹两侧具灰褐色横斑。夏羽：眉纹和贯眼纹不明显。喙黑，下喙基部红色；脚暗红色。栖息于河漫滩、水田等处；单只或集小群活动；以昆虫为食。为省重点保护动物。

红脚鹬（*T. totanus*）：体长 245～275 mm。幼鸟：额暗褐，头顶棕色、具黑褐色纵纹，上背、肩灰褐，杂以黑褐色纵纹与横斑，下背、腰白色，尾上覆羽和尾羽白，具褐色横斑，初级飞羽和初级覆羽黑褐，前者内翈色浅或具白色宽斑，次级飞羽白色，仅基部有一浅褐色块斑，其余覆羽灰褐，有齿状黑色轴斑和白色斑点；眉纹短，呈白色，颊灰褐，杂黑褐色纵纹；颏、喉白色，具浅褐色斑点，其余下体白色，具灰褐色或暗褐色纵纹和横斑。成鸟：羽色似鹤鹬，但次级飞羽几为纯白。喙红色，端部黑褐。脚红色。栖息高原湖泊、沼泽、河漫滩等；单个或成对活动。

青脚鹬（*T. nebularia*）：体长 290～355 mm。头顶、颈暗褐，羽缘灰白，上背、肩灰褐，羽轴黑，羽缘黄白，其内缘黑褐，下背、腰和尾上覆羽纯白，后者部分有灰褐色横斑，尾羽白色，多数具细而疏的黑褐色横斑，初级飞羽和初级覆羽黑褐，次级飞羽褐色，羽缘白，三级飞羽与肩羽同，其余覆羽褐色，羽缘棕白，其内缘暗褐色；颊灰白，具细的黑褐色纵纹；下体纯白，胸侧有暗褐色纵纹和横斑。喙长略上翘，黑色；脚灰绿色。栖息于河漫滩、湖泊、水库、稻田等环境；单个或三五成群活动。

白腰草鹬（*T. ochropus*）：体长 175～225 mm。冬羽：额至后颈灰褐，少数具灰白色细纵纹，肩、背、腰、三级飞羽及翅上覆羽均褐沾橄榄光泽，具棕白或灰白色斑点，尾上覆羽纯白，尾羽白，最外侧两对全白，其余尾羽具 2～4 条横斑或块斑，初级和次级飞羽、初级覆羽黑褐；眼先、颊均白，缀以黑褐色纵纹；颏、喉白色，前颈、上胸亦白，杂以黑褐色纵纹，其余下体白色。喙角黑；脚橄榄绿。栖息于江河岸边、水田、池塘、水库等环境；多单个活动，偶见两三只结成小群。

林鹬（*T. glareola*）：体长 180～220 mm。夏羽：头顶、后颈黑褐，杂以白色纵纹，肩、背、三级飞羽黑褐，具浅棕或棕白色斑点，腰暗褐具白色横斑；尾上覆羽白，具暗褐色横斑；尾羽黑褐，具白色或浅棕色横斑，外侧尾羽白色增多，初级飞羽和初级覆羽黑褐，次级飞羽和大覆羽暗褐，羽缘黄白；其余覆羽暗褐，缀以棕黄或灰白色斑点；眼先暗褐，眉纹白；颏、喉白；胸灰白，具淡褐色纵纹，腹部纯白，两胁具不规则的褐色横斑。冬羽的黑纹和白点不清晰。喙暗褐；脚橄榄绿。栖于河漫滩、湖泊水库、池塘、稻田等处；多三五成群活动。

矶鹬（*Actitis hypoleucos*）：体长 160～198 mm。头顶至腰及尾上覆羽概橄榄褐色，背具黑褐色轴纹，羽端具窄细黑色横纹和棕白色羽端；中央尾羽橄榄褐，外侧尾羽白，羽缘具黑褐色横斑，初级和次级飞羽黑褐，内翈大多具白斑，羽端亦白，三级飞羽和次级覆羽同背；眼先暗褐，眉纹白，颊、前颈、颈侧、上胸淡灰褐，具细的褐色纵纹，其余下体白色。喙黑褐；脚红褐色。栖于河漫滩、山溪、湖泊、水库、池塘、稻田等环境；多三五成群活动。

翻石鹬（*Arenaria interpers*）：体长 200 mm 左右。夏羽：额污白色；头顶及枕棕白，具黑斑，后颈白色沾棕褐，上背黑色，中部及肩呈黑和红褐色斑杂状，下背和腰白色，尾上覆羽黑或白色，中央尾羽黑色，基部白，外侧尾羽白色具黑色次端斑；初级飞羽黑色，羽干白，次级飞羽白色，具黑色端斑，三级飞羽呈棕褐和黑色斑杂，翅上覆羽暗棕褐色，杂以黑斑；眼先、颚纹、颊黑色，并与额互相连接围绕颊的白斑，颈侧由后颈的白色延伸成半环状；颏、喉白色，胸部黑褐，腹部白。喙黑；脚黄褐色。栖于河滩水边。

6. 鸥科（Laridae）

银鸥（*Larus argentatus*）：体长 630 mm 左右。冬季头颈白色，背面有褐灰纵纹，背至次级覆羽和次级飞羽表面均灰，次级飞羽和最长肩羽有白端；第一枚初级飞羽黑褐，近端和基部内缘白色，第二枚内翈近端有白斑，余部有楔状灰斑，其余初级飞羽黑色渐少，灰色渐增，羽端均白；身体余部均白。喙黄，下喙端部红色；脚橙红。幼鸟：背和次级覆羽有褐点，尾上覆羽和尾羽基部有褐色斑纹，尾有近端黑褐横斑；初级和次级飞羽表面黑褐，内翈基部污灰，第一枚初级飞羽内翈近端白斑，尾下覆羽有褐色斑纹。喙黑褐而基部较黄；脚淡红。为省重点保护动物。

渔鸥（*L. ichthyaetus*）：体长 700 mm 左右。夏季头部和紧接着的一段颈部绒黑，眼的下方有一弧形白斑，其余颈部白色，背至次级翅上覆羽和内侧飞羽均灰，飞羽具白端；第一至第六枚初级飞羽白色，近端黑色，第一枚的外缘亦黑，第二枚的近端黑斑被一白斑分为两段；其余体羽全白。喙、脚均黄，喙端红色而近端黑色。冬季头部杂有白纹；喙端的红色变黄。幼鸟的外侧飞羽黑色，尾端有宽阔的黑色横斑。栖河边和湖边。

红嘴鸥（*L. ridibundus*）：体长 380 mm 左右。冬季的头颈均白，眼圈前后各有一黑斑，枕略污黑，背至次级翅上覆羽和次级飞羽表面淡灰，次级飞羽有白端；第一枚初级飞羽白色，羽端和羽缘黑，其余初级飞羽的黑端和黑缘逐渐减退，羽片逐渐转灰，羽端随之变白；身体余部白色。幼鸟：翅上覆羽有褐斑，尾有近端黑斑，外侧飞羽的白色区域缩小成条状。喙、脚赤红，喙端黑或喙脚淡红（幼鸟）。栖河边和湖泊。

（九）鸽形目（Columbiformes）

鸠鸽科（Columbidae）

山斑鸠（*Streptopelia orientalis*）：体长 310 mm 左右。额、头顶、后颈和上背灰色，上背羽端略红，其余上体暗灰，中央尾羽暗褐而端灰，外侧尾羽转黑而灰端增大，肩和翅羽黑褐，三级飞羽和内侧次级翅上覆羽具宽阔的栗红色羽端和羽缘，外侧次级翅上覆羽具宽阔的灰色羽端和羽缘；头侧和颈侧灰色，颈侧有一团羽端缀灰的黑羽，因而与其他斑鸡不同；颏棕白，喉至腹葡萄红色，胸较灰褐，胁和尾下覆羽均灰。喙铅褐；脚红色。常见于低山区。树栖；巢筑于树杈及荆棘丛，鸣声低沉而略似"姑姑，等等"。

火斑鸠（*S. tranquebarica*）：体长 230 mm 左右。雄鸟：头颈的背面和两侧蓝灰，颈基有半圈黑领，背、肩、三级飞羽和次级翅上覆羽，以及喉侧至腹均为葡萄红色，下体较淡，中央尾羽棕褐沾灰，外侧尾羽黑灰而端灰，最外侧尾羽外翈和端部转白，两翅余部黑褐，颏及喉部中央棕白，胁淡蓝灰，肛以后均白。雌鸟：似雄鸟，但领环较细，头颈背面和两侧为葡萄灰色；雄鸟的葡萄红色在雌鸟转为葡萄褐色，腰及尾上覆羽淡葡萄褐色。喙褐；脚褐红。地面寻食植物种子，偶食蝇蛆和甲虫；巢筑于树杈间，鸣声单调低沉略似"枯—"。

珠颈斑鸠（*S. chinensis*）：体长 310 mm 左右。额及头顶淡灰色，上颈及其两侧葡萄红色，下颈及其两侧黑色而杂白点，背、肩及内侧翅上覆羽土褐而羽缘棕灰，上体余部土褐，尾褐，外侧尾羽绒黑而具宽阔白端，外侧次级翅上覆羽灰色，其余翅羽表面暗褐；眼先及耳部暗灰；喉中央棕白，其余头侧和下体葡萄红色，后胁和尾下覆羽蓝灰。喙黑褐；脚紫红。栖耕作区的慈竹林和乔木树杈；鸣声洪亮而略似"故姑苦—苦"；地面摄食植物种子，偶食小虫；4 ~ 12 月繁殖；巢筑于竹丛间。

（十）鹃形目（Cuculiformes）

杜鹃科（cuculidae）

鹰鹃（*Cuculus sparverioides*）：〔阳雀、贵贵阳〕体长 385 mm 左右。次级飞羽相

对较长；头颈的背面和侧面暗灰，上体余部及两翅表面土褐，初级和次级飞羽内翈有白色横斑，初级飞羽外翈有不显著的棕色横斑，尾淡褐沾棕，具5道黑褐横斑，近端一道最宽。颏灰黑，下体余部均白，喉胸有褐色纵纹和栗红块斑，腹及尾下覆羽有褐色横斑。上喙黑褐，下喙铅褐而啮缘较黄，口角鲜黄；脚橙黄。栖阔叶林区；食松毛虫等小虫；6月下旬产卵于画眉等小鸟巢中；鸣声洪亮而略似“贵贵扬”。为省重点保护动物。

四声杜鹃（*C. micropterus*）：体长315 mm左右。头和颈的背面暗灰，上体余部及翅尾表面土褐，尾端缀白，近端有一道宽阔的黑色横斑，各羽两翈各有一列白点和一列棕白缘斑，翅缘纯白；头颈两侧、颏至胸均灰，下体余部白色，具宽约3 mm的黑色横斑。喙黑褐，下喙基部较黄。脚蜡黄。栖阔叶树林，鸣声洪亮而略似“割麦插禾”；食毛虫。

大杜鹃（*C. canorus*）：〔布谷鸟〕体长290～320 mm。上体暗灰，尾黑而具白色窄端，各羽正中有列不对称的白点，外侧尾羽还有白色缘斑。小覆羽暗灰，初级覆羽黑褐，其余翅褐灰，外侧飞羽内翈有白色横斑，翅缘白色而具褐色横斑；头侧和颈侧大部暗灰，颏至上胸灰色，下体余部白色而具约1.2～2.5 mm的黑色横斑，各斑相距4～5 mm，尾下覆羽的横斑稀疏。喙黑褐，下喙基部较黄，脚蜡黄。树栖，偶息路旁树梢，不甚隐藏，寄卵于鹡鸰等小鸟巢中，由这些鸟代为孵卵和育雏，嗜食毛虫等小虫，鸣声洪亮而略似“布谷”；夜间迁徙。

噪鹃（*Eudynamys scolopacea*）：〔狗饿雀〕体长385 mm左右。雄鸟：通体黑色，略有蓝绿反光。雌鸟：上体及翅尾表面暗褐，略有蓝绿反光，上体布满白点，翅尾具白色横斑；下体白色，颏至胸密具黑点，余部具黑色横斑。喙灰绿，脚铅灰。栖阔叶林，雄鸟鸣声洪亮，略似“狗饿”，雌鸟鸣声急促尖噪，略似“克克克克”，食野果，兼食昆虫。寄卵于红嘴蓝鹊等鸟类巢中，一巢可能寄入两卵，雏可以与寄主的雏鸟并存。

（十一）鸮形目（Strigiformes）

鸱鸮科（Strigidae）

黄腿渔鸮（*Ketupa flavipes*）：体长610 mm。具耳羽簇，喉部蓬松的白色羽毛形成喉斑，上体棕黄色，具醒目的深褐色纵纹，下体浅黄棕色，较少纵纹，脚不被羽而区别于雕鸮，体色较黄而上体纵纹更重可区别于褐渔鸮。虹膜黄色，喙角质黑色，蜡膜黄绿色，脚偏灰色。栖息于山区茂密森林的溪流河畔，在大片原生林中活动。为国家Ⅱ级重点保护动物。

纵纹腹小鸮（*Athene noctua*）：体长230 mm。无耳羽簇，头顶平，眉色浅，白色髭纹宽阔，上体褐色，具白色纵纹及点斑，下体白色，具褐色杂斑及纵纹，肩上有两道白色或皮黄色的横斑。虹膜亮黄色，喙角质黄色，脚被白色羽。常于地面活动，高可至海拔4600 m，喜开阔原野。部分昼行性，静立时常被周围响动吸引，快速机械地点头或转动。多数时间蹲坐，有时以长腿高高站起，飞行时上下起伏似啄木鸟，扑翅快。常立于开阔地中的篱笆、电线上。为国家Ⅱ级重点保护动物。

长耳鸮（*Asio otus*）：〔猫头鹰〕体长 360 mm 左右。头顶后侧的耳状羽簇长约45 mm。上体棕黄而羽端灰白，具黑褐纵纹和蠹状纹，尾棕黄而端灰，具黑褐横斑，小覆羽黑褐而窄缘棕黄，肩羽、大、中覆羽和三级飞羽与背相似，初级覆羽黑褐，微具棕色横斑，其余飞羽表面棕黄，端部灰白，具黑褐横斑和蠹状纹，面盘前半部近白色，余部淡棕黄色，翎领黑褐而具棕白缘斑，颏白，下体余部棕黄，胸、上腹和胁具黑褐纵纹和蠹状横纹。喙角黑；脚全被羽。栖丘陵或庭园树丛，捕食野鼠。为国家Ⅱ级重点保护动物。

短耳鸮（*Asio flammeus*）：〔猫头鹰〕体长 360 mm 左右。耳状羽簇长约 25 mm，上体棕黄，头顶至背有黑褐纵纹，余部有黑褐云斑，尾棕黄而具黑褐横斑，小覆羽黑褐而缘窄棕黄，肩和大、中覆羽和三级飞羽与腰相似，初级覆羽黑褐，具棕黄圆斑，其余飞羽表面棕黄，内侧飞羽具白端，外侧飞羽端部黑褐，均具黑褐横斑，眼周黑褐，面盘前半部较白，余部较棕黄，翎领棕白，具黑褐羽干纹，至喉部正中转为黑褐色缘棕黄色，颏白，下体余部棕黄，胸、上腹和胁具黑褐纵纹，故与长耳鸮不同。喙角黑，脚被羽。迁徙时较常见，栖丘陵或庭园树丛。为国家Ⅱ级重点保护动物。

斑头鸺鹠（*Glaucidium cuculoides*）：体长 250 mm 左右。上体、肩、三级飞羽和次级翅上覆羽褐色沾棕，布满棕白横斑，肩羽和外侧大覆羽外翈有大白斑，其余翅羽和尾羽黑褐，尾羽具白色横斑，飞羽有并列的白色或棕白横斑；眼先、眉纹和颚纹白色，其余头颈两侧与头顶同色，颏喉白色，上喉正中、胸及上胁褐色而具棕白横斑，腹白，腹侧和后胁具粗著的褐色纵纹，尾下覆羽几为纯白。喙蜡黄，趾黄绿。栖农耕区，山区较常见，5 月在胡桃等大树洞穴营巢。为国家Ⅱ级重点保护动物。

（十二）夜鹰目（Caprimulgiformes）

夜鹰科（Caprimulgidae）

普通夜鹰（*Caprimulgus indicus*）：体长 270 mm 左右。上体各处、肩和三级飞羽灰褐，具黑色纵纹和蠹状纹，中央尾羽灰褐，具黑褐横斑和蠹状纹，外侧尾羽黑褐具斑驳的棕色横斑，次级翅上覆羽黑褐，具淡棕色点斑和眼斑，大覆羽有斑驳的大灰斑，其余翅羽黑褐，具栗棕色横斑，飞羽端部横斑转灰，头颈两侧和颏黑褐，杂有棕点，颧纹棕白，喉部正中白色或棕色，胸黑而具灰褐横斑，下体余部淡棕，具黑褐横斑。喙黑，脚褐，中爪有栉状缘。白天隐伏在树枝或地面上，黄昏飞行捕食昆虫。为省重点保护动物。

（十三）雨燕目（Apodiformes）

雨燕科（Apodidae）

白腰雨燕（*Apus pacificus*）：〔岩燕〕体长 170 mm 左右。尾深叉；腰以外的上体和翅羽表面黑褐，上体较黑而略有绿色反光，腰、颏和喉均白，具黑褐轴纹，下体余部黑褐，羽端缀白。喙黑，脚紫黑。在山区海拔 1500 ~ 3700m 地带的岩穴栖息，偶栖破庙，鸣声急促单调，略似“迪、迪、迪、迪”。

（十四）佛法僧目（Coraciiformes）

翠鸟科（Alcedinidae）

普通翠鸟（*Alcedo atthis*）：〔打鱼子〕体长 160 mm 左右。额至后颈蓝黑，具翠蓝色横斑，上体余部钴蓝色，尾羽表面蓝绿。肩及翅上覆羽暗蓝绿色，后者杂有翠蓝点斑，飞羽表面蓝绿。眉部、上颊和耳覆羽锈红，其后有一白斑，颧纹蓝黑，杂翠蓝小点，并延至颈侧，颏喉均白，下体余部锈红。喙的大部呈黑色；脚暗红。常停息在水边树枝或岩石上，伺机捕食鱼虾和水中昆虫，鸣声单调尖锐，略似“思、思、思、思”，在岸边土洞中营巢。

冠鱼狗（*Megaceryle lugubris*）：体长 390 mm 左右。头顶、头侧和羽冠黑色而具白色斑纹，后颈、颈侧至两颊棕白（♂）或白（♀），上体余部及翅尾表面灰黑，翅尾较黑，均杂以白色点斑；颏喉两侧各有一列黑点，并延至胸部而连成环带，胁和最长尾下覆有黑色横斑，下体余部均白，喉至胸有时沾棕（♂），喙近黑，喙基和先端绿褐，脚绿褐。常停息在山溪和湖边的岩壁上，伺机捕食鱼虾；巢筑于堤岸洞穴中。

（十五）戴胜目（Upupiformes）

戴胜科（Upupidae）

戴胜（*Upupa epops*）：〔山和尚〕体长 280 mm 左右。额至枕羽棕黄，缀有黑端和近端白斑，其余头颈及胸葡萄棕色，上背及小覆羽转为葡萄褐色，下背和肩黑褐，具棕白横斑，腰白；尾黑有一道宽阔的白色横斑，其余翅羽黑色，大、中覆羽有白端或横斑，三级飞羽有白纹，其余飞羽具白色横斑，腹以后白色，腹和胁有黑褐纵纹。喙黑；脚铅褐。在墙洞中筑巢；常单独在地面摄食。鸣声低沉略似“屎勃勃”或“背屎桶桶”。

（十六）䴕形目（Piciformes）

啄木鸟科（Picidae）

斑姬啄木鸟（*Picumnus innominatus*）：体长 100 mm 左右。额至后颈栗色，上体余部和肩橄榄黄色，尾黑，外侧 3 对尾羽有一宽的白纹，次级翅上覆羽橄榄褐色，其余翅羽黑褐，三级飞羽和次级飞羽外缘黄绿，头侧有两条白纹沿眉部和颧部伸至颈侧，耳覆羽栗褐；下体灰白，胸和上腹满布黑色圆斑，后胁及尾下覆羽变为黑色横斑。喙和脚铅褐，栖山脚密林或竹林边缘，不常攀树，在树干或林缘灌丛摄食昆虫。

星头啄木鸟（*Dendrocopos canicapillus*）：体长 150 mm。黑白色相间，喙略短，头顶灰色，雄鸟眼后上方具红色条纹，具显眼的白色肩斑，下体无红色，腹部棕黄而密布近黑色的细条纹。一些亚种少白色肩斑，背白色而具黑斑。虹膜淡褐色，喙灰色，脚绿灰色。栖息于各类型的林地中，北方栖息于近山平原和低山地区，在南方可上至海拔 2000 m，喜有大树的阔叶林或混交林。

赤胸啄木鸟（*D. cathpharius*）：体长 180 mm。雄鸟枕部红色，雌鸟枕黑，部分个体颈侧亦有红至茶黄色的斑块，黑色颊纹宽而成条带向下延伸至下胸，胸中央有绯红色三角色块，两侧黑缘，翼上有宽白斑，臀红色。亚成鸟顶冠全红色，但胸无红色。虹膜略红色，喙暗灰色，脚近绿色。栖息于海拔 1500～2750 m的山地阔叶栎树林及杜鹃林中，常栖息于死树上，食花蜜及昆虫，有时与树林中层活动的鸟混群。

白背啄木鸟（*D. leucotos*）：体长 250 mm。雄鸟顶冠绯红色，雌鸟顶冠黑色，额白色，脸白色而具黑色颊线并延伸至颈侧，上背黑，下背白色，臀部浅绯红色，两翼及外侧尾羽白点形成黑白色横斑，北方群体下体白色而具黑色纵纹；四川盆地周围的个体腹中部染皮黄色；而台湾岛的个体腹中部近褐色。虹膜褐色，喙黑色，脚灰色。栖于海拔 1200～2000 m 落叶林及混交林山地，喜栖息于老朽树木中，不甚畏人。

大斑啄木鸟（*D. major*）：体长 240 mm 左右。雄鸟：额白，枕鲜红，初级飞羽黑褐，内侧大覆羽全白，内侧中覆羽具宽阔白端，其余上体及翅尾表面均黑，全部飞羽和外侧二或三对尾羽有白色缘斑，此斑可排列成横状斑，头颈两侧均白，耳覆羽淡栗褐色。黑色的颧纹后端分为两枝伸至后颈和胸侧；下体栗褐或稍白，下腹及尾下覆羽鲜红。雌鸟：似雄鸟，但枕黑而无红斑，喙铅灰色，脚黑褐。栖森林，食树干害虫和野果。

灰头绿啄木鸟（*Picus canus*）：〔啄木官〕体长 290 mm 左右。雄鸟：额至头顶鲜红，枕和后颈灰色，杂黑色纵纹，上体余部及肩橄榄黄或灰绿色，尾上覆羽端部鲜黄，尾褐，各羽具乌白或淡褐横斑，次级覆羽、次级和三级飞羽表面金黄沾绿或灰绿，其余翅羽黑褐而具白色或灰色横斑。头侧和颈侧灰色，有一黑色颧纹；下体乌灰，胸部有时较绿或染黄褐。雌鸟：额至后颈均灰而具黑纹，余似雄鸟。喙和脚铅黑，下喙基部较淡。自阔叶林至高山针叶林均可获见，善攀树，能掏食树干中的天牛幼虫或啄食树表昆虫，冬时兼食野果或种子，鸣声单调，略似“需尔、需尔、需尔”。

（十七）雀形目（Passeriformes）

1. 燕科（Hirundinidae）

崖沙燕（*Riparia riparia*）：〔沙燕〕体长 110 mm 左右。上体及翅、尾表面灰褐，飞羽和尾羽较黑；下体灰白，胸灰褐，胁渲染灰褐。喙黑；脚暗褐。终年可见，在堤岸洞穴中栖息和繁殖；集群生活，在河道上空捕食飞虫。

家燕（*Hirundo rustica*）：〔燕子〕体长 180 mm 左右。成体尾端深叉，额栗红；上体余部、头颈两侧和翅、尾表面亮蓝黑色，飞羽和尾羽的光泽较差，外侧尾羽各有一个大白斑；颏喉栗红，胸亮蓝黑色，杂染栗红，下体余部均白或深红。喙、脚黑褐。在田野或河流上空捕食飞虫；电线上停息，衔泥筑巢于房壁，巢口向上，每窝产4～6卵；2～10 月普遍可见，极少个体可能留在川南越冬。

金腰燕（*Cecropis daurica*）：〔燕子〕体长 190 mm 左右。上体及翅、尾表面亮蓝黑色，飞羽和尾羽光泽较差，上颈有一栗环延伸至眉部，腰棕黄而微具黑褐羽干纹，耳覆羽同腰，眼周黑色；下体棕白，布满黑色纵纹，尾下覆羽端部亮蓝黑色。喙黑、脚红褐或黑褐。衔泥筑巢于楼板或檐壁，巢呈瓶状，巢口横向；每窝产卵4～6枚；在空中捕食小虫。

2. 鹡鸰科（Motacillidae）

白鹡鸰（*Motacilla alba*）：〔点水雀〕体长 190 mm 左右。夏季额至头顶前部、内侧飞羽外缘和大、中覆羽端部、最外侧 2 对尾羽大部和胸以后下体均白，上体余部及翅尾表面黑至黑褐色，头侧全白或有黑色颧纹；颏白或颏至上胸均黑。冬季颏喉变白，头顶以后上体或灰或褐至黑色，头侧或有或无黑色贯眼纹和颧纹，其余羽色同夏季。喙黑褐，下喙基部较淡；脚褐或黑褐。活动于水边、田间和房顶等处，鸣声短促尖锐，略似“脊、令”，边飞边鸣；在田野、山坡、房舍的缝穴筑巢，巢呈杯形而蓬松；每窝 4～6 卵。

黄头鹡鸰（*M. citrceola*）：体长 160～180 mm 左右。雄鸟（夏羽）：头和下体鲜黄，尾下覆羽浅黄；上体余部及两肩均黑，尾黑褐，外侧 2 对有楔形大白斑，翅羽暗褐，三级飞羽黑而具白色外缘，大、中覆羽有白端。雄鸟（冬羽）：背以后上体灰褐，具或宽或窄的黑色领环。雌鸟（冬和夏羽）：额和眉纹均黄（这与黄鹡鸰显然不同）；头顶灰褐沾黄，背以后上体灰褐；耳覆羽灰褐或黑褐而杂黄斑，其余同雄鸟。喙、脚均黑。每群可多至数百只；居河边或田野。

灰鹡鸰（*M. cinerea*）：〔点水雀〕体长 170 mm 左右。后爪短而弯曲。雄鸟（夏羽）：额至腰和肩灰褐，尾上覆羽黄绿，尾羽黑褐，基部外缘黄绿，最外侧 3 对尾羽逐渐变为全白，三级飞羽黑色而具白缘，其余翅羽表面暗褐；眼先黑色，眉纹和颧纹白色，其余头颈两侧灰褐；颏至上胸均黑，下体余部鲜黄。雌鸟（夏羽）：与雄鸟相似，但喉有白点。冬羽（两性）：颏至上胸变白。喙黑褐（♂）或角褐（♀）；脚肉褐。夏季在海拔 1000～3000 m 的地带繁殖，冬季降至成都平原。营巢于岩穴、房穴和土堆中；鸣声尖细，略似“急，急”。

树鹨（*Anthus hodgsoni*）：〔地麻雀〕体长 150 mm 左右。上体和肩橄榄绿色或灰绿色，具黑褐纵纹，头顶的黑色纵纹粗而明显，尾羽黑褐，外缘与腰同色，最外侧 2 对有楔形白斑，两翅表面黑褐，小覆羽周缘和飞羽外缘橄榄绿色，大、中覆羽有棕端；耳覆羽几为黑褐，颧纹和颚纹黑褐，头侧余部白或棕白；下体白色，喉至胸和胁沾棕，喉侧有黑点，胸胁有黑色纵纹。喙黑褐，下喙基部蜡黄；脚肉褐。冬季在平原和丘陵地区颇为常见，夏季在海拔 2000 m 以上林缘灌丛繁殖；常边飞边叫，鸣声略似“切、切、切”，尾常上下点动；地面寻食小虫和草籽。

3. 山椒鸟科（Campephagidae）

暗灰鹃鵙（*Coracina melaschistos*）：体长 214～245 mm。雄鸟：上体蓝灰，腰、尾上覆羽略淡，尾羽黑色带蓝辉，外侧 4 对尾羽具白端，翅黑略带绿色金属闪光，内侧飞羽有白端；眼先偏黑，耳羽较头部稍暗；下体蓝灰，微沾黄绿，向后渐淡，尾下覆羽灰白，有时微染棕色。雌鸟：体色较雄鸟淡。喙黑色；脚黑褐色。栖息于平原、丘陵、低山和中山山脚的树林；常单只活动于乔木的树冠。

灰山椒鸟（*Pericrocotus divaricatus*）：体长 175 mm 左右。额基、前额和颈侧白色；眼先和部分耳羽黑色；头的余部微黑，其余上体灰色；中央尾羽黑，外侧尾羽白，外翈基部黑色；翅黑，内侧飞羽基部有白斑；下体白色，胸和腹侧沾灰。

长尾山椒鸟（*P. ethologus*）：体长 190 mm。雄鸟腰、翼斑、胸腹及两侧尾羽红色，其余黑色泛蓝色光泽，翼斑呈“Ⅱ”形而有别于短嘴山椒鸟。雄鸟的红色部分在雌鸟身上表现为黄色，翼及中央尾羽黑色，上背及头灰色，喉白色，额染黄色但较短喙山椒鸟面积小且浅淡。虹膜黑褐色，喙黑色，脚黑色。常见于常绿阔叶林、落叶阔叶林、针阔混交林甚至针叶林、林缘灌丛、平原疏林等多种生境，多成小群活动，觅食于树冠层。在中高海拔山地森林繁殖，迁徙时也见于低海拔地区。

4. 鹎科（Pycnonotidae）

领雀嘴鹎（*Spizixos semitorques*）：体长 180～210 mm。喙短厚；头顶深黑，头后

转为黑灰色，背、腰及尾上覆羽橄榄绿色，尾鲜橄榄绿，具黑褐色端斑，两翅黑褐，表面鲜黄绿色；颊和耳羽黑色，杂以白色细纹；颏、喉浅黑色，其后具白色领环，胸和胁淡橄榄绿，腹和尾下覆羽鲜绿黄色。喙黄色；脚淡褐色。是一种村寨附近常见的留鸟。常集群活动于林缘灌丛；巢呈碗形，每窝产卵 5 枚。为我国特产鸟类。

黄臀鹎（*Pycnonotus xanthorrhous*）：体长 170 ~ 190 mm。额、头顶黑色，上体褐色，尾及两翅暗褐，下喙基部两侧各有一个红点，眼先、颊及颧纹黑色，耳羽褐色，具白色轴纹；颏、喉白色，胸部具浅褐色横带，下体余部灰白沾褐，两胁褐色，尾下覆羽黄色，喙、脚均黑褐。是丘陵和低山地带的常见留鸟。常成群活动，栖息于灌丛和疏林；巢呈杯形，每窝产卵 4 枚。

白头鹎（*P. sinensis*）：〔白头翁〕体长 180 ~ 200 mm。额、头顶黑色，头顶两侧和枕白色，枕羽缀黑端，背、腰及尾上覆羽灰褐，羽缘浅黄褐，两翅及尾羽暗褐，羽缘呈鲜明的黄绿色；眼先灰白，颊及耳羽黑褐，耳羽后部转为污白色；颏、喉白色，胸褐灰，形成不明显的宽阔的横带，胸以下灰白色，羽缘黄绿，至尾下覆羽愈形显著。喙、脚均黑褐。栖息于丘陵、平原地带，常活动于农田、草坡、灌丛及村寨附近的树梢；巢呈深杯形，每窝产卵 4 枚。为我国特产鸟类。

黑短脚鹎（*Hypsipetes leucocephalus*）：体长 220 ~ 260 mm。通体黑色，尾呈浅叉状，部分亚种头、颈白色。虹膜褐色，喙鲜红色，脚橙红色。栖息于高至海拔 3000 m 的各种林地，冬季有时集大群。

5. 伯劳科（Laniidae）

棕背伯劳（*Lanius schach*）：〔大马伯劳〕体长 260 mm 左右。额黑、头顶至上背暗灰，上体余部棕色，中央尾羽纯黑，外侧尾羽黑褐，外翈及端部棕色；眼先、眼周及耳羽黑色，颏、喉和腹部中央近白，下体余部棕色。喙黑，下喙基部肉色；脚黑。栖开阔地带；多为单个活动，常站在树梢或电线上；筑巢于树杈，巢呈杯状，每窝产卵 3 ~ 5 枚。

虎纹伯劳（*L. tigrinus*）：〔马伯劳〕体长 170 mm 左右。雄鸟：前额黑，头顶至后颈及上背蓝灰，下背至腰红棕，杂以黑褐波状纹，尾上覆羽棕褐，尾棕褐，隐约可见暗色横纹；飞羽黑褐，外缘棕色，翅上覆羽红棕亦有黑褐波状纹；眼先、眼周及耳羽黑色；下体近白，两胁沾蓝灰，覆腿羽杂黑斑。雌鸟：似雄鸟但上体红色较淡，胸侧、两胁有黑斑纹。喙黑；脚暗褐。栖于平原、丘陵和山脚林区；在树冠筑巢，巢呈杯状，每窝产卵 4 枚。

6. 黄鹂科（Oriolidae）

黑枕黄鹂（*Oriolus chinensis*）：〔黄莺、黄八郎〕体长 240 mm 左右。雄鸟：通

体鲜黄；自额基过眼至枕部有一道宽阔的黑色带斑；初级飞羽黑色，外缘淡黄，其余飞羽和大覆羽的掩盖部分亦黑，尾黑，外侧尾羽具黄色端斑，愈向外此黄色部分面积愈大。雌鸟：下体有纵纹。喙粉红；脚铅蓝。栖阔叶林带；巢筑于枝端分杈处，每窝产卵4枚。

7. 卷尾科（Dicruridae）

黑卷尾（*Dicrurus macrocercus*）：〔铁林甲〕体长280 mm左右。全身纯黑色，上体和胸部有蓝绿光泽，翅和尾蓝绿光泽较差，尾呈叉状，外侧尾羽微向上卷。喙、脚均黑。栖低山高大阔叶乔木、竹林，偶息电线上；筑巢于树杈，巢呈浅杯状，每窝产卵4枚。

灰卷尾（*D. leucophaeus*）：〔灰铁林甲〕体长280 mm左右。通体淡蓝灰色，鼻羽和额黑色，初级飞羽端部黑褐，最外侧一对尾羽外翈黑褐；头侧白色或灰；颏黑灰，下腹和尾下覆羽近白。喙、脚均黑。栖山区林缘或村落附近的疏林；树上筑巢，巢呈浅杯状。

8. 椋鸟科（Sturnidae）

八哥（*Acridotheres cristatellus*）：体长240 mm左右。通体黑色；额羽耸立，头顶、后颈及耳羽具蓝绿光泽，各羽尖细，上体余部沾褐，外侧尾羽具白端，初级飞羽基部和初级覆羽先端白色，形成显著翼斑，尾下覆羽具白端。喙淡黄，下喙基橙黄；脚蜡黄。栖村落高大乔木、城市高压电杆等处；常结群活动；在树洞、墙洞或屋檐下筑巢，每窝产卵4～5枚。

丝光椋鸟（*Sturnus sericeus*）：体长230 mm。雄鸟头部银灰色或米黄色，颏、喉白色且羽毛在颈部成丝状羽，上背和下体浅灰色，两翼以及尾羽黑色而泛墨绿色光泽，初级飞羽基部白色并形成小块白色斑，尾下覆羽白色；雌鸟体羽暗淡而偏褐色，头部为灰褐色且颈部丝状羽不明显。似灰椋鸟但喙红色且下体和尾羽少栗色。虹膜黑色，喙红色而尖端黑色，脚橘红色。常成队或集大群分布于有林的开阔地带，觅食于高大乔木上层，冬季集大群活动，也取食于地面，常与其他椋鸟混群，声嘈杂而易被发现。

灰椋鸟（*S. cineraceus*）：体长230 mm左右。雄鸟：额、头顶黑、杂以白色纵纹，后颈黑色，各羽呈矛状，上体余部灰褐，尾上覆羽杂有白色，中央尾羽灰褐，外侧尾羽黑褐，端缘灰白，飞羽黑褐，外缘白灰而无光亮，与丝光椋鸟不同；翅上覆羽灰褐；眼先、耳羽白色，杂有黑色纵纹，颈侧黑；颏、喉黑褐或灰褐，胸暗灰褐，腹灰白沾褐，尾下覆羽白灰。雌鸟：较雄鸟体色稍淡。喙橙黄，先端暗褐；脚黄褐。常集群栖于树冠或农耕地中。

9. 鸦科（Corvidae）

松鸦（*Garrulus glandarius*）：〔黄老鸹〕体长 320～360 mm。头顶、后颈、背、肩及腰均为葡萄棕色，尾上覆羽白色，尾黑，初级飞羽黑色，外翈缘灰褐，小翼羽和次级飞羽绒黑，大覆羽、初级覆羽和外侧数枚次级飞羽外翈基部具鲜明的蓝、黑、白相间的横斑；下喙基部有一卵形黑斑；颏、喉、肛周及尾下覆羽白色，下体余部浅葡萄棕色。喙黑褐；脚肉色。阔叶林及针叶林带比较常见。叫声嘶哑，巢呈碗状，多筑巢于松树上，每窝产卵 4～6 枚。

灰喜鹊（*Cyanopica cyanus*）：体长 360 mm。灰蓝色为主，具黑色头罩，头部仅颏和喉白色，上背灰色两翼天蓝色，尾天蓝色呈楔形，中央尾羽末端白色，胸腹部及尾下覆羽白色。虹膜黑褐色，喙黑色，脚黑色。多成对或集小群栖息于低山、平原的次生林及人工林中，也见于田野、村落和市区公园，性嘈杂。集群营巢于高大的乔木上。

红嘴蓝鹊（*Urocissa erythrorhyncha*）：〔山喳子〕体长 500～600 mm。额、头顶和颈侧黑色，头顶各羽具淡蓝白色端斑，后颈中央蓝白，上体及肩紫蓝沾褐，尾上覆羽淡紫蓝色而具黑色端斑；尾羽紫蓝灰色，中央尾羽具白色端斑，外侧尾羽具白色端斑和黑色次端斑，两翅表面紫蓝，多具白色羽端；颏、喉及胸黑色，胸以后白色沾棕。喙、脚均橙红。栖息于林地和农耕地；常见于阔叶林间；叫声响亮而嘈杂，巢呈浅碗状，每窝产卵 5 枚。

喜鹊（*Pica pica*）：〔鸦鹊〕体长 400～500 mm。头、颈、背及尾上覆羽均黑，具蓝绿光泽，肩和初级飞羽内翈大部白色，形成翅斑，腰灰色和白色相杂或纯黑，尾黑色。具铜绿光泽，末端光泽转为紫红和深蓝绿色；初级飞羽的内翈大部为白色，飞羽余部黑色，外翈边缘显蓝色和蓝绿色光泽；颏、喉、胸、下腹及腿覆羽均黑色，而喉部羽干呈灰白色；上腹和胁白色；喙、脚均黑。常成对或集小群活动于村寨附近的乔木树上或农耕地；巢呈球形，每窝卵 3～4 枚。

小嘴乌鸦（*Corvus corone*）：〔老鸹〕体长 450 mm 左右。喙较大嘴乌鸦细；后颈羽毛结实；喉和上胸的羽毛呈披针形。通体黑色，上体具蓝紫色金属光泽；下体羽色较暗。喙、脚均黑。栖高大乔木树上。

大嘴乌鸦（*C. macrorhynchos*）：〔老鸹〕体长 500 mm 左右。喙粗大；喉和上胸羽毛呈披针形，后颈羽毛柔软、松散如发；通体概黑，两翅和尾羽具蓝紫色光泽，上体余部有绿色光泽；下体羽色较暗。喙、脚均黑。栖息于平原、丘陵、高山、河谷等多种生境。常到农耕地、村寨、河滩、垃圾堆、屠宰场等处觅食、性机警、喜结群，多三五只或十余只成群，大群可达数百只；营巢于乔木树上，巢呈浅碗形；产卵 4 枚左右。

白颈鸦（*C. pectoralis*）：体长 520 mm。体型较大，通体辉黑色，头从枕后沿颈侧至胸部白色。似达乌里寒鸦但白色部位不延伸至下腹且体型明显较大。虹膜暗褐色，喙黑色，脚黑色。栖息于中低山和丘陵平原地区的林缘、疏林以及农田、村落等地区。多单独或成对活动，有时与其他乌鸦混群，性机警，几乎与渡鸦形成替代分布。ICUN 受胁等级为近危（NT）。

10. 河乌科（Cinclidae）

河乌（*Cinclus cinclus*）：体长 200 mm。全身上体深褐色为主，下背及腰偏灰色，颏、喉至上胸具一白色的大斑，也有深色型个体，其喉至胸呈烟褐色，偶具浅色纵纹。分布于新疆西部和北部的亚种腹部皆为白色。幼鸟灰色较重，下体较白。虹膜红褐色，喙近黑色，脚褐色。栖息于山地林区清澈而湍急的溪流中，甚常见于海拔 2400 ~ 4250 m 的适宜生境。身体常上下点动，作振翅炫耀。

褐河乌（*C. pallasii*）：体长 210 mm。周身深褐色，无白色或浅色胸围，有时眼上有一白色小斑块。分布在新疆的亚种褐色，较其他亚种色淡。虹膜褐色，喙深褐色，脚深褐色。常见于海拔 300 ~ 3500 m 的湍急溪流中。食性同河乌，繁殖期多成对活动，略有季节性垂直迁移。头常点动，翘尾并偶尔抽动。常在水面游泳后潜入水中，似小鸊鷉，炫耀表演时两翼上举并振动。

11. 鹪鹩科（Troglodytidae）

鹪鹩（*Troglodytes troglodytes*）：体长 90 ~ 100 mm。体背暗褐色，背以后上体及尾和翼上覆羽满布黑褐色横斑，中覆羽具白端；两翅外侧横斑呈棕白和黑褐色相间；眼先及耳羽褐，杂以黄白色纵纹；颏、喉及胸黄褐色，具不甚显著的暗色斑；下体余部淡棕色，具明显的黑褐横斑，尾下覆羽棕褐色，具黑褐色横斑和白色端斑。上喙黑褐，下喙黄褐色；脚暗褐色。夏季在海拔较高的地带活动，冬季迁至山麓和平原；栖息于灌丛、竹林、草丛、砾石堆和住宅区。

12. 岩鹨科（Prunellidea）

棕胸岩鹨（*Prunella strophiata*）：体长 160 mm。顶冠灰色，眉纹从眼先延伸至脸颊后部，前细而后宽，由白色变至黄褐色，眉纹上缘有细黑色绒，脸近黑色，有白色颊纹，下缘有黑色线，上背具多条纵纹，黄褐色的胸带与白色的喉部和污白色而带深色纵纹的下体形成对比。虹膜浅褐色，喙黑色，脚暗黄色。栖息于海拔 2400 ~ 4300 m 的高山或高原地区，喜高山森林及林线以上的灌丛，常立于灌木高处，冬季往较低处迁移。

13. 鸫科（Turdidae）

红胁蓝尾鸲（*Tarsiger cyanurus*）：体长 140 mm。天蓝色林鸲。雄鸟头、上体、尾和尾上覆羽天蓝色，头具白色细眉纹，颏至尾下覆羽白色，胸部和两肋染灰色，两肋橘红色；雌鸟头和上体浅橄榄褐色，眉纹不明显或呈隐约细长灰白色，喉白色，翅膀同上体颜色且无翼斑，胸及两侧灰褐色，两胁橙黄色，腹灰白色，腰部和尾蓝色。虹膜黑色，喙黑色，脚黑色。多单独或成对活动于山地针叶林及针阔叶混交林中，多见于阴湿的林下，地栖性，隐匿而不甚惧人，觅食于植被中下层，有时与其他小型鸟类混群。

金色林鸲（*T. chrysaeus*）：体长 130 mm。雄鸟具黑色脸罩和金黄色眉纹，下颊及胸腹金黄色，上背橄榄黄色，两翼黑褐色具橙色羽缘，腰金黄色，尾羽黑色而外侧基部橙黄色；雌鸟上体橄榄绿色，眉纹有时不明显，下体黄色较浅。虹膜黑褐色，上喙角质色，下喙浅色，脚角质黄色。栖息于中高海拔山地的针阔混交林、针叶林、竹丛及灌木丛中，常单独或成对活动，不甚怯人，取食于地面和植被中下层，非繁殖季节见于平原和低海拔地区。

鹊鸲（*Copsychus saularis*）：〔猪屎雀〕体长 200 mm 左右。雄鸟：自额至尾上覆羽亮蓝黑色，中央尾羽亮黑，其余尾羽白色，仅外侧第四对具黑缘，两翅大多黑褐，自小覆羽向后至居中的次级飞羽的外缘呈一道宽阔白斑；头侧、颏至胸亮蓝黑色，其余下体纯白，胁沾灰。雌鸟：上体黑灰，翅和尾同雄鸟，但较苍淡；头侧、颏至胸暗灰色，腹白，胁和尾下覆羽淡棕色。在有林木的开阔耕地、村舍和城市庭园均常见到，停息时常垂翅跷尾，善鸣叫；巢筑于洞穴中，每窝产卵 4 ~ 5 枚。

北红尾鸲（*Phoenicurus auroreus*）：〔报晨鸟〕体长 130 ~ 160 mm。雄鸟：额至上背铅蓝灰色，杂少数灰白色，背、肩黑色，腰和尾上覆羽橙棕色，中央尾羽黑褐，外侧尾羽橙棕色，两翅暗褐，次级飞羽基部白色，额基、头侧、颈侧和颏、喉与上胸概黑色，下体余部橙棕色，腹部中央稍淡。雌鸟：上体橄榄褐，腰棕黄，尾上覆羽和尾羽淡橙棕，中央尾羽暗褐色，两翅暗褐，亦具白斑；眼周棕白；颏至胸黄灰褐，胸部沾棕，腹部中央近白，胁和尾下覆羽浅棕色。喙和脚黑色。见于山地或城市庭园。巢呈浅杯形，每窝产卵 3 ~ 5 枚。

蓝额红尾鸲（*P. frontalis*）：体长 150 mm。雄鸟前额和眉纹前部灰蓝色，头、颏、喉、胸及上背深蓝色，两翼褐色而具翼斑，腰、下胸、腹部及尾下覆羽栗红色，尾羽栗红色，中央尾羽和尾羽末端黑褐色而形成倒“T”字形斑；雌鸟头部和上体黑褐色，具明显皮黄色眼圈，胸腹部浅灰褐色，下腹部浅黄色，两胁染栗色，尾羽特征同雄鸟而区别于其他红尾鸲。虹膜黑色，喙角质黑色，脚角质黑色。常见于高海拔的山区，高可至林线附近，见于原始林，但在人类居住地周围也不难见，多数为留鸟，非繁殖季下至低海拔地带或平原，部分迁徙至南方越冬，喜开阔的疏林和灌丛，不惧人，停栖和飞行时常伴随连串“te-te”声。

红尾水鸲（*Rhyacornis fuliginosus*）：体长 130 mm 左右。雄鸟：通体大多铅灰蓝色，额基和眼先蓝黑色，腹部稍淡；尾羽及尾上和尾下覆羽均栗红色，尾端浅黑色，飞羽黑褐，外缘铅蓝色。雌鸟：上体淡褐沾蓝灰色，两翅黑褐，外缘褐色，内侧覆羽和次级飞羽具淡棕色羽缘和白或黄白色端斑，尾上和尾下覆羽均白色，尾浅黑褐，基部白色，下体白，具淡蓝灰色的“V”形斑，向后转为波状横斑。喙黑；脚黑（♂）或暗褐（♀）色。常栖河川、溪流岸边。巢呈碗形，通常产卵4枚。

白顶溪鸲（*Chaimarrornis leucocephalus*）：体长150～190 mm。头顶和枕纯白色，其余头部、颈、背和胸概亮蓝黑色，腰和尾上覆羽栗红色，尾羽栗红，羽基灰黑，羽端黑色，两翅黑褐；下体余部栗红色，羽基灰黑。喙黑色；脚暗褐。常栖息于山溪及河川岸边的岩石上，成对活动，不时地展开尾羽并上下摆动；巢筑于石隙间，每窝产卵4枚。

小燕尾（*Enicurus scouleri*）：体长120 mm，是体型最小的短尾燕尾。雄鸟额具大块白斑，头、胸、上背和两翼黑色，两翼次级飞羽基部和大覆羽前端白色而形成宽阔的白色翼斑，次级飞羽羽缘染白色，腰和尾上覆羽白色，尾短而区别于其他燕尾，尖端略为分叉，中央尾羽黑色；雌鸟羽色较暗淡，翼斑白色边缘模糊。虹膜黑褐色，喙黑色，脚粉色。栖息于山间溪流、河谷、瀑布地带，多单独或成对活动，性活泼而不甚惧人，尾常展开并上下摆动。

白冠燕尾（*E. leschenaulti*）：体长260 mm。体型较大，前额至头顶具大的三角形白色斑，头、颈、背、颏至下胸均为黑色，两翼黑色具白色翼斑，腰白色，下腹至尾下腹羽白色，尾中央尾羽最短，从内至外依次延长，显得长而分叉，尾上覆羽黑色并具白色端斑。虹膜黑色，喙黑色，脚粉色。栖息于中低海拔山地的清澈溪流、河流、沟渠中，多单独或成对觅食于浅水区域，飞行时紧贴水面且呈波浪状，叫声尖利，领域性强，常主动攻击其他伴水栖性鸟类。

斑背燕尾（*E. maculatus*）：体长250 mm。体羽似白冠燕尾，但上背密布椭圆形白色小斑点，特别在颈后更为密集。虹膜黑褐色，喙黑色，脚粉色。栖息于中高海拔山地的林间溪流和水渠中，多成对活动，较其他燕尾更偏好于森林，有时也与小燕尾等同域分布，飞行姿态优雅。

黑喉石䳭（*Saxicola torquata*）：体长130 mm。体型较小。雄鸟头部及两翼黑色且具白色羽缘，头顶沿枕至上背黑色而具棕色羽缘，颈侧具白色斑，胸及两胁橙红色，腹及尾下覆羽白色，腰白色染棕色，尾羽黑褐色；雌鸟头至上体棕褐色而具深色纵纹，下体皮黄色，两翼黑褐色并具白色翼斑，腰浅皮黄色，尾羽黑褐色。虹膜黑褐色，喙黑色，脚黑色。栖息于低山、丘陵、原野、灌丛及湖岸边，分布于低海拔地带至高山草甸的多种生境，常单独或成对活动于林缘、灌丛和疏林，行动敏捷，甚活泼。

栗腹矶鸫（*Monticola rufiventris*）：体长230 mm。体型略大。雄鸟头部具黑色脸罩，上体包括尾湖蓝色，两翼飞羽黑色，颏、喉蓝色，下体深枣红色。雌鸟通体黑褐色，头具白色下颊纹和月牙状白色耳斑，颏、喉显白色，上背具深色鳞状斑，下体浅色具黑色鳞状斑，眼圈白色或浅皮黄色。虹膜黑色，喙黑色，脚深色。常见单独或成对出现于中海拔山地的常绿阔叶林、次生林及林缘，也见于公园、苗圃和果园、村落等有林地带，越冬于低海拔地带和平原。

虎斑地鸫（*Zoothera dauma*）：体长270 mm。雌雄羽色相似，头顶至上体橄榄褐色，密布具金褐色次端斑和黑色端斑的鳞状斑纹，下体浅黄白色或白色，具月牙状黑色斑。虹膜黑褐色，喙角质褐色，脚粉色。多栖于阔叶林和针阔混交林的林下、林间溪流两岸和潮湿灌丛中，地栖性，多单独或成对活动，性怯生而易惊飞，取食于地面。迁徙时也见于平原和丘陵的林缘、田野、村落和园林中。

乌鸫（*Turdus merula*）：〔黑洋雀、黑伴儿〕体长250～280 mm。雄鸟：上体包括两翅和尾概黑色；下体黑褐，颏和喉缀以棕褐色羽缘。雌鸟：羽色似雄鸟，但渲染锈色，尤其以下体为著。喙黄（♂）或具褐端（♀），脚暗褐色。见于大部分丘陵和平原地区。常结小群栖息平原的田野和村寨、庭园的乔木上，繁殖期成对，鸣声多变而动听；巢筑于高大乔木上，呈碗形，每窝产卵3～5枚。

灰头鸫（*T. rubrocanus*）：体长250 mm。雄鸟头、颈、喉至上胸深灰色，体羽除两翼和尾羽为黑色外，其余均为深栗色，尾下覆羽和臀部黑色，杂有白色羽干纹；雌鸟似雄鸟但颜色较暗淡。虹膜黑褐色，具黄色眼圈，喙鲜黄色，脚角质黄色。栖息于中高海拔的山地的落叶阔叶林、针阔混交林以及针叶林中，冬季南迁或下至低海拔地区越冬，常见于多灌木和树林下的地表，多单独活动，冬季也成小群，性机警而易受惊。

斑鸫（*T. eunomus*）：体长230 mm左右。雄鸟：额至背橄榄褐，头顶微具黑褐色纵纹，腰和尾上覆羽较棕红，尾大部栗棕或较黑褐，两翅大多黑褐，大覆羽和次级飞羽外缘棕红色，眉纹白色，耳羽橄榄褐；下体白色，胸及胁具栗红或黑色斑点，颏和喉两侧杂以黑斑，尾下覆羽棕红，羽端棕白。雌鸟：似雄鸟，但上体纯灰橄榄褐色，翅上无棕红色羽缘；喉与胸均杂以黑斑，下体栗红色亦较浅淡。喙黑褐，下喙基部稍淡；脚淡褐色。常结群停栖高大乔木上。

14. 鹟科（Muscicapidae）

白眉姬鹟（*Ficedula zanthopygia*）：体长120 mm左右。雄鸟：眉白，下背和腰鲜黄；其余上体、头颈两侧、肩和尾均黑；翅表亦黑，三级飞羽外翈和内侧大、中覆羽白色，形成翅斑；颏至腹和胁鲜黄；尾下覆羽白色。雌鸟：眉纹前部暗黄。额至腰、肩、头颈两侧橄榄褐色；除翅斑外，翅尾黑褐，颏至腹和胁淡黄绿色，喉、胸各羽有时缀灰端；其余与雄鸟相似。喙黑；脚铅黑。居平原、丘陵和山脚；活动于疏林或孤树枝杈间。

铜蓝鹟（*Eumyias thalassinus*）：体长170 mm。雌雄羽色相似，雄鸟通体铜蓝色，眼先黑色，尾下腹羽蓝绿色，具白色边缘而形成鳞状斑；雌鸟体色较淡，喉部显灰白色。虹膜黑褐色，喙角质黑色，脚角质褐色。单独或成对活动于中高海拔山地的阔叶林、针阔混交林和针叶林边缘，喜林地中的开阔地带，于突兀枝头翻飞捕捉昆虫，性大胆而不怯人，常发出叫声而易被发现。

方尾鹟（*Culicicapa ceylonensis*）：体长 120 mm 左右。喙须多而长；头、颈和胸均灰，头顶至上颈较暗褐；背及腰和肩橄榄色；尾上覆羽黄绿；尾羽黑褐；外缘橄榄黄色；翅羽黑褐，次级覆羽和三级飞羽的羽端和羽缘同背，其余飞羽外缘橄榄黄色，下体余部黄绿，尾下覆羽概鲜黄。喙黑褐，下喙基部较淡，脚肉褐。常在阔叶林缘树杈间活动，鸣声清脆洪亮，略似“快跑快离”；巢筑丁多草的山坡岩石上。

15. 王鹟科（Monarchidae）

寿带（*Terpsiphone paradisi*）：〔梁祝〕体长 180 ~ 280 mm（♀）或 200 ~ 420 mm（♂）。雄鸟（短尾）：额至上颈亮蓝黑色；头颈余部及胸胁暗灰；颏、喉和颈侧略显蓝黑，上体余部及翅尾表面栗红，下体余部灰白。成年雄鸟：头颈全部呈亮蓝黑色；棕色型雄鸟的背腰及肩等转为紫红，白色型的上体余部及翅尾表面变白而具黑纹；两者都有长尾和短尾两类个体。雌鸟：无白色个体。头颈的蓝黑色和上体的紫红色较浅。喙蓝灰，脚铅灰。栖平原、丘陵和低山，营巢树杈和竹杈；每窝 4 卵。

16. 画眉科（Timaliidae）

白喉噪鹛（*Garrulax albogularis*）：体长 280 mm。通体棕褐色，前额、下腹至尾下覆羽棕黄色，喉部至上胸白色且常膨起，尾羽楔形，两侧尾羽尖端白色。虹膜灰白色或灰褐色，喙角质黑色，脚角质灰色。常成对或集小群活动与中高海拔山地的阔叶林、针阔混交林和针叶林的林下及林缘灌丛中，性嘈杂而机警。

眼纹噪鹛（*G. ocellatus*）：体长 320 mm。似大噪鹛但体型较小，体羽相似但更偏棕褐色，颏、喉为黑色而非棕红色。诸亚种耳羽颜色多有不同，亚种 *ocellatus* 和 *maculipectus* 似大噪鹛，前者皮黄色眉纹明显而耳羽栗红色，后者耳羽皮黄色；分布于中国大陆的 *artemisiae* 亚种耳羽黑色且与顶冠和喉部相连形成黑色头罩。虹膜黄白色，喙角质黑色，脚角质褐色至粉褐色。多成对或集小群活动于中高海拔的落叶阔叶林、针阔混交林及针叶林中，地栖性，性隐蔽而不易发现。分布海拔较大噪鹛为低。

大噪鹛（*G. maximus*）：体长 340 mm。体型甚大，头顶至枕后黑褐色，下颊纹黑褐色，脸颊和颏部棕红色，上体栗褐色，下体棕褐色，上体包括两翼和尾基密布黑色带白色端斑的斑点，初级飞羽具灰白色羽缘，尾较长，棕褐色，外侧尾羽尖端白色。似眼纹噪鹛但体型较大，胸腹横纹较少且不延伸至下腹。过去曾被作为眼纹噪鹛的一亚种，现多数观点认为其为独立种。虹膜黑褐色，喙角质黑色，脚肉褐色至角质褐色。常见单独或成对活动于高海拔的山地灌丛、针叶林、草原和草甸中，也见于居民点周围，胆大而不惧人。

画眉（*G. canorus*）：〔金画眉〕体长 210 ~ 250 mm。额棕色，头顶至尾上覆羽棕橄榄褐色，头顶至上背具黑褐色羽干纹，尾暗褐，具隐约的黑褐色横斑，羽端色暗，覆羽和内侧飞羽的外翈与背同色，其余飞羽暗褐。初级飞羽外翈缀棕，内翈基部宽缘棕色；眼周白，向后延伸作眉状，超过耳羽之外，眼先和耳羽暗棕褐；下体除腹部中央污灰色外，均为棕黄色，两胁稍深，颏至上胸更杂以黑褐色羽干纹。喙角黄，下喙黄色；脚黄褐色。为我国特产鸟。见于各市、地、州。栖息灌丛、竹林或庭园间；巢呈碗形；每窝产卵 4 枚。

白颊噪鹛（*G. sannio*）：〔土画眉〕体长 210 ~ 260 mm。额至后颈深栗褐色，背至尾上覆羽棕褐，尾羽暗棕褐色，飞羽暗褐，初级飞羽外翈变淡而沾棕，翅上覆羽和内侧飞羽棕褐色；眼先、眉纹和颊白色，眼周和耳羽褐黑色，颈侧淡葡萄褐色；颏、喉和胸淡栗褐，腹淡棕色，胁和覆腿羽暗棕，尾下覆羽红棕色。喙黑褐。脚灰黄褐色。是平原、山丘常见而数量较多的鸟类之一。常栖息矮树、灌丛和竹林间，鸣声响亮，似“吉呀！吉呀！”巢呈碗形；每窝产卵 4 枚；杂食性，但食物中以金龟甲、步行甲、瓢甲、鳞翅目幼虫等各种昆虫为主。

橙翅噪鹛（*G. elliotii*）：体长 260 mm。通体褐色，脸部褐色较深，具黑色眉纹，两翼暗褐色，具有橙黄色翅斑，尾羽楔形且具白色端斑，尾下覆羽栗红色。与其他两翼飞羽具橙色斑的噪鹛区别在于头纯色而无浅色条纹或色块。虹膜黄白色，喙角质黑色，脚粉褐色。常见成对或集小群活动于中高海拔山地的林缘灌丛、竹林和近林开阔地，觅食于林下和地表，性活泼而声喧闹，不甚怕人，常见且易被发现，有时于其他噪鹛类混群。

黑顶噪鹛（*G. affinis*）：体长 260 mm。头黑色，颈侧和耳后具白色斑，眼后具一小块白色三角斑，下颊具椭圆形白色斑，体羽橄榄褐色，具褐色羽缘而形成通体的鳞状纹，两翼飞羽橄榄黄色而具灰白色端斑，尾羽基部粟红色，具白色端斑，臀羽粟红色。虹膜黑色，喙角质黑色，脚粉褐色。多单独或成对栖息于常绿阔叶林、针阔混交林以及针叶林林下的近溪流的灌丛、竹林和杜鹃丛中，性隐匿，鸣声悠扬，地栖性，觅食于植被中下层，有时也活动于树上，常与其他鹛类混群。

棕颈钩嘴鹛（*Pomatorhinus ruficollis*）：体长 150 ~ 190 mm。额至尾上覆羽包括最内侧飞羽和覆羽栗棕色，头顶和后颈较浓，尾黑褐，外缘栗棕色，具隐约的暗色横斑，外侧飞羽和覆羽黑褐，外翈沾棕灰色；自额向后有一宽阔的白色眉纹延伸至后颈；眼先、颊和耳羽褐色；颏、喉及胸白色。胸具橄榄褐色纵纹。腹褐灰沾棕色，胁和尾下覆羽橄榄褐。喙黑褐，末端和下喙黄色；脚暗黄褐色。栖息平原或山地阔叶林、灌丛或竹丛间。巢呈杯形；每窝产卵 3 ~ 5 枚。

矛纹草鹛（*Babax lanceolatus*）：体长 260 mm。顶冠棕褐色，脸部浅褐色且颜色斑驳，具棕褐色下颊纹，上背和下体具棕褐色和白色相间的纵纹，两翼和尾羽棕褐色，尾部具深色横斑，下体纵纹呈尖矛状，颏喉、胸至下腹白色染灰色。与其他草鹛区别在于体型较小，体羽偏棕褐色。虹膜黄白色，喙角质黑色，脚角质灰色。从低海拔山地至高山草甸均有分布，见于常绿阔叶林、针阔混交林、针叶林以及林缘、灌丛中，常集小群活动，性活泼且嘈杂，取食于植被中下层，有时也与其他噪鹛混群。

红嘴相思鸟（*Leiothrix lutea*）：〔红嘴玉〕体长 130 ~ 150 mm。额至枕黄橄榄绿，上体余部灰橄榄绿，最长的尾上覆羽具淡黄白色羽端，尾分叉，尾羽橄榄绿，羽端亮蓝黑；飞羽黑褐，初级飞羽外缘黄色，自第三枚起外翈基部赤红色，次级飞羽外翈灰蓝黑，基部金黄色，最内侧飞羽和覆羽与背同；眼先和眼周淡黄，耳羽淡橄榄灰，颈侧灰绿色；颏、喉辉黄，上胸橙红，下胸至尾下覆羽浅黄，胁绿灰色。雌鸟翅斑橙黄而非赤红。喙赤红；脚黄褐色；栖息山地灌丛或竹林，冬迁平原；巢呈杯状；每窝产卵 4 枚。

金胸雀鹛（*Alcippe chrysotis*）：体长 100 mm。头、喉、胸和后颈黑色，具白色顶冠纹和白色絮状耳斑，上背橄榄绿色，下胸至腹和尾下覆羽橙黄色而不同于其他雀鹛，两翼黑色具橙色翼斑，初级飞羽羽缘橙黄色，次级飞羽羽缘白色，尾羽黑色，两侧基部橙红色。虹膜黑色，喙角质灰色，脚粉色。见于中高海拔的常绿阔叶林、针阔混交林和针叶林下的灌丛及竹林中，常集小群活动，与其他鹛类混群，活动敏捷而多动。

白领凤鹛（*Yuhina diademata*）：〔凤头雀、竹丝雀〕体长 150 ~ 180 mm。通体烟灰褐色，额暗褐，冠羽披针形，前半部分呈土褐色，后半部分白色，眉纹及枕白色；背至尾上覆羽土褐，尾黑褐，羽端近黑，羽轴白色，飞羽黑褐，羽袖大多白色，初级和外侧次级飞羽外翈深黑，外侧飞羽羽轴黑具白端，内侧次级飞羽和翅上覆羽土褐色；眼先黑，颊和耳羽淡褐具茶褐色轴色；颏和上喉暗褐，下喉、胸和胁土褐，腹和尾下覆羽白色。喙淡黄褐，下喙橙黄；脚肉黄色。栖息山地丛林或竹林间；冬季可见于平原；巢呈杯形；每窝产卵 3 枚左右。

黑额凤鹛（*Y. nigrimenta*）：体长 110 mm，较其他凤鹛体型小。头、羽冠及颈背灰色，羽冠前端黑色而具白色羽缘，上背至尾上覆羽橄榄褐色，喉、胸及腹部白色，尾下覆羽及两胁皮黄色。眼先至颏部黑色。虹膜黑色，上喙黑色，下喙鲜红色，脚橙黄色。多栖息于中低海拔的山地常绿阔叶林和针阔混交林中，也常见于次生林、人工林以及果园、公园和田边灌丛，非繁殖季常集群活动，也与其他小型鸟类混群，性活泼而不甚惧人。

17. 鸦雀科（Paradoxornithidae）

白眶鸦雀（*Paradoxornis conspicillata*）：体长 130 mm。体型略小，头颈至后颈栗褐色，下颊至下体粉褐色，上体、两翼及尾上覆羽棕褐色。似棕头鸦雀但喙颜色更浅且具明显的白色眼眶。虹膜黑褐色，喙肉黄色，脚棕黄色至粉褐色。见于中高海拔山地的林缘灌丛、竹林和草丛中，常成对或集小群活动，性活泼，有时与其他鸟类混群。

棕头鸦雀（*P. webbianus*）：〔黄豆雀〕体长 100 ~ 120 mm。额至后颈棕红色，背至尾上覆羽棕褐，尾暗褐，具隐约的暗色横斑，基部外缘橄榄褐色，飞羽暗褐，外缘栗红色；眼先、颊、耳羽和颈侧乌灰或棕红色；颏、喉和上胸淡灰或淡红色，腹淡皮黄色，胁和尾下覆羽棕褐色。喙暗褐，先端转黄；脚灰褐色。为我国特产鸟。栖息海拔 2000 m 以下的中、低山地，冬季降到平原或庭园中；常结群活动于灌丛、草丛或矮树间；巢呈杯形；每窝产卵 5 ~ 6 枚。

灰冠鸦雀（*P. przewalskii*）：体长 140 mm。体羽具特别的葡萄棕色，头具灰色顶冠，额及眉纹黑色，脸颊灰色染葡萄红色，上体和尾上覆羽橄榄褐色，喉至下胸灰色，下腹至尾下覆羽棕红色。虹膜黑褐色，喙肉色，脚角质灰色。成对或集小群栖息于高海拔山地的针阔混交林或暗针叶林下的竹林中，常与白眶鸦雀、褐头雀鹛等小型鸟类混群，对竹林具强烈依赖。LUCN 受胁等级为易危（VU）。

18. 扇尾莺科（Cisticolidae）

纯色山鹪莺（*Prinia inornata*）：体长 112 ~ 152 mm。夏羽：上体褐灰或沾浅棕，头顶较深，具暗色羽干纹；尾羽浅褐，羽端微白，次端斑暗褐色；飞羽和翅上覆羽均暗褐，前者外缘为红棕色，后者外缘以浅红棕或灰褐；头侧棕白色；眉纹棕黄色；下体白色，胸和两胁浅棕。冬羽：尾羽较长，上体土褐色沾红棕；飞羽外缘棕红；头侧浅棕或棕色；下体淡橙棕色；颏、喉稍浅。喙黑色，下喙基部黄色（夏）或上喙橙红，下喙黄白色（冬）；脚红褐。栖息于山地、平原的农耕地、菜园以及村舍附近的灌、草丛；单个或几只结成小群活动；巢呈囊袋形，每窝产卵 5 ~ 6 枚。

19. 莺科（Sylviidae）

强脚树莺（*Cettin fortipes*）：体长 115 mm 左右。上体橄榄褐色，往后至腰、尾上覆羽渐转为暗棕褐色；尾暗褐色，外翈羽缘色浅；翅的长度约尾长的 2 倍，暗褐，羽缘较淡，眉纹淡黄白色，狭细而不显，眼周淡黄；眼先、颊和耳羽淡褐；颏、喉、胸、腹等近白色；胸侧淡灰褐；胁、尾下覆羽黄褐。冬羽的颏、喉和胸沾褐灰色。喙褐，下喙基部黄褐；脚淡棕。栖于平原、丘陵及低、中山的多种环境中；常单只活动，不停地跳跃穿梭于浓密草丛和枝间，鸣声似“Zhe，Zhe”。繁殖期常作“er—jinsui”或“er—jinsui qi”。

黄腰柳莺（*Phylloscopus proregulus*）：体长 90 mm 左右。上体大部分呈橄榄绿色；额沾黄色；头顶正中有一条淡黄绿色的冠纹；腰羽黄色，形成明显的腰带；翅和尾羽黑褐，外缘黄绿；三级飞羽端缘黄白；大覆羽和中覆羽具淡黄色端斑，形成两道翅斑；眉纹黄绿，贯眼纹暗褐；头侧黄绿与褐色相杂；下体灰白或沾黄，胁和尾下覆羽淡黄绿色。喙黑褐，下喙基部淡黄；脚淡褐。夏季在海拔 2000 ~ 3000 m 的山林繁殖，冬季降至平原和丘陵等低海拔地带；栖灌丛和树冠；冬季常结群活动。

黄眉柳莺（*P. inornatus*）：橄榄绿色柳莺。眉纹黄色，具两道翅斑，三级飞羽羽缘浅色，与黑色羽区对比明显。虹膜暗褐色，喙褐色，下喙基部黄色，脚褐色。繁殖于高至海拔 3500 m 的阔叶林和针叶林中，迁徙期见于各类生境，常于阔叶林及灌丛越冬。

栗头鹟莺（*Seicercus castaniceps*）：体长 90 ~ 100 mm。头顶栗色，具有黑色侧冠纹，眼圈白色，颈侧和前胸灰色，上背、翅膀及尾橄榄绿色，具有两道黄色翅斑，下体和腰部柠檬黄色。虹膜褐色，上喙黑色，下喙黄色，脚灰色。繁殖于海拔高至 2500 m 的常绿阔叶林中，在树冠层取食，常加入混合鸟群。

棕脸鹟莺（*Abroscopus albogularis*）：体长 85 ~ 96 mm。额橙棕色；头顶棕橄榄绿，两侧各具一条黑纹；肩、背橄榄绿沾黄；腰黄白色；尾褐色；翅羽暗褐，外缘以黄绿色；头侧、颈侧浅棕栗色；颏、狭窄的胸带及尾下覆羽均淡黄色；喉灰黑色，具白色条纹；其余下体银白色。上喙淡褐，端部及下喙淡黄；脚淡黄褐色。喜栖于阔叶林、竹林等环境；多单个活动；叫声轻脆如铃声。

20. 绣眼鸟科（Zosteropidae）

暗绿绣眼鸟（*Zosterops japonicus*）：〔绣眼儿〕体长 90 ~ 110 mm。上体包括内侧覆羽草绿色，头顶和尾上覆羽缀黄，尤以前额较鲜亮，尾暗褐，外缘草绿色，飞羽和外侧覆羽黑褐，外缘草绿。眼先和眼下黑色，眼周具一圈白色绒状短羽；颏、喉和上胸鲜柠檬黄，下胸和胁苍灰，腹部中央近白，尾下覆羽淡柠檬黄色。喙黑，下喙基部稍淡；脚暗铅褐。常结群栖息山林或庭园的乔木和竹林间；巢呈吊篮式，悬于细枝分杈处，每窝产卵 3 ~ 4 枚。

21. 长尾山雀科（Aegithalidae）

红头长尾山雀（*Aegithalos concinnus*）：〔胡豆雀〕体长 100 mm 左右。额至后颈栗红色，背至尾上覆羽暗蓝灰，腰具浅棕色羽端，尾黑褐，外缘蓝灰色，外侧 3 对具楔形白色端斑；最外侧 1 对外翈纯白，飞羽褐色，外缘蓝灰，初级覆羽黑褐，次级覆羽蓝灰沾棕，眼先、头侧和颈侧黑色；颏、喉白色，喉部中央具一大形黑色圆斑，胸带、胁和尾下覆羽栗红色，腹部中央白色。喙黑；脚红褐色。常结群栖息乔木或灌丛间；巢筑于树上，呈球形，每窝产卵 5 ~ 8 枚。

银脸长尾山雀（*A. fuliginosus*）：体长 100 ~ 110 mm。头顶至后颈棕褐色，上体褐色，颊、颏、喉银灰色，下体白色，两胁棕色，具宽阔的褐色胸带，尾黑褐色，外侧尾羽白色。虹膜黄色，喙黑色，脚棕褐色。栖息于海拔 1000 m 以上的高山森林中。

22. 山雀科（Paridae）

煤山雀（*Parus ater*）：体长 90 ~ 120 mm。头黑色，具短的黑色羽冠，颊部白色，颈背部具大块白斑，上体蓝灰色，翅上有两道白色翅带，下体白色。虹膜褐色，喙黑色，脚青灰色。栖息于海拔 3000 m 以下的阔叶林、针叶林和针阔混交林中，也见于竹林、人工林、次生林和林缘灌丛。

黄腹山雀（*P. venustulus*）：体长 100 mm 左右。雄鸟：额至上背亮蓝黑色，后颈具一白斑；肩、下背和腰亮蓝灰，尾上覆羽黑，尾黑，最外侧一对的外翈基部和其余各羽的外翈中部白色，飞羽暗褐，外缘灰绿色，翅上有两道黄白色翅斑；颊、耳羽和颈侧白色；颏至上胸黑，下胸至尾下覆羽黄色。雌鸟：额至腰灰绿色，后颈斑淡黄，飞羽黑褐，外缘绿色；颏、喉、颊及耳羽灰白色，下体余部淡黄沾绿色，喙灰蓝黑；脚铅灰色。为我国特产鸟。常结小群活动于高大乔木或灌丛间；巢筑于树洞中，每窝产卵 6 枚。

大山雀（*P. major*）：〔白脸山雀〕体长 130 ~ 140 mm。头、颈均亮蓝黑色，两侧有显著的大形白斑，上背黄绿，与黑色后颈间有白色横带相隔，其余上体包括两翅表面蓝灰色，中央尾羽蓝灰，其余尾羽黑，外缘蓝灰，最外侧一对大部白色，飞羽黑褐，外缘蓝灰色；颏至上胸黑，腹白，中央贯以一道黑色纵纹。喙和脚黑色。栖息山地针叶或阔叶林、林缘拼地、村舍或城市庭园；巢筑于洞穴中，每窝产卵 6 ~ 9 枚。

绿背山雀（*P. monticolus*）：体长 120 mm 左右。额至后颈上部亮蓝黑色，后颈下部具一白斑，后缘与上背间呈黄色，上背和肩黄绿，腰和尾上覆羽铅灰蓝色，尾黑褐，外缘灰蓝色，最外侧一对尾羽端和外翈白色，飞羽黑褐，外缘蓝灰色，覆羽黑褐，次级覆羽具灰蓝色羽缘和白端；眼先黑、颊、耳羽和颈侧白色；颊、耳羽和颈侧白色；颏至胸黑色，胸侧和腹灰黄色，中央贯以一条黑色纵带。喙和脚黑色。栖息海拔 1000 m 及以上的山林，冬季在平原也能见到；巢筑于洞穴中，每窝产卵 5 ~ 6 枚。

23. 䴓科（Sittidae）

栗臀䴓（*Sitta nagaensis*）：体长 130 mm。体羽似普通䴓但下体为浅灰棕色，两胁具砖红色，尾下覆羽红棕色而具白色端斑。虹膜黑褐色，喙灰黑色而下喙基部浅色，脚灰褐色至黑褐色。单独或成对栖息于中高海拔山地的针阔混交林和针叶林中，与其他小型鸟类混群，过去作为普通䴓的亚种，但占据了更高海拔的栖息地，两者有明显隔离，现多被作为独立种看待。

24. 旋木雀科（Certhiidae）

高山旋木雀（*Certhia himalayana*）：体长140 mm。整个体羽灰褐色，喙较其他旋木雀显得更细长，白眉纹被深色贯眼纹隔开而未与下颊相连，下颊、喉、胸部白色，腹部灰白色而两胁染灰色，具白色翼斑，尾部灰褐色且密布深褐色横纹而不同于其他旋木雀。虹膜黑褐色，上喙褐色，下喙粉褐色，脚棕褐色。单独或成对栖息于中高海拔山地的针阔混交林及针叶林中，冬季下迁至低山和平原的针叶林区，习性似其他旋木雀。

25. 太阳鸟科（Nectariniidae）

蓝喉太阳鸟（*Aethopyga gouldiae*）：体长140 mm。体型略大，喙长而弯。雄鸟头顶、贯眼纹和颏部的羽毛呈辉紫蓝色鱼鳞状，头余部至上背为猩红色，飞羽橄榄色，腰黄色，尾蓝色并延长，前胸为较浅的猩红色并向下渐变为鲜黄色，分布于喜马拉雅山的个体前胸红色较少，仅呈条纹状；雌鸟上体橄榄色，下体绿黄色，颏及喉烟橄榄色。虹膜褐色，喙黑色，脚褐色。在分布地区内常见于海拔1200～4300 m的山地常绿林中。春季常与其他鸟类混群取食于杜鹃灌丛，夏季活动于悬钩子等浆果灌丛，冬季下迁。

叉尾太阳鸟（*A. christinae*）：体长100 mm。体态显得短圆。雄鸟顶冠至颈背金属绿色，脸黑色而具闪辉绿色的髭纹和绛紫色至深红色的喉斑，上体和飞羽橄榄色，腰黄色。产于海南岛的个体飞羽近黑色，尾上覆羽及中央尾羽闪辉金属绿色，中央尾羽尖细延长，形成小叉状，外侧尾羽黑色而端白色，下体余部污白色。雌鸟甚小，上体橄榄色，下体浅绿黄色。虹膜褐色，喙黑色，脚黑色。栖息于有林开阔地甚至城镇，常光顾开花的矮丛及树木，如刺桐、合欢、羊蹄甲等。

26. 雀科（Passeridae）

山麻雀（*Passer rutilans*）：体长140 mm。体型略小。雄鸟顶冠为栗色，脸颊污白色而颏黑色，上背栗褐色具纯黑色纵纹；雌鸟颜色较浅，具深色而宽的过眼纹及乳白色的长眉纹。虹膜褐色，雄鸟喙灰色，雌鸟喙黄色而端色深，脚粉褐色。结群栖于开阔地、林地或近耕地的灌木丛中。也出现于家麻雀、树麻雀不出现的城镇及村庄里。

麻雀（*P. montanus*）：〔家雀、谷麻雀〕体长130～140 mm。自额至枕栗褐色，肩背棕褐，并杂以粗著黑纹，腰及尾上覆羽褐色沾棕，尾羽暗褐，羽缘褐色，两翅黑褐，外翈具棕色羽缘，中覆羽和大覆羽具棕白色端斑；眼先、眼下沿及颏和喉的中央均呈黑色，颊白色，耳羽具黑色块斑；胸和腹灰白色，两胁及尾下覆羽淡棕褐色。喙黑色。脚淡褐色。成群栖息于城镇、村寨的房屋和树上或竹丛间；巢呈浅碗状；每窝产卵 3 ~ 4 枚。

27. 梅花雀科（Estrildidae）

白腰文鸟（*Lonchura striata*）：〔偷仓〕体长 100 ~ 120 mm。上体自头顶至背暗褐，具白色羽干纹，下背及腰白色，尾上覆羽栗褐，具棕白色羽干纹，尾黑，呈楔状，两翅黑褐，内侧飞羽及翼上覆羽具棕白色羽干纹，额、眼先、眼周及颏、喉黑褐，颈侧、耳羽淡栗色，有小白点，胸栗褐色，各羽具浅黄色羽干纹和羽缘，下体余部灰白，具黄褐色纵纹，肛周及尾下覆羽栗色。上喙黑，下喙暗蓝灰色；脚铅褐色。栖息于平原、丘陵和低山地带；常结群于农耕地、庭院、树丛和竹丛间。巢呈曲颈瓶、椭圆或圆球形；每窝产卵 4 ~ 6 枚。

斑文鸟（*L. punctulata*）：体长 110 ~ 120 mm。额基、头侧及颏、喉均深栗褐色，头顶、肩、背浅栗褐，各羽具浅色羽干纹，腰和尾上覆羽灰褐沾绿，后者的羽端浅棕黄色，中央尾羽暗橄榄色；外侧尾羽暗褐，羽缘沾黄，两翅暗褐，羽缘栗褐，下体余部浅棕白，除腹部中央和尾下腹羽外，满布褐色鳞状斑。喙黑；脚铅褐色。生活习性与白腰文鸟相似。巢呈长球形；每窝产卵 5 ~6 枚。

28. 燕雀科（Fringillidae）

燕雀（*Fringilla montifringilla*）：体长 140 ~ 150 mm。雄鸟（冬羽）：自额至背及头顶两侧亮蓝黑色，各羽缘棕黄，腰白，尾上覆羽和尾黑色，羽缘棕灰，最外侧尾羽外翈基部白色，肩和小覆羽棕色。中覆羽的先端棕白，大覆羽黑色而具白端，飞羽黑色，外缘皮黄，内侧初级飞羽具白色羽基；颏至胸和胁橙棕，腹白，尾下覆羽棕白。雌鸟：与雄鸟相似，但黑色部分转为黑褐色；下体的橙棕色较淡。喙基黄，喙端黑褐，脚褐色。栖息于阔叶及针阔叶混交林，也见于城镇绿地等多种生境，成对或集群于地面或树上取食。

白眉朱雀（*Carpodacus thura*）：体长 150 mm。体型略大，体格敦实而尾长，似喜山白眉朱雀，但羽色较艳而浅。雄鸟额霜白色，脸部粉红色区域较大，往上扩展切断眉纹，使其仅在末端有一大白点，胸、下体至腰粉红色而具较少纵纹；雌鸟似喜山白眉朱雀雌鸟。虹膜深褐色，喙角质色，脚褐色。栖息于海拔 1000 ~ 4000 m 的高山灌丛、草坡和农耕地，以植物果实和杂草种子为食。

金翅雀（*Carduelis sinica*）：〔菜子雀〕体长 110 ~ 130 mm。雄鸟：头顶至后颈灰褐；背、肩及内侧覆羽橄榄褐色，腰黄绿色，尾上覆羽具灰色羽端，尾羽黑褐，中央尾羽基部沾黄，外侧尾羽基段鲜黄色，两翅大部分为黑色，外侧飞羽基段鲜黄，形成显著的翅斑，飞羽羽端灰白；眼先及眼周黑褐，颊和眉纹橄榄黄，颏和喉黄绿色，胸、上腹和两胁暗棕黄，下腹黄白，尾下覆羽黄色。雌鸟：头顶具暗色轴纹，上体羽色较雄鸟浅淡，下体黄色较雄鸟少。喙肉色；脚淡褐色。栖息于疏林、林缘、农田、庭院，常在高树或电线上停息；巢呈杯形，每窝产卵3～5枚。

黑尾蜡嘴雀（*Eophona migratoria*）：〔蜡嘴、大嘴官〕体长180～200 mm。雄鸟：整个头部亮黑色，后颈、背及肩暗灰褐色，腰及尾上覆羽浅灰褐转为浅灰色，尾羽黑色，中央尾羽表面辉黑，两翅大部分灰黑色，外侧飞羽末端具白色宽斑，内侧飞羽具白缘，次级飞羽羽端白色；喉、胸浅灰褐色；腹及尾下覆羽转白，两胁橙棕色，腋羽黑褐色。雌鸟：整个头部暗灰褐色，中央尾羽暗灰，羽端黑色，初级飞羽外翈末端具白缘。喙橙黄色；脚肉色。栖息于村寨和庭院的阔叶乔木树上；常结群活动。

黑头蜡嘴雀（*E. personata*）：〔蜡嘴、大嘴官〕体长220 mm左右。雄鸟：额、头顶和喙基四周及眼周灰蓝黑色，后颈至肩至背葡萄灰色，腰苍灰色，尾上覆羽及尾黑色，具蓝色金属光泽，两翅黑色，初级飞羽具显著白斑，三级飞羽和内侧大覆羽的外翈棕灰色；耳羽棕灰；喉、胸和两胁浅灰色；腹灰白色；尾下覆羽及腋羽白色。雌鸟：与雄鸟相似，但上体稍褐。喙黄色，先端淡蓝；脚肉褐色。常活动于乔木树上。

29. 鹀科（Emberizidae）

蓝鹀（*Latoucheornis siemsseni*）：体长120 mm左右。雄鸟：通体深铅灰蓝色，尾羽蓝黑，灰蓝色外缘，最外侧一对尾羽具楔状白斑，两翅黑色，外侧飞羽外缘蓝灰，内侧飞羽内翈基段白色、腹部中央及尾下覆羽白色，腋羽白色。雌鸟：自额至颈深棕，上背橄榄褐，具暗褐色羽干纹，下背、腰及尾上覆羽石板灰色，羽缘棕褐，尾羽黑色，喉及胸深棕，胁棕褐，喙黑色，下喙褐色，脚肉黄色。栖息于海拔600～2000 m的次生林、竹林和灌丛。为我国特产鸟。

三道眉草鹀（*Emberiza cioides*）：〔地麻雀〕体长150～160 mm左右。雄鸟：头顶至后颈栗红，羽缘灰黄色，上体余部浅栗红，背杂以黑褐色纵纹，中央尾羽浅栗红，具黑褐色轴纹，外侧尾羽黑褐，最外侧2对具楔状白斑，两翅黑褐，羽缘淡栗红色；眼先及颧纹黑色，眉纹及颊灰白，耳羽栗色，颏、喉及上胸灰白，胸具栗红色横带，下胸及胁淡栗红，腹及尾下覆羽沙黄。雌鸟：羽色较雄鸟浅淡，颏、喉、颊等为土黄色；头顶至背浅棕褐而具黑褐纵纹；胸无栗色横带。喙黑色，脚肉褐色。栖息于草坡、耕地、灌丛，巢呈杯状；每窝产卵3～4枚。

小鹀（*E. pusilla*）：〔地麻雀〕体长120～130 mm。雄鸟：头顶中央栗红，两侧从喙角至枕黑色，呈宽带状，肩及背赭黄，具黑色纵纹，腰及尾上覆羽灰褐，具不显著的黑褐色纵纹，尾羽黑褐，外缘浅棕，外侧两对尾羽具楔状白斑，两翅黑褐，中覆羽具白色端斑，飞羽具淡色羽缘；眼先及眉纹棕色，耳羽暗棕，后缘以黑色；颏、喉淡棕，下体余部灰白，具黑色纵纹。雌鸟：与雄鸟相似，头部羽色较浅，三条宽带不显著。喙黑褐，下喙较淡，脚肉褐色。栖息于平原、丘陵和山地，常活动于灌丛、草坡和耕地。

黄喉鹀（*E. elegans*）：体长 150 mm。雌雄均具短羽冠，雄鸟头部图纹鲜明，顶冠黑色，眉纹黄色并延伸至后枕侧，后枕中部棕褐色，颏黄色，喉白色，颈灰色。雌鸟似雄鸟但颜色较暗。雌鸟与田鹀的区别在于脸颊青褐色而无黑色边缘，且脸颊后边无浅色块斑。虹膜深栗褐色，喙近黑色，脚浅灰褐色。栖息于丘陵、山脊的干燥落叶林和混交林中，越冬在森林及次生灌丛中，常成对或单独活动。

六、常见的兽类

（一）食虫目（Insectivora）

四川短尾鼩（*Anourosorex squamipes*）：〔地滚子，臭耗子，鳞鼩鼱，山耗子，药老鼠〕体重 19 g，体长 96 mm，尾长 12 mm，后足长 16 mm。颅全长 24. 4 mm，腭长 11. 2 mm，脑颅宽 12. 7 mm，臼齿间宽 7. 4 mm，上齿列长 11. 3 mm，下齿列长 10. 4 mm。两颊常具一赭色细斑，背部呈深灰至黑棕色，腹面淡灰，微染淡黄色，四足背面灰黑色，指（趾）爪均白。尾黑棕色。吻较钝而短，眼退化，约油菜籽样大小；耳壳缺如。头骨坚实，具一低而强的矢状脊，枕脊突出，后面观呈半月形；顶部最大宽度处形成突出角。齿式 2. 1. 1. 3/1. 1. 1. 3；上颌具 2 单尖齿，其间具一长形孔。上前臼齿特别发达；下颌门齿切缘直。体毛厚而较长；尾极短，具鳞片，光裸无毛，尖端有时具微毛。前足爪短而钝，略显粗壮，适于掘土。栖于海拔 300 ~2500 m 的室内、农田、灌丛等环境。杂食性，终年均可繁殖，每胎 3 ~ 7 仔。营地下及地面生活。为四川优势种之一。

（二）翼手目（Chiroptera）

1. 菊头蝠科（Rhinolophidae）菊头蝠属（*Rhinolophus*）

耳宽而长，无耳屏，耳前基部外侧有与耳壳相连的对耳屏，吻部具复杂的叶状皮肤衍生物——鼻叶，鼻叶中顶叶通常呈三角形，该属在吻鼻部的马蹄叶前缘有缺刻，鼻孔上方有相互垂直的鞍状叶和连接叶。第 3、4、5 掌骨几乎等长或依次略增长。齿式：1. 1. 2. 3. /2. 1. 3. 3. =32。常见种如下：

中菊头蝠（*Rhinolophus affinis*）：体重约 12 g，体长 51 ~ 63 mm，尾长 20 ~ 35 mm，后足长 11 ~ 13 mm，耳长 15 ~ 21 mm，前臂长 46 ~ 56 mm。马蹄叶较宽，两侧附小叶不显。鞍状叶两侧略内凹，颇似提琴形。连接叶较低圆。顶叶近等边三角形。体背毛色深暗褐，腹毛淡，偏肉桂色。翼膜较大，尾短，与股间膜近平；第 3、4、5 掌骨几乎等长。

马铁菊头蝠（*R. ferrumequinum*）：体重约 18 g，体长 56 ~ 79 mm，尾长 25 ~ 44

mm，后足长 10 ~ 14 mm，耳长 18 ~ 19 mm，前臂长 53 ~ 64 mm。马蹄叶很宽，其附叶小而不显，鞍状叶很小，两侧内凹呈提琴状，连接叶低而圆，顶叶的顶端尖而狭长。下唇留存一中央颏沟。背毛亮灰或浅褐棕色，由淡褐色毛基和深色毛尖构成，腹毛浅淡呈淡棕色泽。

大耳菊头蝠（*R. macrotis*）：体重 7.8 g，体长 46 ~ 51 mm，尾长 12 ~ 32 mm，后足长 9 ~ 10 mm，耳长 18 ~ 27 mm，前臂长 39 ~ 48 mm。鼻叶特别发达，马蹄叶宽，中央具明显缺刻，两侧各具 1 小附叶；鞍状叶宽约为长的一半，两侧不内凹，基部两侧呈叶状，与鼻孔内缘侧叶共同构成杯状叶；连接叶起自鞍状叶背侧中上部，与鞍状叶等高，端部钝圆。顶叶宽大，端部钝圆。中央和两侧的颏沟均明显。耳大，对耳屏不发达。

皮氏菊头蝠（*R. pearsonii*）：〔绒毛菊头蝠、毕氏菊头蝠〕体重 20 g，体长 56 ~ 79 mm，尾长 16 ~ 29 mm，后足长 12 ~ 13 mm，耳长 23 ~ 29 mm，前臂长 47 ~ 56 mm。鞍状叶较高，基部与鼻孔内缘突起连成浅杯状；连接叶低于鞍状叶，自鞍状叶顶端起呈弧形向下延伸。顶叶呈尖形。耳较小，约 21 mm，无侧唇沟而具 1 中央颏沟；体毛细长茸密，背部毛色棕褐，毛基较淡，腹毛暗褐色。

贵州菊头蝠（*R. rex*）：体重 13.5 g，体长 49 ~ 50 mm，尾长 32 ~ 38 mm，后足长 9 ~ 10 mm，耳长 29 ~ 35 mm，前臂长 55 ~ 63 mm。鞍状叶和马蹄叶均很宽大，前者顶端宽阔，两侧略内凹，基部呈杯状扩大；连接叶不发达，显著低于鞍状叶，略呈弧形，两侧有细毛，顶叶很短，端部钝圆，明显低于鞍状叶。耳巨大，对耳屏发达，长达 1/2 耳长。全身体毛长，呈棕褐色。

短翼菊头蝠（*R. shortridgei*）：〔丽氏菊头蝠〕体重 6.2 g，体长 51 ~ 59 mm，尾长 18 ~ 25 mm，后足长 8 ~ 9 mm，耳长 16 ~ 20 mm，前臂长 39 ~ 43 mm。鼻叶不完全盖住鼻孔，马蹄叶中间具一缺刻，每侧各具一小形齿状副叶。鞍状叶基部较顶部宽。从侧面观，连接叶先端呈三角形，顶叶突出。下唇具 3 条纵沟。体毛细软，背部毛尖棕褐色，毛基灰褐色，腹部毛色稍浅。

中华菊头蝠（*R. sinicus*）：头体长 43 ~ 53 mm，尾长 21 ~ 30 mm，后足长 7 ~ 10 mm，耳长 15 ~ 20 mm，前臂长 43 ~ 56 mm。翼膜附着在踵部，马蹄叶两侧一附着的附叶，马蹄叶宽 8 ~ 9.2 mm，鞍状叶两侧缘几乎平行，其顶端宽圆，连接叶低圆。

2. 蹄蝠科（Hipposideridae）

耳宽而长，无耳屏，耳前基部外侧有与耳壳相连的对耳屏，吻部具复杂的叶状皮肤衍生物——鼻叶，与菊头蝠的鼻叶区别于：蹄蝠的顶叶横向拉长，无相互垂直的鞍状叶和连接叶。齿式：1.1.1 ~ 2.3./2.1.2.3. = 28 ~ 30。常见有大蹄蝠（*Hipposideros armiger* 和普氏蹄蝠（*H. pratti*）。

大蹄蝠（*Hipposideros armiger*）：〔大马蹄蝠、普通蹄蝠〕体重 81.7 g，体长 80

~110 mm，尾长 48 ~70 mm，后足长 13 ~17 mm，耳长 26 ~35 mm，前臂长 82 ~99 mm。头部具复杂的鼻叶，有额腺囊，位于后鼻叶基后部中央。前鼻叶无中央缺刻，两侧各具 4 片小附叶；老年雄体顶叶之后具两块加厚的皮叶，中间为腺体开口。额腺囊口有成束笔状黑毛伸出，鼻叶和皮叶均为黑褐色，耳大而长，呈三角形，后缘内凹，无耳屏。体背毛深棕褐色。胸部以下较暗，腹部毛为浅棕褐色。

普氏蹄蝠（*H. pratti*）：〔柏氏蹄蝠、马蹄蝠、黄大蹄蝠〕体重 64. 3 g，体长 91 ~110 mm，尾长 50 ~62 mm，后足长 15 ~22 mm，耳长 33 ~38 mm，前臂长 75 ~90 mm。耳大而宽，马蹄叶近方形，两侧各具 2 片小附叶。后鼻叶近三角形；额部有一个横列形开口的大腺囊，腺囊中间有一束笔状长毛，两侧各有 1 片肉质叶状突起称皮叶；雄性个体随年龄增加皮叶增大；耳尖钝而后缘微凹，难分出对耳屏。体色近似大蹄蝠，有两个色型，深暗色型的背为黑褐色，鲜亮色型的背色棕褐。腹毛灰褐，毛基略深，老年雄性个体皆为鲜亮色型。翼膜黑褐色。

3. 犬吻蝠科（Molossidae）犬吻蝠属（*Tadarida*）

皱唇蝠（*Tadarida insignis*）：〔宽耳犬吻蝠〕体重 26 g，体长 84 ~94 mm，尾长 48 ~60 mm，后足长 10 ~15 mm，耳长 26 ~34 mm，前臂长 57 ~65 mm。吻突出，上唇较下唇宽大，似犬吻；上唇具纵行皱褶。两耳宽大，耳壳背缘与额部相连的两耳壳之间虽相距很近，但未相连；翼膜狭长浅褐色。第 1 指垫明显，第 5 指的掌、指骨全长仅与第 3 或第 4 指掌骨的长度相等；各趾缘具硬毛，距较长；尾 1/2 以上部分伸出股间膜后缘。齿式：1. 1. 1 ~2. 3/1 ~3. 1. 2. 3 =26 ~32。

4. 蝙蝠科（Vespertilionidae）

1）南蝠属（*Ia*）

南蝠（*Ia io*）：〔大夜蝠〕体重 65 g，体长 89 ~104 mm，尾长 61 ~83 mm，后足长 13 ~18 mm，耳长 22 ~29 mm，前臂长 71 ~80 mm。头部具短耳一对，耳尖外缘具较长的密毛，耳屏窄而短，头顶具额下腺。此处具黑色刚毛丛。面部近光裸无毛；下颌中央有一颌下腺开口。背毛为深褐色，腹毛与背部基本一致，但毛尖色较淡。第 5 指较短，故翼膜长而窄。后足大，爪强壮。齿式：2. 1. 2. 3/3. 1. 2. 3 =34。

2）山蝠属（*Nyctalus*）

中华山蝠（*Nyctalus plancyi*）：〔绒山蝠〕体长 65 ~81 mm，尾长 35 ~55 mm，后足长 10 ~13 mm，耳长 12 ~21 mm ，前臂长 48 ~56 mm。耳圆，耳屏短，似横置的肾形。被毛深褐色，腹毛色略浅，基部暗褐色，毛尖沙灰色，下腹部毛色更浅，体毛沿前臂骨腹侧向第 5 掌骨延伸，体侧至膝部股间膜近侧也见黄褐色短毛，翼膜深褐色。雌性个体在哺乳期间毛色偏棕黄色，且较蓬乱，无光泽。亚成体毛色更深一些。翼膜起自踝关节处。齿式：2. 1. 2. 3/3. 1. 2. 3 =34。

3）伏翼属（*Pipistrellus*）

东亚伏翼（*Pipistrellus abramus*）：体重 4.5 g，体长 38 ~ 60 mm，尾长 29 ~ 45 mm，后足长 6 ~ 10 mm，耳长 8 ~ 13 mm，前臂长 31 ~ 36 mm。耳短，呈三角形，耳壳向前折转仅达眼与鼻孔之间。翼膜较长，止于趾基部；距缘膜发达；阴茎外观较长而直伸，阴茎骨长而弯曲。齿式：2. 1. 2. 3/3. 1. 2. 3 = 34。

4）斑蝠属（*Scotomanes*）

斑蝠（*Scotomanes ornatus*）：体形中等，体长 65 ~ 85 mm，尾长 50 ~ 66 mm，后足长 12 ~ 15 mm，耳长 19 ~ 23 mm，前臂长 50 ~ 60 mm，被毛棕褐色或赤褐，镶有银白色斑块；鼻额短宽，齿式 1. 1. 1. 3/3. 1. 2. 3 = 30。龙门山分布的为华南亚种*S. o. sinensis*。

5）蝙蝠属（*Vespertilio*）

东方蝙蝠（*Vespertilio sinensis*）：体重 22 g，体长 64 ~ 85 mm，尾长 52 ~ 66 mm，后足长 12 ~ 15 mm，耳长 19 ~ 23 mm，前臂长 49 ~ 62 mm。背毛毛基淡棕褐色，毛尖淡黄色，故呈斑驳细斑。头顶具短宽的耳；翼膜直达趾基，具距缘膜。齿式：2. 1. 1. 3/2. 1. 1. 3 = 32。

6）鼠耳蝠属（*Myotis*）

耳狭长，耳屏直且细，尾长，包在尾膜内或仅伸出尾膜 1 ~ 2 mm，齿式 2. 1. 3. 3. /3. 1. 3. 3. = 38。

西南鼠耳蝠（*M. altarium*）：〔峨眉鼠耳蝠〕体重 7. 9 g，体长 46 ~ 55 mm，尾长 41 ~ 54 mm，后足长 70 ~ 11 mm，耳长 18 ~ 23 mm，前臂长 41 ~ 47 mm。耳壳窄长，前折超过吻端约 7 mm，耳屏尖长；第 3 ~ 5 掌骨近等长。头部毛暗褐色，体毛绒细且较长，背部为棕褐色，毛基色泽较深暗，呈黑褐色；腹部略似背毛，胸部的毛尖色较浅淡；翼膜止于跖部，距发达。

中华鼠耳蝠（*M. chinensis*）：〔大鼠耳蝠〕体重 33. 5 g，体长 60 ~ 91 mm，后足长 50 ~ 76 mm，耳长 11 ~ 22 mm，前臂长 58 ~ 70 mm。吻较长，似鼠，吻鼻端毛很稀少。耳长，耳尖钝圆，耳屏长不及耳长的 1/2 或约为耳长的 1/2。翼膜起自趾基。胫及股间膜背腹侧均无毛，距不发达，无距缘膜，尾较长，约等于或超过前臂长。后足连爪约为胫长的 1/2。

毛腿鼠耳蝠（*M. fimbriatus*）：〔小鼠耳蝠、栉鼠耳蝠〕体重 6. 5 g，体长 37 ~ 51 mm，尾长 32 ~ 41 mm，后足长 8 ~ 11 mm，耳长 11 ~ 16 mm，前臂长 36 ~ 39 mm，有一对尖长的耳，耳屏较细长，低于耳长的一半。股间膜基部和胫背有较密的绒毛，后足强大，没有距缘膜，头顶毛色与背部相似，为灰棕色，毛基色较暗；腹部毛深灰，毛尖淡褐色，尾基部以及肛周毛尖和毛基为灰白色。

绯鼠耳蝠（*M. rufoniger*）：〔渡濑氏鼠耳蝠〕体重 10 g，体长 45 ~ 70 mm，尾长 43 ~ 52 mm，后足长 10 ~ 12 mm，耳长 15 ~ 17 mm，前臂长 45 ~ 50 mm。体色艳

丽，体毛橙棕色，翼膜上底色橙褐色，掌间具三角形褐色大斑块。头具长卵圆形的耳，耳屏长而钝；背毛长，呈橙褐色，毛基浅黄色，毛端黑褐色；腹面较背面色浅，与大部分冀膜同为鲜红褐色。翼膜背面沿上臂覆有短绒毛。趾具长毛，爪黑色。

长尾鼠耳蝠（*M. frater*）：〔长胫鼠耳蝠〕体重6.8 g，体长41~52 mm，尾长40~50 mm，后足长8~11 mm，耳长11~18 mm，前臂长36~43 mm。体形较小，耳相对较圆钝，耳屏较其他鼠耳蝠短宽，内缘略内凹，耳屏长约为耳长的一半。胫较长，达17~20 mm，尾等于或略超过体长，翼膜起于外趾的基部，距近踝部渐增宽，胫长约20 mm，约为后足长的两倍。胫部及股间膜背腹面无毛，股间膜毛孔排列成平行的“V”字型。胫部及股间膜背腹侧均无毛。四川分布的为福建亚种 *M. f. frater*。

大足鼠耳蝠（*M. pilosus*）：〔大脚鼠耳蝠〕（*Myotis ricketti*）体形较大，体重23 g,体长49~78 mm，尾长45~64 mm，耳长14~22 mm，后足长16~23 mm，前臂长49~61 mm。吻部具长须；耳向前折不超过吻端，耳屏较短，不及耳长的一半。后足很发达，连爪几乎等于胫长。翼膜起于胫部中间，无距缘膜，胫部及近胫和尾基部的股间膜被较浓密的毛。身体毛短而密，体背毛基黑，毛尖灰褐色，腹面毛基黑色，毛尖灰白；股间膜上半部和两胁毛为淡黄色。

7）长翼蝠属（*Miniopterus*）

长翼蝠（*M. schreibersii*）：〔折冀蝠、褶翅蝠、普通长翼蝠〕体重12.1 g，体长67~78 mm，尾长50~62 mm，后足长9~12 mm，耳长12~14 mm，前臂长47~50 mm。体毛短而呈丝绒状，耳短圆，耳屏小而细长，但长度仅为耳长的一半；背毛为黑褐色，毛基色深于毛尖，腹毛灰黑色，毛端浅褐色，臀部毛色更淡。翼膜只达踝关节，冀尖长，第3指的第2指节之长约为第1指节的3倍；无距缘膜。齿式：2.1.2.3/3.1.3.3=36。

8）管鼻蝠属（*Murina*）

白腹管鼻蝠（*M. leucogaster*）：体重7 g，体长47~49 mm，尾长35~45 mm，后足长9~10 mm，耳长14~15 mm，前臂长40~43 mm。鼻孔延长为小管；背面红棕，腹面白色。体型在该属中最大，口周及眼下褐色，体毛很密集，头顶到背面均被红棕色细毛，但毛基灰暗，腹部毛灰白。翼膜较宽，为淡棕色，股间膜及足均覆盖有长而柔软的毛。齿式：2.1.2.3/3.1.2.3=34。

（三）兔形目（Lagomorpha）

草兔（*Lepus capensis*）：〔野兔〕体重1250 g，体长430 mm，尾长90 mm，后足长113 mm，耳长87 mm。体型较小。口鼻部为棕褐色，耳外面为浅黄褐色，外缘色淡，内侧尖端深褐，余为淡棕黄色；内侧缘与耳外面同色；额部与体背同色。体背呈褐棕黄至棕黄色，且具不规则的黑褐色条纹区；体侧色泽略淡。腹毛纯白。尾上面具一较宽的黑色条纹区；两侧及下面均为白色。前足背黄褐色，腹面淡黄；后足背棕色，腹面淡棕褐色。

（四）啮齿目（Rodentia）

1. 松鼠科（Sciuridae）

赤腹松鼠（*Callosciurus erythraeus*）：〔赤腹丽松鼠〕体长约225 mm，中等体型，全体自吻端、头部、耳、体侧、四肢直至尾基部为橄榄棕黄色至橄榄黑色，背中部色泽较深，两侧近腹面略淡，背腹色界限明显，腹面为栗红色，少数为淡黄色。尾长几乎等于体长，尾后半部毛长，有不明显黄黑相间的环状。栖于亚热带的森林、次生林、灌丛及农田附近，以嫩叶及果实为食。

隐纹花鼠（*Tamiops swinheoi*）：体长约150 mm，小型松鼠，尾短于体长，尾毛蓬松，尾端毛较长，顶及额部均为棕黄色，眼周具淡黄色眼圈。背部毛呈黑黄色，具明暗相间的7条条纹。正中一条为黑色，自头顶部后延伸至尾基部。耳后具白色毛丛。栖于亚高山针叶林或灌丛，树栖，多白天活动，晨昏最活跃，喜食嫩叶、果实、种子等。

岩松鼠（*Sciurotamias davidianus*）：体长约200 mm，中等体型，地、树两栖的松鼠，具颊囊，眼周具淡黄色眼圈。体背面呈灰棕黄色，腹面呈浅黄褐色，四肢与体背同色，前肢略淡，尾短于体长，尾毛蓬松而稀疏。栖于山区沟坡或丘陵多岩石，以及近林缘灌丛砾石多的地区。以种子为食，喜食核桃、松子、玉米等。

灰鼯鼠（*Petaurista xanthotis*）：体长约350 mm，大型鼯鼠，尾等于或略超过体长，体背面至尾基部为灰黄色。腹面及喉部白色，体侧与前后肢间有皮膜相连，飞膜边缘黄色较重。口周及唇部白色，头部的面颊和额顶均为暗黄褐色或黑褐色。耳壳黑褐色，耳后形成橙色耳斑。栖息于海拔2000～3000 m的针叶林带，为中国典型高山型鼯鼠。昼伏夜出，白天隐蔽于树洞或树上的巢穴中，夜间爬出或滑翔到地面寻食。以嫩叶、果实等为食。

2. 仓鼠科（Circetidae）

高原鼢鼠（*Myospalax baileyi*）：体长约200 mm，体毛细软，尾短，略长于后足。长年生活于地下，视力严重退化，体型粗壮，吻短，无外耳壳。背部被毛柔软丰厚并有丝光，毛色棕灰或棕褐色，腹毛暗灰色；鼻垫上方具有一块淡色区域，前肢粗壮强劲，掌部宽扁，指抓发达而锐利，均是挖掘洞穴的有力工具。栖息于海拔3000～4300 m的耕地、草滩、森林和阳坡草场上，营地下生活，靠啃食草根、茎为生，是高寒草甸草原特有的鼠种。

3. 田鼠科（Arvicolidae）

松田鼠（*Neodon irene*）：体长约 90 mm，尾长约占体长的 1/3，为较小型灰棕色田鼠。体色较暗，背部至尾基为灰棕色，体侧及四肢外侧毛色略浅于背色；腹毛淡棕色，尾上下两色，上同背略浅，下同腹色。栖息于海拔 3000 ~ 4000 m 以上的灌丛和草地。

根田鼠（*Microtus oeconomus*）：体长约为 100 mm，尾很短，通常为体长的 1/3 或 1/4。体型较松田鼠略大，体背毛呈灰黑棕色乃至黑褐，沿背中部毛色深褐；腹毛灰白或淡棕黄色，尾毛双色，上面棕黑色，下面灰白或淡黄；四肢外侧及足背为灰褐色。栖息于海拔 3000 ~ 4500 m 左右的高山草原地带。

4. 鼠科（Muridae）

黑线姬鼠（*Apodemus agrarius*）：体长约 65 ~ 120 mm，耳短，前折不能到达眼部，尾长为体长的 2/3，尾毛不发达。中等体型，背毛一般棕褐色，背部具一条明显黑线，从两耳之间一直延伸至接近尾的基部。体侧毛棕色，无黑毛尖，腹面与四肢内侧毛灰白色，毛基淡灰色，毛尖白色，尾毛短且稀，四足背毛白色。栖息环境较广泛，农耕地、灌丛或草地，以夜间活动为主，尤以上半夜最为活跃，白天一般不活动。

高山姬鼠（*A. chevrieri*）：体长约 90 ~ 110 mm，尾长约为体长的一半，中等体型，全身体毛柔软，呈青灰色，背中部毛色较深，但绝不形成黑色纹（黑线），此点可与黑线姬鼠区别，腹部毛色灰白，背腹无明显界线，四足青灰色。栖息于海拔 800 ~ 2500 m 的林区、农田及住宅。

褐家鼠（*Rattus norvegicus*）：体长 150 ~ 250 mm，尾明显短于体长，被毛稀疏，耳较短，向前拉不能遮住眼部。为家栖鼠中较大的种类。体背毛色多呈棕褐色或灰褐色，年龄愈老的个体，背毛棕色色调愈深。体侧毛颜色略浅，腹毛灰白色，尾二色，上面灰褐色，下面灰白色。四足背面毛白色。主要栖息于室内屋角、墙根、厨房、垃圾堆等处，室外则在柴草垛、乱石堆、墙根、田埂等处。

黄胸鼠（*R. tanezumi*）：体长约 130 ~ 150 mm，尾长等于或大于体长。鼠科中体型较大的鼠，主要家栖鼠种之一，体型与褐家鼠相似，耳长而薄，向前拉能盖住眼部。体背棕褐色，毛基灰色，腹毛灰黄色，毛基浅灰色。胸部毛色黄，有时具白斑。四足灰白色，前足背中央有一明显的暗灰褐色斑。昼夜活动，以夜间为主，晨昏时最为活跃。主要栖息在房屋内，临近村舍的田野中也有发现。

小家鼠（*Mus musculus*）：体长约 60 ~ 90 mm，尾与体长相当或略短于体长。鼠科中的小型鼠，吻短，耳圆形，体背呈灰褐色或黑褐色，毛基部黑色。腹面毛白色带灰黄色。尾两色，背面为黑褐色，腹面为白色。四足的背面呈暗色或污白色。昼夜活动，以夜间活动为主，尤其在晨昏活动最频繁。为人类伴生种，栖息环境非常广泛，凡是有人居住的地方，都有小家鼠的踪迹。住房、仓库各种建筑物及打谷场、荒地、草原等都是小家鼠的栖息处。

社鼠（*Rattus confucianus*）：体长约 140 mm，尾较长，其长度等于或超过体长。中型鼠，毛较软，背毛呈棕褐色，中央颜色较深，为黑褐色，夏季背毛间杂有白色的硬毛。腹部毛呈硫黄色，直至毛的基部，尾毛上为棕褐色，下为白色，尾尖端白色。耳大而薄，向前折能达眼睛前缘。栖息于山地及丘陵地带的各种林区及灌木丛中，也栖息于农田及杂草丛中，具有广泛的生活环境。

针毛鼠（*Niviventer fulvescens*）：体长约 140 mm，尾细长超过体长，尾背面为棕褐色，腹面为白色。中型鼠，体背铁锈色调较深，背毛中刺状针毛较多，越靠近背部中央针毛越多，所以背部中央棕褐色调较深，背腹交界处针毛较少，呈鲜艳的棕黄色。耳较社鼠小而圆，腹毛及前后足背面为白色。昼夜活动，以夜间活动为主。多栖居在山区田间的丘陵和谷溪旁。

小泡巨鼠（*Leopoldamys edwardsi*）：体长约 180 ~ 290 mm，尾较粗，超过体长，后足超过 45 mm。大型鼠，体重可达 500 g。耳大而薄，棕黑色，可前折遮住眼部。体背为棕黑色，背中央色较深，体侧较淡，腹面白色，背腹间无明显界限。四足前棕白色。栖息于低山、丘陵林区。

（五）食肉目（Carnivora）

1. 犬科（Canidae）

豺（*Cuon alpinus*）：全身赤棕色，亦称红狼。体型比狼小而大于赤狐，下颌每侧具 2 个臼齿，体长 95 ~ 105 cm，尾长 45 ~ 50 cm；尾毛长而密，呈棕黑色，类似狐尾。喜栖居于从针叶林到热带雨林的丘陵山地的广泛生境。

2. 熊科（Ursidae）

黑熊（*Ursus thibetanus*）：俗称月熊、狗熊或熊瞎子。体型中等，头至躯干约 120 ~ 180 cm，母熊的体型比较小。黑熊的体毛粗密，一般为黑色（也有棕色），头部又宽又圆，耳朵圆，眼睛比较小，颈下胸前有一条明显的白色月牙状斑纹，是其体表的一个重要标志。

3. 浣熊科（Procyonidae）

小熊猫（*Ailurus fulgens*）：又名红熊猫、红猫熊、小猫熊、九节狼，体形肥胖，体长 40 ~ 60 cm，比猫大些，但比狗稍小。体重约 6 kg。全身呈红褐色，四肢呈棕黑色，体毛长而蓬松，脸圆，具白色斑纹，唇、耳缘和颊白色，脸上有白斑，眼鲜艳；尾粗，长超过体长之半，具9个棕黑与棕黄色相间的环纹，颇显著，因此，中国四川省称为九节狼。

4. 大熊猫科（Ailuropodidae）

大熊猫（*Ailuropoda melanoleuca*）：体型肥硕似熊，憨态可掬，但头圆尾短，头部和身体毛色绝大多数为黑白相间，鼻吻端、眼圈（呈“八”字排列）、两耳、四肢及肩胛部（横过肩部相连成环带）为黑色，其余即头颈部、躯干和尾为白色。背部毛粗而致密，腹部毛细而长。腹部淡棕色或灰黑色。其体长120～180 cm；尾长10～20 cm，白色；肩高一般为65～70 cm；体重60～125 kg。前掌除了5个带爪的趾外，还有一个第6趾。世界上最珍贵的动物之一，是中国特有种，数量十分稀少，属于国家Ⅰ级保护动物。适应以竹子为食的生活。

5. 鼬科（Mustelidae）

黄喉貂（*Martes flavigula*）：体长45～65 cm，尾长37～65 cm，体重约2～3 kg。皮毛呈褐色，向尾部逐渐变黑，喉部和下颚呈橘黄色，因前胸部具有明显的黄橙色喉斑而得名。栖息在各种类型的林区，巢穴多建筑于树洞或石洞中。

黄鼬（*Mustela sibirica*）：俗名黄鼠狼 。是小型的食肉动物。鼬体长250～390 mm，雌性小于雄性的1/2～1/3。体形细长，四肢短。颈长、头小，可以钻很狭窄的缝隙。尾长约为体长之半，尾毛蓬松。背部毛棕褐色或棕黄色，吻端和颜面部深褐色，鼻端周围、口角和额部对白色，杂有棕黄色，身体腹面颜色略淡。夏毛颜色较深，冬毛颜色浅淡且带光泽。尾部、四肢与背部同色。肛门腺发达。

猪獾（*Arctonyx collaris*）：体长可达70 cm，毛褐色，身体粗壮，吻鼻部狭长而圆，酷似猪鼻。喉部白色，鼻尖至颈背有一白色纵纹，从嘴角到头后各有一道短白纹。面部有两条黑色的条纹。杂食，居住于岩洞或地穴，亦侵占其他兽穴。夜行性，有冬眠习性。见于海拔3000 m以下的平原、丘陵和山区。

6. 灵猫科（Viverridae）

大灵猫（*Viverra zibetha*）：体形较大，身体细长，额部相对较宽，吻部略尖。体长65～85 cm，最长可达100 cm，尾长30～48 cm，体重6～11 kg。体毛主要为灰黄褐色，头、额、唇呈灰白色，体侧分布着黑色斑点，背部的中央有一条竖立起来的黑色鬣毛，呈纵纹形直达尾巴的基部，两侧自背的中部起各有1条白色细纹。颈侧至前肩各有3条黑色横纹，其间夹有2条白色横纹，均呈波浪状。胸部和腹部为浅灰色。四肢较短，呈黑褐色。尾巴的长度超过体长的一半，基部有1个黄白色的环，其后为4条黑色的宽环和4条黄白色的狭环相间排列，末端为黑色，所以俗名“九节狸”。在我国广布于热带与亚热带地区的热带季雨林，亚热带常绿阔叶林的林缘灌丛和草丛。

花面狸（*Paguma larvata*）：又名果子狸、白鼻狗等。肢体长 48 ~ 50 cm，尾长 37 ~ 41 cm，体重 3.6 ~ 5 kg。体色为黄灰褐色，头部色较黑，由额头至鼻梁有一条明显的四带，眼下及耳下具白斑，背部体毛灰棕色。后头、肩、四肢末端及尾巴后半部为黑色，四肢短壮，各具五趾。趾端有爪，爪稍有伸缩性。尾长，约为体长的 2/3。生活在山林中，吃果实、谷物、小鸟等，属杂食性动物。

7. 猫科（Felidae）

豹猫（*Prionailurus bengalensis*）：又名山狸、野猫、麻狸、铜钱猫等。体型比家猫稍大，体长为 36 ~ 90 cm，尾长 15 ~ 37 cm，体重 3 ~ 8 kg，尾巴大约是身长的一半左右。随着分布区域的不同，它们毛发的底色也分很多种，包括淡褐色、黄色、灰棕色或红棕色。通常以啮齿类、鸟类、鱼类、爬行类及小型哺乳动物为食。除了交配季节外，它们一般为独处。豹猫的妊娠期为 65 ~ 70 天，每胎 2 ~ 4 个幼仔。豹猫是亚洲地区分布最广泛的小型猫科动物。

金钱豹（*Panthera pardus*）：又称豹、文豹等。体态似虎，身长 1m 以上，体重 50 kg 左右。头圆、耳小。全身棕黄而遍布黑褐色金钱花斑，故名。还有一种黑化型个体，通体暗黑褐，细观仍见圆形斑，常被称为墨豹。是一种大型食肉兽。善于跳跃和攀爬，一般单独居住，夜间或凌晨，傍晚出没。从低山、丘陵至高山森林、灌丛均有分布，具有隐蔽性强的固定巢穴。

（六）偶蹄目（Artiodactyla）

1. 鹿科（Cervidae）

毛冠鹿（*Elaphodus cephalophus*）：〔青麂〕体重 18.1 kg，体长 100.6 cm，尾长 11.8 cm，后足长 29.3 cm，耳长 12.8 cm。体型似麂，体毛青灰，尾背黑又似黑麂，雄兽具不分叉小角隐于毛冠，上犬齿露出唇外；眼下腺显著，不具额腺。唇缘灰白，鼻部和两眼间棕褐色，眶下腺和眼上缘各具 1 条灰棕色狭纹，围绕毛冠缘直至耳基前面。颊部毛尖下有灰白色环，呈现灰白小斑点。耳内侧有纵行白毛。额具一马蹄形黑毛冠。颏、喉色较淡，具灰白色小斑。整个体色暗褐，颈背、体背毛色较深，体侧较淡，肩部颈侧和前胸有许多细小的灰色小斑点。尾背部黑色，腹部灰白色。四肢近端内侧灰白色，外侧与体背的毛同色。足部毛色较深，呈黑褐色。冬季毛较厚，色较深，夏季较薄，色较淡。栖息于海拔 1000 m 以上的中高山灌丛、竹丛和草丛较多的河谷林灌及森林中。普于隐蔽，较难发现，常成对活动，黄昏最为频繁。为我省重点保护动物。

小麂（*Muntiacus reevesi*）：〔黄麂〕体重 12.1 kg，体长 79.2 cm，尾长 13.1 cm，

后足长 22. 4 cm，耳长 8. 4 cm。麂类中体型最小。雄麂角柄长约 40 mm，角冠长约 70 mm。颈背与体背具 1 条棕褐色纹。前颌骨与鼻骨分离。鼻部毛细短，呈暗棕色。额部两侧各具 1 条较宽的黑纹，雄麂从额腺中部开始，向后延伸直达角基末端，雌麂黑纹在头顶中央汇合成黑斑，并向后与颈背的黑纹相连，老年麂黑纹中断，不与颈背黑纹相连。两颊、头顶及耳基毛色淡黄，耳背暗棕色，耳缘黄白。颏、喉白色。全身毛为棕褐色，近毛尖有一深黄色环，呈暗棕黄而显现出褐黄相间的许多细小斑点。体背毛色较深，体侧稍淡，呈浅黄褐色。尾背和臀缘与白色区交界处为鲜艳的橙黄色，尾下部为白色。颈腹侧毛黄白，胸土黄，腋窝白色。腹及鼠蹊并至臀缘均为白色。四肢外侧与体侧同色，足部棕黑。前肢内侧有一白纹至肘部，后肢内侧白纹由鼠蹊部延至跟部。蹄部附近具黄白色短毛。栖息于次生林、灌丛草莽。营独居，很少远离栖居地。

2. 牛科（Bovidae）

苏门羚（*Capricornis sumatraensis*）：〔鬣羚，四不像〕体重 63. 3 kg，体长 105. 6 cm，尾长 8. 6 cm，后足长 35. 2 cm，耳长 19. 9 cm。体型较大。两性均有一对短而尖的角，除角尖外，有狭窄的横棱。耳长似驴，颈背有鬣毛。尾短小。上下唇白色，吻端裸露呈黑色，鼻周浅棕褐色，鼻后额部和头顶由深棕色逐渐转为黑褐色。颊部棕褐色。眶下腺处淡褐色，耳背外侧较暗至内转深棕褐色。耳内白色。口角两侧各有一条白色纵纹沿颏、喉外侧延伸。颏、喉深棕褐色。颈背毛棕色、褐棕色或黑褐色。颈的其余部分黑褐色。背、腰、臀部体侧及尾的上部为黑色，尾基和腹面为锈棕色，尖端色深。胸部黑褐色，腹部棕褐，腋部及鼠蹊部浅棕色。四肢肘、膝关节以上外侧黑色，内侧较浅淡；以下外侧赤褐色、内侧浅棕色。毛色随个体年龄不同变化很大。幼体暗棕色，成体黑色。老年个体的毛基部白色部分增多，毛特长，呈灰白色。栖息于裸岩、陡岩、跌岩和乱石河谷杂灌丛。善于在悬崖峭壁间灵活跳跃。本种为东南亚特产动物。CITES 已将其列入附录Ⅰ，为我国Ⅱ级重点保护动物。

扭角羚（*Budorcas taxicolor*）：〔羚牛〕体重 250 kg，体长 202. 5 cm，肩高 140 cm，臀高 130 cm，尾长 11. 5 cm，后足长 38 cm，耳长 11 cm。体型短而粗壮。吻鼻部裸露，鼻腔隆突，脸形宽，前额隆起显著。颈、四肢显粗壮。肩高大于臀高，尾短而不显。角长出后，先扭转向外，然后转向后，角尖再向内。被毛短而松，体侧下方及腹毛特长。唇为浅棕白色沾灰，口角、吻部、鼻、额为黑色，眼周及颊为浅棕白色。耳背及耳缘为浅棕白色，掺有黑毛，耳内为浅黄色稍带灰。头其余部分为浅赤黄色。颏黑色，颏、喉毛长。颈、肩部为黄棕色。肩部隆起以后，从背至臀为黄棕色，掺有灰沙褐色，尤以背脊、肋部和臀部灰棕色更显，往体后稍带暗色。尾基以暗灰色为主，杂有暗棕色，尾端具暗棕色簇毛。喉、胸为深棕黄色，腹为黄棕色杂有灰沙褐毛。腋和鼠蹊灰棕色更显。四肢的肘和膝以下为暗棕色，至蹄为灰黑色。内侧灰棕。栖息于海拔 1500 ~ 4000 m 的森林，灌丛。夏季向高山移动，冬季向下迁移。性情粗暴。群居，夜间活动。为喜马拉雅与横断山脉特产的高山动物。IUCN 列为稀有种，CITES 已将其列入附录Ⅱ，为我国Ⅰ级重点保护动物。

水鹿（*Cervus unicolor*）：〔黑鹿〕体重 152.8 kg，体长 191.6 cm，尾长 23.8 cm，后足长 47.9 cm，耳长 19 cm。体型粗壮。无浅色臀斑。泪窝长径大于眼窝长径；雄鹿有角，眉叉与主干成锐角，主干远端分出第二枝，共三叉。头部深棕色。雄鹿角周围密生有带棕黄色毛尖的毛，包括耳根、眼周及部分面颊。耳背为栗棕色，耳缘及内侧为淡黄色或白色。颈具长而蓬松的鬃毛，毛色深褐。体毛较粗，背及体侧为栗棕色，背中央有一条黑棕色脊纹。臀周围呈锈棕色。尾毛蓬松为黑棕色，尾下呈浅棕黄或白色。腹部毛较柔软，腋下、鼠蹊部外侧为白色。四肢上部为栗棕色，前肢肘关节和后肢膝关节以下，其内侧的毛色不如外侧色深，近乎淡棕或棕白色。栖息于海拔 1400 ~ 3500 m 的阔叶林或针叶林，以针阔混交林为主。为我国Ⅱ级重点保护动物。

（七）灵长目（Primates）

1. 猴科 Cercopithecidae

金丝猴（*Rhinopithecus roxellanae*）：〔仰鼻猴、川金丝猴、蓝面猴、金线猴、洛克安娜猴〕体重 13.5 kg，体长 68 cm，尾长 68.5 cm，后足长 21.5 cm，耳长 3.4 cm。体型较猕猴大，唇肥厚而突出，成兽嘴角上方有很大的瘤状突起。鼻孔上仰，无颊囊，面部天蓝色。头圆耳短。颊及颈侧棕红，背有长毛，色泽金黄。尾约与体等长或更长。四肢粗壮，后肢较前肢长。雄猴两颊、额部及顶侧为棕红色。眉脊处有黑色稀疏的眉毛。两耳丛毛为乳黄色。头顶有黑褐色的冠状毛直立向上。颏、喉为红黄色。枕部及颈背为黑色，颈侧棕红色。背部的绒毛为黑褐色，另披有细密的金色长毛，长毛最长可达 30 cm，一直到尾部均有，但愈往下愈短。尾毛黑褐色，尾尖黄白色。胸腹部为黄白色。四肢外侧为灰褐色，肩部有稀疏长毛；臀部和大腿上部为黄白色。前肢内侧为乳黄色；后胶内侧及脚背为黄红色。手掌和脚掌深褐色，指（趾）甲为黑褐色。雌兽毛色较雄兽色淡，头冠状毛较短。两颊、颏、喉的毛色较雄兽浅。背部绒毛及尾毛为灰褐色，栖于海拔 1500 ~ 3500 m 一带针阔混交林和针叶林。树栖，兼地栖。为我国特产种，CITES 已将其列入附录Ⅰ，IUCN 列为渐危种，为我国Ⅰ级重点保护动物。

藏酋猴（*Macaca thibetana*）：〔青猴、红面猴、四川短尾猴、断尾猴、毛面猴〕体重 13 kg，体长 58.4 cm，尾长 8.5 cm，后足长 17.1 cm，耳长 3.5 cm。体较大，较猕猴粗壮。吻长较猕猴突出，面部皮肤肉色，也有红色者，具有颊囊。尾特别短呈圆锥状，被有疏毛，其长明显较后足短。全身背侧毛色黑褐，腹侧浅灰，背腹毛色界限明显。上下唇毛色黑褐，面部及两颊浅灰或灰褐色，雄猴两颊、下颏有灰褐或黑褐色胡须，喉为灰褐色。额部暗褐，头顶到颈背逐渐加深为黑褐，背、腰到尾的背面均为黑褐色。四肢外侧与背部同色，内侧较浅，为浅灰褐色，指（趾）甲黑褐色。栖于亚热带常绿阔叶林或落叶混交林，以及河谷两岸残存的森林灌木林中。昼行性。为我国特产种，CITES 已将其列入附录Ⅱ，为我国Ⅱ级重点保护动物。

猕猴（*M. mulatta*）：〔恒河猴、广西猴〕体重 4.1 kg，体长 47.7 cm，尾长 16.9 cm，后足长 15 cm，耳长 3.8 cm。体中等大，较瘦弱。头顶无“漩”毛，具颊囊。体毛上背灰色，而腰和臀部橙黄色或棕色，尾呈刷状，其长超过后足之长，约等于体长之半，面部有稀疏的黑色短毛，四周亦生有黑毛，而以眉和两颊最多。额及头顶棕黄色。颏及喉为浅灰黄色。颈、背至腰灰色部分增多而呈灰棕或棕黄色。由腰到臀部棕黄色部分增多，而呈现棕黄色或橙黄色。颈和腹部淡灰，腹两侧棕色，鼠蹊部浅棕色，尾背面正中线黑色显著，余为棕黄色；尾腹面棕色，近尾尖为灰黄色。前肢外侧与背同色，内侧灰色带黄；前臂外侧浅黄，内侧深灰色；手背黑灰色。后肢大腿外侧与臀部同色，内侧浅棕色；下腿外侧黑灰色带有棕色，内侧灰黄带有黑色；足背灰棕色。指（趾）端具扁平的指甲，呈黑褐色。栖于阔叶林、针阔混交林、竹林及稀树裸岩等地，多在悬崖洞穴或悬崖栖息，有时也在树上过夜。CITES 已将其列入附录Ⅱ，为我国Ⅱ级重点保护动物。

第六章　实习总结

动物学野外实习，是大学动物学基础课程学习中一次综合性教学活动，是学生从课堂理论学习到自然实践的重要实践环节。野外实习的时间虽然较短，但对学生来说，不管从思想认识还是知识运用方面，都会有较大收获，实习过程的体验将会使学生终身受益。而野外实习结束后，进行实习总结，撰写野外实习报告或者实习论文，是动物学野外实习的重要环节之一。不同学校不同专业对学生提出的总结要求不同。一般实习总结有以下几种类型：个人总结报告、集体总结报告及实习论文。应该要求每位同学撰写野外实习总结报告；而是否撰写实习论文，各实习单位可以根据学生的专业定位方向确定，也可采用学生选作的形式，培养部分热衷于科学研究的学生撰写实习论文。

第一节　实习总结报告

野外实习结束后，每位同学都应该总结自己在实习中的收获，找出实习中存在的问题。每个实习小组要一起讨论和总结，并撰写野外实习总结报告。总结报告一般包含以下几方面。

一、实习目的意义

简单介绍动物学野外实习的目的及意义。

二、实习地点概况

写出具体的实习地点，实习地点的海拔，气候特点，环境特点等。

三、实习日程安排

写出野外实习的具体日程安排。

四、实习方法

1. 实习器材
2. 调查及标本采集方法

不同类群的动物调查和采集标本的方法不同，可以分不同动物类群写出具体的野外调查和采集标本的方法（参见第三章）。

3. 标本制作方法

动物学野外实习可能会采集到不同类群的动物标本，不同类群动物标本制作方法也有差异（见第三章），实习报告中应写明标本的制作方法。

五、实习结果

（1）总结野外实习过程中观察和采集到的动物种类，例如各纲分别有多少目、多少种，并列出动物名录。名录格式可参考下表。

序号	中文名	拉丁名	生境描述	是否采集及采集数量

（2）常见动物介绍：对实习期间观察和采集到的常见的一些动物进行介绍，例如可选择个人或实习小组观察和采集到的动物 20 种左右，对其特点和生态习性等进行较详细的介绍，注意列出的动物一定是实习期间亲自采集到的，或者仔细观察到的。通过对这些动物的介绍，可加深对动物的认识和了解，增强学生对野生动物的识别能力。常见动物介绍可参照如下格式：

物种中文名（拉丁学名，注意拉丁学名要斜体）。

物种介绍：鉴别性特点，习性，分布，保护级别等。

物种照片。

六、实习心得体会

实习体会既是学生对自己实习过程的梳理，也可以为动物学教师今后制定野外实习指导计划提供参考。

每个同学都应认真总结在实习过程中的收获和遇到的问题。并对存在的问题及时提出改进意见，包括对日程安排、生活、实习效果等各种问题的回顾和总结。可为今后野外实习工作计划的制定提供参考。

七、附录

可附上野外实习的原始记录和一些代表性实习工作照片。

第二节　实习论文

实习论文是野外实习总结中较正式的一种文体，野外实习论文的撰写，不仅可以培训学生独立思考的能力，更能训练其归纳总结能力及科学表达能力。

一、题目的选择

选题是野外实习报告的写作的第一环节，是决定学生实习报告质量的重要基础之一，由于实习地的选择是学院教师们预查后最终确定的，所以在野外实习开始前可由教师提出一系列的实习论文题目，并介绍各选题的内涵，然后让学生结合自己的兴趣进行选择；当然也鼓励学生自己提出具有创新性的题目。我们根据川西北地区动物野外实习的特点，设计了部分野外实习报告的题目以供参考：

1. 小寨子沟自然保护区蝶类区系调查
2. 峨眉山鳞翅目昆虫多样性研究
3. 王朗自然保护区不同生境中鞘翅目昆虫种群数量调查
4. 小寨子沟自然保护区鱼类资源调查
5. 峨眉山鱼类种类和种群数量调查
6. 王朗自然保护区两栖动物区系调查
7. 小寨子沟自然保护区蛙类的多样性调查
8. 峨眉山蛇类的种类和数量调查
9. 小寨子沟自然保护区鸟类的种类构成与植被类型的关系调查
10. 王朗自然保护区珍稀鸟类的分布状态及之危险因素
11. 峨眉山小型兽类的种群结构与植被类型的关系调查
12. 王朗自然保护区大熊猫分布区域大小调查
13. 峨眉山峨眉树蛙繁殖观察

二、调查方案的制订

学生选定题目后，教师必须督促学生收集、查询相关的文献资料，熟悉所选题目的内容，并制订出自己的调查和实施方案。

三、调查方案的实施

野外实习论文的实施以小组的方式进行较为适宜，每个小组 5 ~ 7 人，在一名动物学教师的指导下，大家分工合作进行相关的调查和实验。

四、实习论文的撰写

野外实习结束后，学生应在教师的指导下及时对收集的数据进行整理、分析，然后按照科技论文格式进行相应的论文写作。基本格式如下：

1. 题目

论文题目必须充分概括论文的主题和内容，必须做到醒目、准确得体、简短精练、具有概括性，一般论文题目不超出 20 字。

2. 署名

根据参与该论文的所有小组成员所做贡献的大小按先后顺序列出其姓名，同时也可署上指导老师的名字。

3. 摘要

它是论文内容的简短陈述。摘要应包含以下内容：研究目的、研究对象和内容、研究方法、研究结论。论文摘要文字必须十分简练，内容也需充分概括，篇幅大小一般限制其字数不超过论文字数的5%。

4. 关键词

关键词利于文献检索。一篇论文可选取3～5个关键词。关键词可以从论文标题中去找，也可以从论文内容中去选反映文章主要内容的词语。

5. 引言

介绍前人的相关工作，在承认前人工作成果的同时，指出该领域仍需进一步研究的方向或问题，进而提出自己研究的内容或拟验证的假说。

6. 实习地的自然概况

描述实习地的地理位置、地质、地貌、气候、植被和动物类群等，甚至对动物有影响的社会、经济、历史和风俗习惯。让读者了解该动物栖息地的环境和人文情况，从而理解动物与实习地的环境状况的适应性基础。

7. 调查和实习方法

简要叙述调查方法和统计分析方法。叙述要清楚和准确，具有可重复性。

8. 结果

结果是实习论文的核心，是对野外实习调查结果的总结和归纳。结果应尽可能采用表格和图表来展示，最好通过统计分析得出数据和现象背后的规律。

9. 讨论

讨论是对结果的解释和展开，可以通过与其他研究结果进行比较，找出其异同点，阐清其原因；也可以通过对结果所反映的规律，使用相关的理论进行分析，指出其形成原因；最后小结研究结果，进而指出以后需进一步解决的问题。

10. 致谢

对于在实习过程中为实习者提供了帮助，而未在作者署名中列出的人员进行致谢。或对在实习过程中提供过支持和帮助的单位进行致谢。

11. 参考文献

不同的科技期刊，其要求参考文献的格式可能有所差异，但大同小异，对于野外实习报告参考文献的撰写，我们使用如下的统一格式：

在正文中采用“作者+空格+出版年”格式来标志所引文献的出处。若所引文献有三名以上作者时，正文引用处仅在第一作者后加“等”字后，再加出版年。如果引用多篇文献，按照文献发表的年份先后排列，如果同年的按照姓名字母先后顺序排列，文献间用“;”隔开。

文后参考文献应列出全部作者姓名，国外作者的书写是先姓后名，名后不加缩写点，作者之间用“,”分开。文后参考文献书写排列顺序统一为：作者、日期、论文题目、发表期刊（或出版社）、刊号、页数等。具体格式如下：

（1）文中参考文献。

一个作者（夏武平，1996 或者 Abbot，2001）；两个作者（冯祚建和郑昌琳，1985 或者 Laycock and Richardson，1975）；三个作者以上（张知彬等，1993 或者 Williams et al.，1986）。

引用多篇文献（胡锦矗等 1985；魏辅文等 1996；Zhou et al.，1997；Williams et al. 1997）

（2）文后参考文献。

期刊：作者姓名. 出版年份. 论文题目. 刊名，卷（期）：起止页码。如：

魏辅文，周昂，胡锦矗，王维，杨光. 1996. 马边大风顶自然保护区大熊猫对生境的选择. 兽类学报，16（4）：241-245.

Williams LR，Cameron GN，Spencer SR，Eshelman BD，Gregory MJ. 1986. Experimental analysis of the effects of poctet gopher mounds on Texas costal praire. J Mammal，67（4）：672-679.

专著：作者姓名. 出版年. 书名. 出版地：出版社. 起止页码. 如：

胡锦矗，夏勒，潘文石，朱靖. 1985. 卧龙的大熊猫. 成都：四川科技出版社. 21-28.

Tungers WL. 1985. Size and Scaling in Primate Biology. New York：Plenum Press. 15-36.

论文集：作者姓名. 出版年. 论文题目. 见（英文用 In）：编者. 论文集名. 出版地：出版社. 起止页码.

张知彬. 1996. 鼠类种群数量的波动及调节. 见：王祖望，张知彬主编. 鼠害治理的理论与实践. 北京：科学出版社. 145-165.

Church FS. 1991. The common shrew. In：Corbett GB，Harris S eds. Handbook of British Mammals. London：Blackwell Sciences Publication，Oxford. 51-581.

参考文献一般按照中文在前，英文在后的顺序排列；英文文献按第一作者姓氏首字母升序排列，中文参考文献按第一作者姓氏笔画顺序排列。引用的文献需是正式发表的学术论文或出版的专业书籍；尽可能引用最新的高水平文献；适当引用外文文献；同时，注意文献格式的统一等。

参考文献

安建梅,芦荣胜.2008. 动物学野外实习指导.北京:科学出版社.

Andrew T. Smith,解焱.2009.中国兽类野外手册.长沙:湖南教育出版社.

费梁,叶昌媛.2001. 四川两栖动物原色图鉴.北京:中国林业出版社.

费梁,叶昌昜,江建平.2010.中国两栖动物彩色图鉴.成都:四川科技出版社.

付长坤,宗浩,陈顺德,等.2014. 四川省鸟类物种增补与统计分析.四川林业科技,35(4):32-36.

高伟.1992. 鸟类分类学.北京:北京师范大学出版社.

胡杰.2012. 脊椎动物学野外实习指导.北京:科学出版社.

胡锦矗.2007. 哺乳动物学.北京:中国教育文化出版社.

胡锦矗,胡杰.2007. 四川兽类名录新订.西华师范大学学报(自然科学版),28(3):165-171.

胡锦矗,吴攀文.2006.大中型兽类踪迹在野外考察及研究中的应用.西华师范大学学报(自然科学版),27(1):14-19.

贾竞波.1991. 赤狐、狗獾、貉的野外活动痕迹及识别.野生动物,61(3):18-21,43.

蒋志刚.1996. 动物贮食行为及其生态意义.动物学杂志,31(3):47-49.

蒋志刚,马勇,吴毅,等.2015. 中国哺乳动物多样性.生物多样性,23(3):351-364.

李桂垣.1993. 四川鸟类原色图鉴.北京:中国林业出版社.

李晓琴,缪寅佳,高 鸿.2010. 龙门山地区山地旅游多样性评价与开发战略.资源与产业,12(1):33-38.

龙门山成都段旅游资源普查课题组.2007. 龙门山成都段旅游气候资源普查评估报告.成都:成都市气象局.

马世来,马晓峰,石文英.2009. 中国兽类踪迹指南.北京:中国林业出版社.

曲利明,刘阳,闻丞,等.2014. 中国鸟类图鉴(便携版).福州:海峡书局.

石红艳,刘昊,吴毅,等.2006.绵阳洞栖蝙蝠多样性及受胁现状.四川动物,25(1):128-131.

孙海义.1994. 松鼠的贮食物行为及食性.中国林副特产,31(4):2-5.

王加连,唐伯平,刘忠权.2009. 动物野外实习指导.南京:东南大学出版社.

王酉之,胡锦矗.1999. 四川兽类原色图鉴.北京:中国林业出版社.

熊洪林,付学梅,陈嶙,等.2013.福寿螺适应环境的繁殖生物学基础.四川动物,32(2):255-260.

约翰·马敬能,卡伦·菲利普斯,何芬奇.2000. 中国鸟类野外手册.长沙:湖南教育出版社.

张巍巍,李元胜.2011. 中国昆虫生态大图鉴.重庆:重庆大学出版社.

赵尔宓. 2003. 四川爬行类原色图鉴. 北京：中国林业出版社.

郑光美. 2005. 鸟类学. 北京:北京师范大学出版社.

郑光美. 2011. 中国鸟类分类名录. 北京:科学出版社.

郑远昌. 1985. 龙门山地区的动物资源. 大自然探索,4(2)：165-169.

Frost DR. 2011. *Amphibian Species of the world*：an Online Reference. Version 5. 5.

http://www. iucnredlist. org/. (Accessedon March 1,2014)

Uetz P,Hallermann J. 2012. http://www. reptile-database. org/db-info/SpeciesStat. html

http://www. forestry. gov. cn/portal/main/s/525/content-104789. html

IUCN(World Conservation Union)(2014)IUCN *Red List of Threatened Species.*

Robert D,Redgwell,Joseph M,*et al*. 2009. A Classification of Echolocation Calls from 14 Species of Bat by Support Vector Machines and Ensembles of Neural Networks. Algorithms,2:907-924.

Wilson D E,Reeder D M. 2005. *Mammal Species of the World. 3rd*. Washington:Smithsonian Institution Press.

Zhao E M,Kraig A. 1993. *Herpetology of China*. Oxford：SSAR & CSSAR.

附　录

附录 1　国家重点野生保护动物名录

一九八八年十二月十日由国务院批准，颁布《国家重点保护野生动物名录》，一九八九年一月十四日中华人民共和国林业部、农业部令第 1 号发布，自一九八九年一月十四日施行。这次颁布名录是为了进一步加强对国家重点保护野生动物的保护，如有人捕杀或倒卖名录内所列的野生动物，将受到法律的惩处。

附表 1　国家重点野生保护动物名录

中　名	学　名	保护级别	中　名	学　名	保护级别
兽纲	MAMMALIA		**鳞甲目**	PHOLIDOTA	
灵长目	PRIMATES		鲮鲤科	Manidae	
懒猴科	Lorisidae		穿山甲	*Manis pentadactyla*	Ⅱ
蜂猴(所有种)	*Nycticebus* spp.	Ⅰ	**食肉目**	CARNIVORA	
猴科	Cercopithecidae		犬科	Canidae	
短尾猴	*Macaca arctoides*	Ⅱ	豺	*Cuon alpinus*	Ⅱ
熊猴	*Macaca assamensis*	Ⅰ	熊科	Ursidae	
台湾猴	*Macaca cyclopis*	Ⅰ	黑熊	*Ursus thibetanus*	Ⅱ
猕猴	*Macaca mulatta*	Ⅱ	棕熊	*Ursus arctos*	Ⅱ
豚尾猴	*Macaca nemestrina*	Ⅰ	(包括马熊)	(*U. a. pruinosus*)	Ⅱ
藏酋猴	*Macaca thibetana*	Ⅱ	马来熊	*Helarctos malayanus*	Ⅰ
叶猴(所有种)	*Presbytis* spp.	Ⅰ	小熊猫科	Ailuridae	
金丝猴(所有种)	*Rhinopithecus* spp.	Ⅰ	小熊猫	*Ailurus fulgens*	Ⅱ
猩猩科	Pongidae		大熊猫科	Ailuropodidae	
长臂猿(所有种)	*Hylobates* spp.	Ⅰ	大熊猫	*Ailuropoda melanoleuca*	Ⅰ

续表

中 名	学 名	保护级别	中 名	学 名	保护级别
鼬科	Mustelidae		**鳍足目(所有种)**	PINNIPEDIA	Ⅱ
石貂	*Martes foina*	Ⅱ	**海牛目**	SIRENIA	
紫貂	*Martes zibellina*	Ⅰ	儒艮科	Dugongidae	
黄喉貂	*Martes flavigula*	Ⅱ	儒艮	*Dugong dugon*	Ⅰ
貂熊	*Gulo gulo*	Ⅰ	**鲸目**	CETACEA	
水獭(所有种)	*Lutra* spp.	Ⅱ	喙豚科	Platanistidae	
小爪水獭	*Aonyx cinerea*	Ⅱ	白鱀豚	*Lipotes vexillifer*	Ⅰ
灵猫科	Viverridae		海豚科	Delphinidae	
斑林狸	*Prionodon pardicolor*	Ⅱ	中华白海豚	*Sousa chinensis*	Ⅰ
大灵猫	*Viverra zibetha*	Ⅱ	其他鲸类	(Cetacea)	Ⅱ
小灵猫	*Viverricula indica*	Ⅱ	**长鼻目**	PROBOSCIDEA	
熊狸	*Arctictis binturong*	Ⅰ	象科	Elephantidae	
猫科	Felidae		亚洲象	*Elephas maximus*	Ⅰ
草原斑猫	*Felis lybica* (= *silvestris*)	Ⅱ	**奇蹄目**	PERISSODACTYLA	
荒漠猫	*Felis bieti*	Ⅱ	马科	Equidae	
丛林猫	*Felis chaus*	Ⅱ	蒙古野驴	*Equus hemionus*	Ⅰ
猞猁	*Felis lynx*	Ⅱ	西藏野驴	*Equus kiang*	Ⅰ
兔狲	*Felis manul*	Ⅱ	野马	*Equus przewalskii*	Ⅰ
金猫	*Felis temminckii*	Ⅱ	**偶蹄目**	ARTIODACTYLA	
渔猫	*Felis viverrinus*	Ⅱ	驼科	Camelidae	
云豹	*Neofelis nebulosa*	Ⅰ	野骆驼	*Camelus ferus* (= *bactrianus*)	Ⅰ
豹	*Panthera pardus*	Ⅰ	鼷鹿科	Tragulidae	
虎	*Panthera tigris*	Ⅰ	鼷鹿	*Tragulus javanicus*	Ⅰ
雪豹	*Uncia uncia*	Ⅰ	麝科	Moschidae	

续表

中　名	学　名	保护级别	中　名	学　名	保护级别
麝(所有种)	*Moschus* spp.	Ⅰ	台湾鬣羚	*Capricornis swinhoei*	Ⅰ
鹿科	Cervidae		赤斑羚	*Naemorhedus cranbrooki*	Ⅰ
河麂(獐)	*Hydropotes inermis*	Ⅱ	斑羚	*Naemorhedus goral*	Ⅱ
黑麂	*Muntiacus crinifrons*	Ⅰ	塔尔羊	*Hemitragus jemlahicus*	Ⅰ
白唇鹿	*Przewalskium albirostris*	Ⅰ	北山羊	*Capra ibex*	Ⅰ
马鹿	*Cervus elaphus*	Ⅱ	岩羊	*Pseudois nayaur*	Ⅱ
(包括白臀鹿)	(*C. e. macneilli*)	Ⅱ	盘羊	*Ovis ammon*	Ⅱ
坡鹿	*Cervus eldii*	Ⅰ	**兔形目**	LAGOMORPHA	
梅花鹿	*Cervus nippon*	Ⅰ	兔科	Leporidae	
豚鹿	*Axis porcinus*	Ⅰ	海南兔	*Lepus hainanus*	Ⅱ
水鹿	*Cervus unicolor*	Ⅱ	雪兔	*Lepus timidus*	Ⅱ
麋鹿	*Elaphurus davidianus*	Ⅰ	塔里木兔	*Lepus yarkandensis*	Ⅱ
驼鹿	*Alces alces*	Ⅱ	**啮齿目**	RODENTIA	
牛科	Bovidae		松鼠科	Sciuridae	
野牛	*Bos gaurus*	Ⅰ	巨松鼠	*Ratufa bicolor*	Ⅱ
野牦牛	*Bos mutus* (= *grunniens*)	Ⅰ	河狸科	*Castoridae*	
黄羊	*Procapra gutturosa*	Ⅱ	河狸	*Castor fiber*	Ⅰ
普氏原羚	*Procapra przewalskii*	Ⅰ	**鸟纲**	AVES	
藏原羚	*Procapra picticaudata*	Ⅱ	**䴙䴘目**	PODICIPEDIFORMES	
鹅喉羚	*Gazella subgutturosa*	Ⅱ	䴙䴘科	Podicipedidae	
藏羚	*Pantholops hodgsonii*	Ⅰ	角䴙䴘	*Podiceps auritus*	Ⅱ
高鼻羚羊	*Saiga tatarica*	Ⅰ	赤颈䴙䴘	*Podiceps grisegena*	Ⅱ
扭角羚	*Budorcas taxicolor*	Ⅰ	**鹱形目**	PROCELLARIIFORMES	
鬣羚	*Capricornis sumatraensis*	Ⅱ	信天翁科	Diomedeidae	

续表

中　名	学　名	保护级别	中　名	学　名	保护级别
短尾信天翁	*Diomedea albatrus*	Ⅰ	朱鹮	*Nipponia nippon*	Ⅰ
鹈形目	PELECANIFORMES		彩鹮	*Plegadis falcinellus*	Ⅱ
鹈鹕科	Pelecanidae		白琵鹭	*Platalea leucorodia*	Ⅱ
鹈鹕(所有种)	*Pelecanus* spp.	Ⅱ	黑脸琵鹭	*Platalea minor*	Ⅱ
鲣鸟科	Sulidae		**雁形目**	ANSERIFORMES	
鲣鸟(所有种)	*Sula* spp.	Ⅱ	鸭科	Anatidae	
鸬鹚科	Phalacrocoracidae		红胸黑雁	*Branta ruficollis*	Ⅱ
海鸬鹚	*Phalacrocorax pelagicus*	Ⅱ	白额雁	*Anser albifrons*	Ⅱ
黑颈鸬鹚	*Phalacrocorax niger*	Ⅱ	天鹅(所有种)	*Cygnus* spp.	Ⅱ
军舰鸟科	Fregatidae		鸳鸯	*Aix galericulata*	Ⅱ
白腹军舰鸟	*Fregata andrewsi*	Ⅰ	中华秋沙鸭	*Mergus squamatus*	Ⅰ
鹳形目	CICONIIFORMES		**隼形目**	FALCONIFORMES	
鹭科	Ardeidae		鹰科	Accipitridae	
黄嘴白鹭	*Egretta eulophotes*	Ⅱ	金雕	*Aquila chrysaetos*	Ⅰ
岩鹭	*Egretta sacra*	Ⅱ	白肩雕	*Aquila heliaca*	Ⅰ
海南虎斑鳽	*Gorsachius magnificus*	Ⅱ	玉带海雕	*Haliaeetus leucoryphus*	Ⅰ
小苇鳽	*Ixbrychus minutus*	Ⅱ	白尾海雕	*Haliaeetus albcilla*	Ⅰ
鹳科	Ciconiidae		虎头海雕	*Haliaeetus pelagicus*	Ⅰ
彩鹳	*Mycteria leucocephalus*	Ⅱ	拟兀鹫	*Pseudogyps bengalensis*	Ⅰ
白鹳	*Ciconia ciconia*	Ⅰ	胡兀鹫	*Gypaetus barbatus*	Ⅰ
黑鹳	*Ciconia nigra*	Ⅰ	其他隼形目种类		Ⅱ
鹮科	Threskiornithidae		**鸡形目**	GALLIFORMES	
白鹮	*Threskiornis aethiopicus*	Ⅱ	松鸡科	Tetraonidae	
黑鹮	*Pseudibis papillosa*	Ⅱ	细嘴松鸡	*Tetrao parvirostris*	Ⅰ

续表

中 名	学 名	保护级别	中 名	学 名	保护级别
黑琴鸡	*Lyrurus tetrix*	Ⅱ	原鸡	*Gallus gallus*	Ⅱ
柳雷鸟	*Lagopus lagopus*	Ⅱ	勺鸡	*Pucrasia macrolopha*	Ⅱ
岩雷鸟	*Lagopus muta*	Ⅱ	黑颈长尾雉	*Syrmaticus humiae*	Ⅰ
镰翅鸟	*Falcipennis falcipennis*	Ⅱ	白冠长尾雉	*Syrmaticus reevesii*	Ⅱ
花尾榛鸡	*Bonasa bonasia*	Ⅱ	白颈长尾雉	*Syrmaticus ellioti*	Ⅰ
斑尾榛鸡	*Bonasa sewerzowi*	Ⅰ	黑长尾雉	*Syrmaticus mikado*	Ⅰ
雉科	Phasianidae		锦鸡(所有种)	*Chrysolophus* spp.	Ⅱ
雪鸡(所有种)	*Tetraogallus* spp.	Ⅱ	孔雀雉	*Polyplectron bicalcaratum*	Ⅰ
雉鹑	*Tetraophasis obscurus*	Ⅰ	绿孔雀	*Pavo muticus*	Ⅰ
四川山鹧鸪	*Arborophila rufipectus*	Ⅰ	**鹤形目**	GRUIFORMES	
海南山鹧鸪	*Arborophila ardens*	Ⅰ	鹤科	Gruidae	
血雉	*Ithaginis cruentus*	Ⅱ	灰鹤	*Grus grus*	Ⅱ
黑头角雉	*Tragopan melanocephalus*	Ⅰ	黑颈鹤	*Grus nigricollis*	Ⅰ
红胸角雉	*Tragopan satyra*	Ⅰ	白头鹤	*Grus monacha*	Ⅰ
灰腹角雉	*Tragopan blythii*	Ⅰ	沙丘鹤	*Grus canadensis*	Ⅱ
红腹角雉	*Tragopan temminckii*	Ⅱ	丹顶鹤	*Grus japonensis*	Ⅰ
黄腹角雉	*Tragopan caboti*	Ⅰ	白枕鹤	*Grus vipio*	Ⅱ
虹雉(所有种)	*Lophophorus* spp.	Ⅰ	白鹤	*Grus leucogeranus*	Ⅰ
藏马鸡	*Crossoptilon harmani*	Ⅱ	赤颈鹤	*Grus antigone*	Ⅰ
蓝马鸡	*Crossoptilon auritun*	Ⅱ	蓑羽鹤	*Anthropoides virgo*	Ⅱ
褐马鸡	*Crossoptilon mantchuricum*	Ⅰ	秧鸡科	Rallidae	
黑鹇	*Lophura leucomelanos*	Ⅱ	长脚秧鸡	*Crex crex*	Ⅱ
白鹇	*Lophura nycthemera*	Ⅱ	姬田鸡	*Porzana parva*	Ⅱ
蓝鹇	*Lophura swinhoii*	Ⅰ	棕背田鸡	*Porzana bicolor*	Ⅱ

续表

中　名	学　名	保护级别	中　名	学　名	保护级别
花田鸡	*Coturnicops exquisitus*	Ⅱ	黑颏果鸠	*Ptilinopus leclancheri*	Ⅱ
鸨科	Otididae		皇鸠(所有种)	*Ducula* spp.	Ⅱ
鸨(所有种)	*Otis* spp.	Ⅰ	斑尾林鸽	*Columba palumbus*	Ⅱ
鸻形目	CHARADRI-IFORMES		鹃鸠(所有种)	*Macropygia* spp.	Ⅱ
雉鸻科	Jacanidae		**鹦形目**	PSITTACIFORMES	
铜翅水雉	*Metopidius indicus*	Ⅱ	鹦鹉科(所有种)	Psittacidae	Ⅱ
鹬科	Scolopacidae		**鹃形目**	CUCULIFORMES	
小勺鹬	*Numenius minutus*	Ⅱ	杜鹃科	Cuculidae	
小青脚鹬	*Tringa guttifer*	Ⅱ	鸦鹃(所有种)	*Centropus* spp.	Ⅱ
燕鸻科	Glareolidae		**鸮形目**(所有种)	STRIGIFORMES	Ⅱ
灰燕鸻	*Glareola lactea*	Ⅱ	**雨燕目**	APODIFORMES	
鸥科	Laridae		雨燕科	Apodidae	
遗鸥	*Larus relictus*	Ⅰ	灰喉针尾雨燕	*Hirundapus cochinchinensis*	Ⅱ
小鸥	*Larus minutus*	Ⅱ	凤头雨燕科	Hemiprocnidae	
燕鸥科	Sternidae		凤头雨燕	*Hemiprocne coronata*	Ⅱ
黑浮鸥	*Chlidonias niger*	Ⅱ	**咬鹃目**	TROGONIFORMES	
河燕鸥	*Sterna aurantia*	Ⅱ	咬鹃科	Trogonidae	
中华凤头燕鸥	*Thalasseus bernsteini*	Ⅱ	橙胸咬鹃	*Harpactes oreskios*	Ⅱ
沙鸡目	PTEROCLIFORMES		**佛法僧目**	CORACIIFORMES	
沙鸡科	Pteroclidae		翠鸟科	Alcedinidae	
黑腹沙鸡	*Pterocles orientalis*	Ⅱ	蓝耳翠鸟	*Alcedo meninting*	Ⅱ
鸽形目	COLUMBIFORMES		鹳嘴翠鸟	*Pelargopsis capensis*	Ⅱ
鸠鸽科	Columbidae		蜂虎科	Meropidae	
绿鸠(所有种)	*Treron* spp.	Ⅱ	栗头蜂虎	*Merops leschenaulti*	Ⅱ

续表

中　名	学　名	保护级别	中　名	学　名	保护级别
绿喉蜂虎	*Merops orientalis*	Ⅱ	棱皮龟	*Dermochelys coriacea*	Ⅱ
犀鸟目	BUCEROTIFORMES		鳖科	Trionychidae	
犀鸟科(所有种)	Bucerotidae	Ⅱ	鼋	*Pelochelys bibroni*	Ⅰ
䴕形目	PICIFORMES		山瑞鳖	*Palea steindachneri*	Ⅱ
啄木鸟科	Picidae		**蜥蜴目**	LACERTIFORMES	
白腹黑啄木鸟	*Dryocopus javensis*	Ⅱ	壁虎科	Gekkonidae	
雀形目	PASSERIFORMES		大壁虎	*Gekko gecko*	Ⅱ
阔嘴鸟科(所有种)	Eurylaimidae	Ⅱ	鳄蜥科	Shinisauridae	
八色鸫科(所有种)	Pittidae	Ⅱ	蜥鳄	*Shinisaurus crocodilurus*	Ⅰ
爬行纲	REPTILIA		巨蜥科	Varanidae	
龟鳖目	TESTUDOFORMES		巨蜥	*Varanus salvator*	Ⅰ
地龟科	Geoemydidae		**蛇目**	SERPENTIFORMES	
地龟	*Geoemyda spengleri*	Ⅱ	蟒科	Boidae	
三线闭壳龟	*Cuora trifasciata*	Ⅱ	蟒	*Python molurus*	Ⅰ
云南闭壳龟	*Cuora yunnanensis*	Ⅱ	鳄目	CROCODILIFORMES	
陆龟科	Testudinidae		鼍科	Alligatoridae	
四爪陆龟	*Testudo horsfieldii*	Ⅰ	扬子鳄	*Alligator sinensis*	Ⅰ
凹甲陆龟	*Manouria impressa*	Ⅱ	**两栖纲**	AMPHIBIA	
海龟科	Cheloniidae		**有尾目**	CAUDATA	
蠵龟	*Caretta caretta*	Ⅱ	隐鳃鲵科	Cryptobranchidae	
绿海龟	*Chelonia mydas*	Ⅱ	大鲵	*Andrias davidianus*	Ⅱ
玳瑁	*Eretmochelys imbricata*	Ⅱ	蝾螈科	*Salamandridae*	
太平洋丽龟	*Lepidochelys olivacea*	Ⅱ	细痣疣螈	*Tylototriton asperrimus*	Ⅱ
棱皮龟科	Dermochelyidae		镇海疣螈	*Tylototriton chinhaiensis*	Ⅱ

续表

中 名	学 名	保护级别	中 名	学 名	保护级别
贵州疣螈	*Tylototriton kweichowensis*	Ⅱ	鳗鲡科	Anguillidae	
大凉疣螈	*Tylototriton taliangensis*	Ⅱ	花鳗鲡	*Anguilla marmorata*	Ⅱ
细瘰疣螈	*Tylototriton verrucosus*	Ⅱ	**鲑形目**	SALMONIFORMES	
无尾目	ANURA		鲑科	Salmonidae	
蛙科	Ranidae		川陕哲罗鲑	*Hucho bleekeri*	Ⅱ
虎纹蛙	*Rana tigrina*	Ⅱ	秦岭细鳞鲑	*Brachymystax lenok tsinlingensis*	Ⅱ
鱼纲	PISCES		**鲟形目**	ACIPENSERIFORMES	
鲈形目	PERCIFORMES		鲟科	Acipenseridae	
石首鱼科	Sciaenidae		中华鲟	*Acipenser sinensis*	Ⅰ
黄唇鱼	*Bahaba flavolabiata*	Ⅱ	达氏鲟	*Acipenser dabryanus*	Ⅰ
杜父鱼科	Cottidae		匙吻鲟科	Polyodontidae	
松江鲈鱼	*Trachidermus fasciatus*	Ⅱ	白鲟	*Psephurus gladius*	Ⅰ
海龙鱼目	SYNGNATHIFORMES		文昌鱼纲	APPENDICULARIA	
海龙鱼科	Syngnathidae		**文昌鱼目**	AMPHIOXIFORMES	
克氏海马鱼	*Hippocampus kelloggi*	Ⅱ	文昌鱼科	Branchiostomatidae	
鲤形目	CYPRINIFORMES		文昌鱼	*Branchiostoma belcheri*	Ⅱ
胭脂鱼科	Catostomidae		珊瑚纲	ANTHOZOA	
胭脂鱼	*Myxocyprinus asiaticus*	Ⅱ	**柳珊瑚目**	GORGONACEA	
鲤科	Cyprinidae		红珊瑚科	Coralliidae	
唐鱼	*Tanichthys albonubes*	Ⅱ	红珊瑚	*Corallium* spp.	Ⅰ
大头鲤	*Cyprinus pellegrini*	Ⅱ	腹足纲	GASTROPODA	
金钱鲃	*Sinocyclocheilus grahami grahami*	Ⅱ	**中腹足目**	MESOGASTROPODA	
新疆大头鱼	*Aspiorhynchus laticeps*	Ⅰ	宝贝科	Cypraeidae	
大理裂腹鱼	*Schizothorax taliensis*	Ⅱ	虎斑宝贝	*Cypraea tigris*	Ⅱ
鳗鲡目	ANGUILLIFORMES		冠螺科	Cassididae	

续表

中　名	学　名	保护级别	中　名	学　名	保护级别
冠螺	*Cassis cornuta*	Ⅱ	墨脱缺翅虫	*Zorotypus medoensis*	Ⅱ
瓣鳃纲	LAMELLIBRANCHIA		**蛩蠊目**	GRYLLOBLATTODAE	
异柱目	ANISOMYARIA		蛩蠊科	Grylloblattidae	
珍珠贝科	Pteriidae		中华蛩蠊	*Galloisiana sinensis*	Ⅰ
大珠母贝	*Pinctada maxima*	Ⅱ	**鞘翅目**	COLEOPTERA	
真瓣鳃目	EULAMELLIBRANCHIA		步甲科	Carabidae	
砗磲科	Tridacnidae		拉步甲	*Carabus*(*Coptolabrus*) *lafossei*	Ⅱ
库氏砗磲	*Tridacna cookiana*	Ⅰ	硕步甲	*Carabus*(*Apotopterus*) *davidi*	Ⅱ
蚌科	Unionidae		臂金龟科	Euchiridae	
佛耳丽蚌	*Lamprotula mansuyi*	Ⅱ	彩臂金龟(所有种)	*Cheirotonus* spp.	Ⅱ
头足纲	CEPHALOPODA		犀金龟科	Dynastidae	
四鳃目	TETRABRANCHIA		叉犀金龟	*Allomyrina davidis*	Ⅱ
鹦鹉螺科	Nautilidae		**鳞翅目**	LEPIDOPTERA	
鹦鹉螺	*Nautilus pompilius*	Ⅰ	凤蝶科	Papilionidae	
昆虫纲	INSECTA		金斑喙凤蝶	*Teinopalpus aureus*	Ⅰ
双尾目	DIPLURA		双尾褐凤蝶	*Bhutanitis mansfieldi*	Ⅱ
铗(虫八)科	Japygidae		三尾褐凤蝶	*Bhutanitis thaidina dongchuanensis*	Ⅱ
伟铗(虫八)	*Atlasjapyx atlas*	Ⅱ	中华虎凤蝶	*Luehdorfia chinensishuashanensis*	Ⅱ
蜻蜓目	ODONATA		绢蝶科	Parnassidae	
箭蜓科	Gomphidae		阿波罗绢蝶	*Parnassius apollo*	Ⅱ
尖板曦箭蜓	*Heliogomphus retroflexus*	Ⅱ	肠鳃纲	ENTEROPNEUSTA	
宽纹北箭蜓	*Ophiogomphus spinicorne*	Ⅱ	柱头虫科	Balanoglossidae	
缺翅目	ZORAPTERA		多鳃孔舌形虫	*Glossobalanus polybranchioporus*	Ⅰ
缺翅虫科	Zorotypidae		玉钩虫科	Harrimaniidae	
中华缺翅虫	*Zorotypus sinensis*	Ⅱ	黄岛长吻虫	*Saccoglossus hwangtauensis*	Ⅰ

附录2 常见无脊椎动物

三角涡虫 *Dugesia*

（杨丽红 摄）/16 页

笄蛭涡虫 *Bipalium*

（杨丽红 摄）/16 页

环毛蚓 *Pheretima*

（杨丽红 摄）/16 页

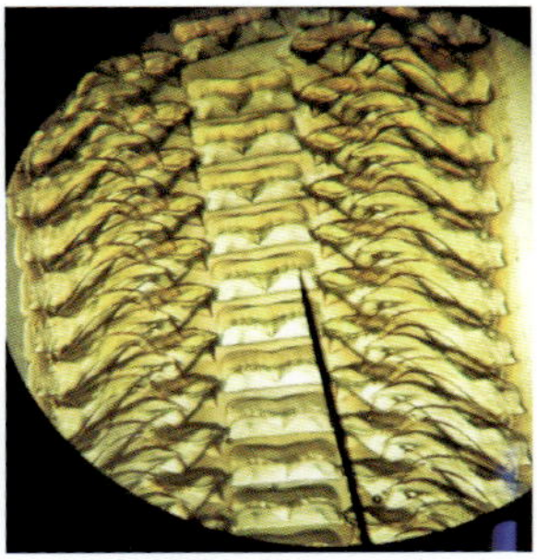

福寿螺 *Pomacea canaliculata*

齿舌（部分）显微放大图

（陈 杰 摄）/17 页

附录3 常见鱼类

松潘裸鲤 *Gymnocypris potanini*

/98 页

齐口裂腹鱼 *Schizothorax prenanti*

/99 页

鲤鱼 *Cyprinus carpio*
/99 页

鲫鱼 *Carassius auratus*
/99 页

草鱼 *Ctenopharyngodon idellus*
/99 页

鲢鱼 *Hypophthalmichthys molitrix*
/99 页

麦穗鱼 *Pseudorasbora parva*
/99 页

红尾副鳅 *Paracobitis variegatus*
/100 页

胭脂鱼 *Myxocyprinus asiaticus*
/100 页

黄石爬鮡 *Euchiloglanis kishinouyei*
/100 页

黄颡鱼 *Pelteobagrus fulvidraco*

/100 页

胡子鲶 *Clarias fuscus*

/101 页

附录 4 常见两栖动物

山溪鲵 *Batrachuperus pinchonii*

/101 页

细痣棘螈 *Echinotriton asperrimus*

/101 页

峨嵋角蟾 *Megophrys omeimontis*

/102 页

中华蟾蜍 *Bufo gargarizans*

/102 页

峨眉林蛙 *Rana omeimontis*
/102 页

黑斑侧褶蛙 *Rana nigromaculata*
/103 页

棘腹蛙 *Rana boulengeri*
/103 页

隆肛蛙 *Feirana quadranus*
/103 页

泽陆蛙 *Fejervarya multistriata*
（引自费梁和叶昌媛，2001）/103 页

仙琴水蛙 *Hylarana daunchina*
（引自费梁和叶昌媛，2001）/104 页

四川湍蛙 *Amolops mantzorum*
/104 页

四川湍蛙（色斑变异）*A. mantzorum*
/104 页

峨嵋树蛙 *Rhacophorus omeimontis*
/105 页

斑腿树蛙 *Polypedates megacephalus*
/104 页

四川狭口蛙 *Kaloula rugifera*
/105 页

附录 5　常见爬行动物

汶川攀蜥 *Japalura zhaoermii*
/105 页

北草蜥 *Takydromus septentrionalis*
/106 页

蓝尾石龙子 *Eumeces elegans*
/106 页

铜蜓蜥(*Sphenomorphus indicus*)
/106 页

美姑脊蛇 *Achalinus meiguensis*

/106 页

棕黑腹链蛇 *Amphiesma sauteri*

/106 页

翠青蛇 *Cyclophiops major*

/107 页

赤练蛇 *Dinodon rufozonatum*

/107 页

王锦蛇 *Elaphe carinata*

/107 页

黑眉锦蛇 *Elaphe taeniura*

/107 页

黑背白环蛇 *Lycodon ruhstrati*

/107 页

大眼斜鳞蛇 *Pseudoxenodon macrops*

/107 页

颈槽蛇 *Rhabdophis nuchalis*
/108 页

虎斑颈槽蛇 *Rhabdophis tigrina lateralis*
/108 页

黑头剑蛇 *Sibynophis chinensis*
/108 页

乌梢蛇 *Zaocys dhumnades*
（引自赵尔宓，2003）/108 页

福建颈斑蛇 *Plagiopholis styani*
/108 页

山烙铁头 *Ovophis monticola*
/109 页

菜花原矛头蝮 *Protobothrops jerdonii*
/109 页

原矛头蝮 *P. mucrosquamatus*
/109 页

附录6　常见鸟类

小䴙䴘 *Tachybaptus ruficollis*
/109 页

凤头䴙䴘 *Podiceps cristatus*
/109 页

鸬鹚 *Phalacrocoraz carbo*
/110 页

苍鹭 *Ardea cinerea*
/110 页

大白鹭 *Ardea alba*
/110 页

白鹭 *Egrella garzetta*
/110 页

牛背鹭 *Bubulcus ibis*
/111 页

池鹭 *Ardeola bacchus*
/111 页

夜鹭 *Nycticorax nycticorax*

/111 页

赤麻鸭 *Tadorna ferruginea*

/111 页

翘鼻麻鸭 *Tadorna tadorna*

/111 页

鸳鸯 *Aix galericulata*

/111 页

罗纹鸭 *Anas falcata*

/112 页

赤膀鸭 *Anas strepera*

/112 页

绿翅鸭 *Anas crecca*

/112 页

绿头鸭 *Anas platyrhynchos*

/113 页

斑嘴鸭 *Anas poecilorhyncha*
/113 页

针尾鸭 *Anas acuta*
/113 页

琵嘴鸭 *Anas clypeata*
/113 页

红头潜鸭 *Aythya ferina*
/114 页

白眼潜鸭 *Aythya nyroca*
/114 页

斑背潜鸭 *Aythya marila*
/114 页

长尾鸭 *Clangula hyemalis*
/114 页

鹊鸭 *Buce phala clangula*
/115 页

普通秋沙鸭 *Mergus merganser*
/115 页

黑耳鸢 *Milvus migrans*
/115 页

白尾海雕 *Haliaeetus albicilila*
/116 页

高山兀鹫 *Gyps himalayensis*
/116 页

普通鵟 *Buteo buteo*
/116 页

大鵟 *Buteo hemilasius*
/116 页

金雕 *Aquila chrysaetos*
/116 页

红隼 *Falco tinnunculus*
/116 页

猎隼 *Falco cherrug*
/117 页

灰胸竹鸡 *Bambusicola thoracicus*
/117 页

血雉 *Ithaginis cruentus*
/117 页

勺鸡 *Pucrasia macrolopha*
/117 页

绿尾虹雉 *Lophophorus lhuysii*
/118 页

蓝马鸡 *Crossoptilon auritum*
/118 页

雉鸡 *Phasianus colchicus*
/118 页

红腹锦鸡 *Chrysolophus piclus*
/118 页

白胸苦恶鸟 *Amaurornis phoenicurus*
/118 页

红胸田鸡 *Porzana fusca*
/118 页

董鸡 *Gallicrex cinerea*
/119 页

黑水鸡 *Gallinula chloropus*
/119 页

白骨顶 *Fulica atra*
/119 页

鹮嘴鹬 *Ibidorhyncha struthersii*
/119 页

黑翅长脚鹬 *Himantopus himantopus*
/119 页

反嘴鹬 *Recurvirostra avosetta*
/120 页

凤头麦鸡 *Vanellus vanellus*
/120 页

长嘴剑鸻 *Charadrius placidus*
/120 页

金眶鸻 *Charadrius dubius*
/120 页

针尾沙锥 *Gallinago stenura*
/121 页

扇尾沙锥 *Gallinago gallinago*
/122 页

红脚鹬 *Tringa totanus*
/122 页

青脚鹬 *Tringa nebularia*
/122 页

白腰草鹬 *Tringa ochropus*
/122 页

林鹬 *Tringa glareola*

/123 页

矶鹬 *Actitis hypoleucos*

/123 页

渔鸥 *Larus ichthyaetus*

/123 页

红嘴鸥 *Larus ridibundus*

/124 页

山斑鸠 *Streptopelia orientalis*

/124 页

火斑鸠 *Streptopelia tranquebarica*

/124 页

珠颈斑鸠 *Streptopelia chinensis*

/124 页

鹰鹃 *Cuculus sparverioides*

/124 页

大杜鹃 *Cuculus canorus*
/125 页

黄腿渔鸮 *Ketupa flavipes*
/125 页

纵纹腹小鸮 *Athene noctus*
/125 页

长耳鸮 *Asio otus*
/126 页

短耳鸮 *Asio flammeus*
/126 页

普通夜鹰 *Caprimulgus indicus*
/126 页

普通翠鸟 *Alcedo atthis*
/127 页

冠鱼狗 *Megaceryle lugubris*
/127 页

戴胜 *Upupa epops*
/127 页

斑姬啄木鸟 *Picumnus innominatus*
/128 页

星头啄木鸟 *Dendrocopos canicapillus*
/128 页

赤胸啄木鸟 *Dendrocopos cathpharius*
/128 页

白背啄木鸟 *Dendrocopos leucotos*
/128 页

大斑啄木鸟 *Dendrocopos major*
/128 页

灰头绿啄木鸟 *Picus canus*
/128 页

家燕 *Hirundo rustica*
/129 页

金腰燕 *Cecropis daurica*
/129 页

白鹡鸰 *Motacilla alba*
/129 页

黄头鹡鸰 *Motacilla citreola*
/129 页

灰鹡鸰 *Motacilla cinerea*
/130 页

树鹨 *Anthus hodgsoni*
/130 页

暗灰鹃鵙 *Coracina melaschistos*
/130 页

灰山椒鸟 *Pericrocotus divaricatus*
/130 页

长尾山椒鸟 *Pericrocotus ethologus*
/130 页

领雀嘴鹎 *Spizixos semitorques*
/130 页

黄臀鹎 *Pycnonotus xanthorrhous*
/131 页

白头鹎 *Pycnonotus sinensis*
/131 页

黑短脚鹎 *Hypsipetes leucocephalus*
/131 页

棕背伯劳 *Lanius schach*
/131 页

虎纹伯劳 *Lanius tigrinus*
/131 页

黑枕黄鹂 *Oriolus chinensis*
/131 页

黑卷尾 *Dicrurus macrocercus*
/132 页

灰卷尾 *Dicrurus leucophaeus*
/132 页

八哥 *Acrid otheres cristatellus*
/132 页

丝光椋鸟 *Sturnus sericeus*
/132 页

灰椋鸟 *Sturnus cineraceus*
/132 页

松鸦 *Garrulus glandarius*
/133 页

灰喜鹊 *Cyanopica cyana*
/133 页

红嘴蓝鹊 *Urocissa erythrorhyncha*
/133 页

喜鹊 *Pica pica*
/133 页

小嘴乌鸦 *Corvus corone*
/133 页

大嘴乌鸦 *Corvus macrorhynchos*
/133 页

白颈鸦 *Corvus pectoralis*
/133 页

河乌 *Cinclus cinclus*
/134 页

褐河乌 *Cinclus pallasii*
/134 页

鹪鹩 *Troglodytes troglodytes*
/134 页

棕胸岩鹨 *Prunella strophiata*
/134 页

红胁蓝尾鸲 *Tarsiger cyanurus*
/134 页

金色林鸲 *Tarsiger chrysaeus*

/135 页

鹊鸲 *Copsychus saularis*

/135 页

北红尾鸲 *Phoenicurus auroreus*

/135 页

蓝额红尾鸲 *Phoenicurus frontalis*

/135 页

红尾水鸲 *Rhyacornis fuliginosus* ♀

/135 页

白顶溪鸲 *Chaimarrornis leucocephalus*

/136 页

小燕尾 *Enicurus scouleri*

/136 页

白额燕尾 *Enicurus leschenaulti*

/136 页

斑背燕尾 *Enicurus maculatus*

/136 页

黑喉石䳭 *Saxicola torquata*

/136 页

栗腹矶鸫 *Monticola rufiventris*

/136 页

虎斑地鸫 *Zoothera dauma*

/137 页

乌鸫 *Turdus merula*

/137 页

灰头鸫 *Turdus rubrocanus*

/137 页

斑鸫 *Turdus eunomus*

/137 页

白眉姬鹟 *Ficedula zanthopygia*

/137 页

铜蓝鹟 *Eumyias thalassina*

/137 页

方尾鹟 *Culicicapa ceylonensis*

/138 页

寿带 *Terpsiphone paradisi*

/138 页

白喉噪鹛 *Garrulax albogularis*

/138 页

眼纹噪鹛 *Garrulax ocellatus*

/138 页

大噪鹛 *Garrulax maximus*

/138 页

画眉 *Garrulax canorus*

/139 页

白颊噪鹛 *Garrulax sannio*

/139 页

橙翅噪鹛 *Garrulax elliotii*

/139 页

黑顶噪鹛 *Garrulax affinis*

/139 页

棕颈钩嘴鹛 *Pomatorhinus ruficollis*

/139 页

矛纹草鹛 *Babax lanceolatus*

/139 页

红嘴相思鸟 *leiothrix lutea*

/140 页

金胸雀鹛 *Alcippe chrysotis*

/140 页

白领凤鹛 *Yuhina diademata*

/140 页

黑额凤鹛 *Yuhina nigrimenta*

/140 页

白眶鸦雀 *Paradoxornis conspicillata*
/140 页

棕头鸦雀 *Paradoxornis webbianus*
/141 页

灰冠鸦雀 *Paradoxornis przewalskii*
/141 页

纯色山鹪莺 *Prinia inornata*
/141 页

强脚树莺 *Cettin fortipes*
/141 页

黄腰柳莺 *Phylloscopus proregulus*
/141 页

黄眉柳莺 *Phylloscopus inornatus*
/142 页

栗头鹟莺 *Seicercus castaniceps*
/142 页

棕脸鹟莺 *Abroscopus albogularis*

/142 页

暗绿绣眼鸟 *Zosterops japonicus*

/142 页

红头长尾山雀 *Aegithalos concinnus*

/142 页

银脸长尾山雀 *Aegithalos fuliginosus*

/142 页

煤山雀 *Parus ater*

/143 页

黄腹山雀 *Parus venustulus*

/143 页

大山雀 *Parus major*

/143 页

绿背山雀 *Parus monticolus*

/143 页

栗臀䴓 *Sitta nagaensis*

/143 页

高山旋木雀 *Certhia himalayana*

/144 页

蓝喉太阳鸟 *Aethopyga gouldiae* ♂ / ♀

/144 页

叉尾太阳鸟 *Aethopyga christinae*

/144 页

山麻雀 *Passer rutilans*

/144 页

麻雀 *Passer montanus*

/144 页

白腰文鸟 *Lonchura striata*

/145 页

斑文鸟 *Lonchura punctulata*
/145 页

燕雀 *Fringilla montifringilla*
/145 页

白眉朱雀 *Carpodacus thura*
/145 页

金翅雀 *Carduelis sinica*
/145 页

黑尾蜡嘴雀 *Eophona migratoria*
/146 页

黑头蜡嘴雀 *Eophona personata*
/146 页

蓝鹀 *Latoucheornis siemsseni*
/146 页

三道眉草鹀 *Emberiza cioides*
/146 页

小鹀 *Emberiza pusilla*
/146 页

黄喉鹀 *Emberiza elegans*
/147 页

附录 7 常见哺乳动物

四川短尾鼩 *Anourosorex squamipes*
/147 页

中菊头蝠 *Rhinolophus affinis*
/147 页

马铁菊头蝠 *Rhinolophus ferrumequinum*
/147 页

大耳菊头蝠 *Rhinolophus macrotis*
/148 页

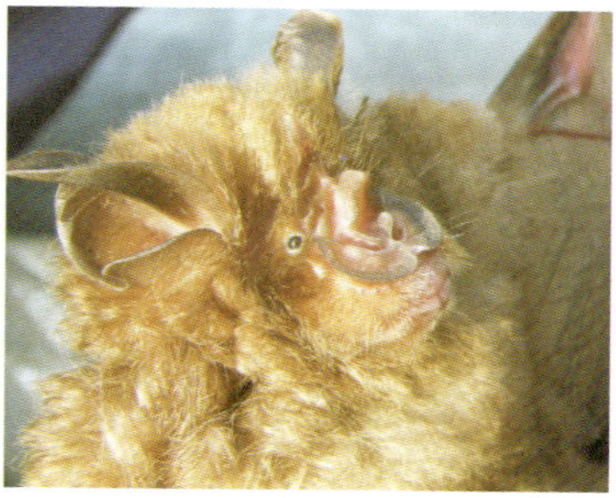

皮氏菊头蝠 *Rhinolophus pearsonii*
/148 页

贵州菊头蝠 *Rhinolophus rex*
/148 页

短翼菊头蝠 *Rhinolophus shortridgei*

/148 页

中华菊头蝠 *Rhinolophus sinicus*

/148 页

大蹄蝠 *Hipposideros armiger*

/148 页

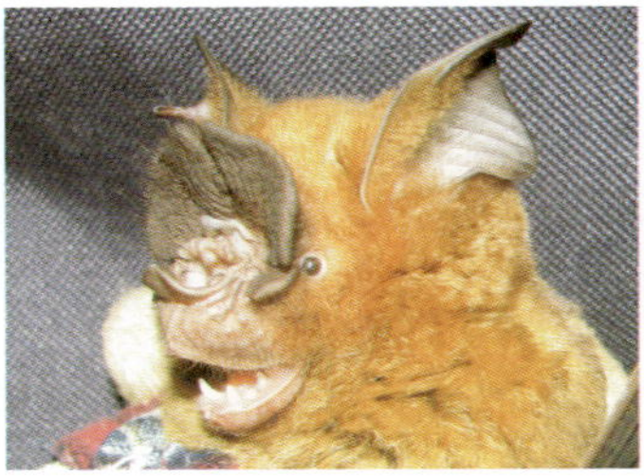

普氏蹄蝠 *Hipposideros pratti*

/149 页

皱唇蝠 *Tadarida insignis*

/149 页

南蝠 *Ia io*

/149 页

中华山蝠 *Nyctalus plancyi*

/149 页

东亚伏翼 *Pipistrellus abramus*

/150 页

斑蝠 *Scotomanes ornatus*

/150 页

东方蝙蝠 *Vespertilio sinensis*

/150 页

东方蝙蝠 *Vespertilio sinensis*

/150 页

西南鼠耳蝠 *Myotis altarium*

/150 页

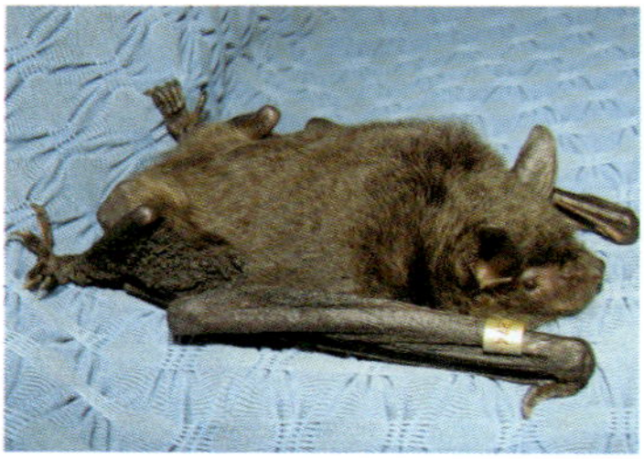

中华鼠耳蝠 *Myotis chinensis*

/150 页

绯鼠耳蝠 *Myotis rufoniger*

/150 页

长尾鼠耳蝠 *Myotis frater*

/151 页

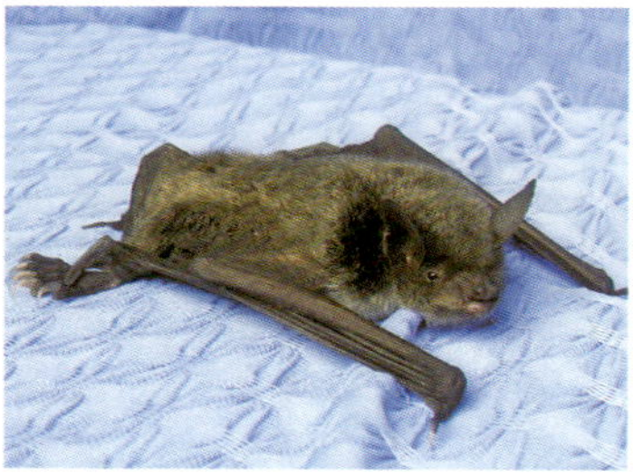

大足鼠耳蝠 *Myotis pilosus*

/151 页

长翼蝠 *Miniopterus schreibersii*
/151 页

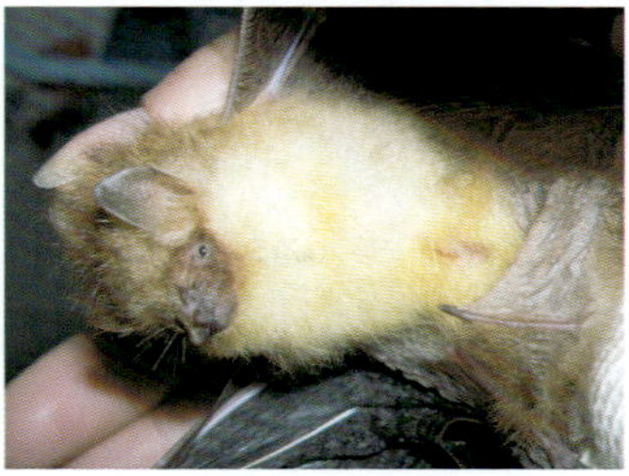

白腹管鼻蝠 *Murina leucogaster*
/151 页

草兔 *Lepus capensis*
/151 页

赤腹松鼠 *Callosciurus erythraeus*
(自王西之和胡锦矗,1999)
/152 页

隐纹花鼠 *Tamiops swinheoi*
(自王西之和胡锦矗,1999)
/152 页

灰鼯鼠 *Petaurista xanthotis*
(自王西之和胡锦矗,1999)
/152 页

褐家鼠 *Rattus norvegicus*
(自王西之和胡锦矗,1999)
/153 页

黄胸鼠 *Rattus tanezumi*
(自王西之和胡锦矗,1999)
/153 页

社鼠 *Rattus confucianus*

（自王西之和胡锦矗,1999）

/154 页

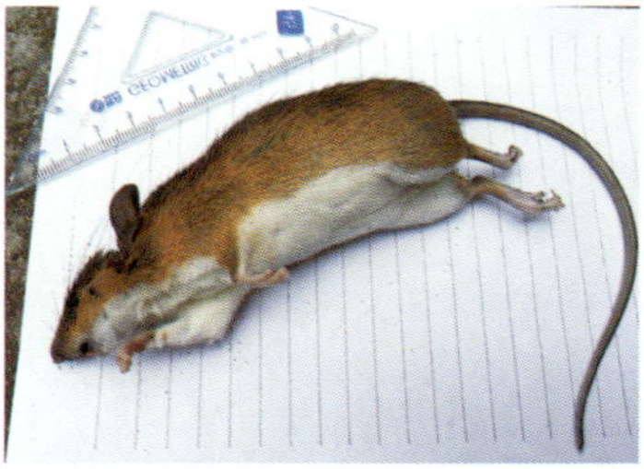

针毛鼠 *Niviventer fulvescens*

/154 页

小泡巨鼠 *Leopoldamys edwardsi*

（自王西之和胡锦矗,1999）

/154 页

黑熊 *Ursus thibetanus*

/154 页

小熊猫 *Ailurus fulgens*

/154 页

大熊猫 *Ailuropoda melanoleuca*

/155 页

黄喉貂 *Martes flavigula*

/155 页

黄鼬 *Mustela sibirica*

/155 页

猪獾 *Arctonyx collaris*

/155 页

大灵猫 *Viverra zibetha*

/155 页

花面狸 *Paguma larvata*

/156 页

豹猫 *Prionailurus bengalensis*

/156 页

金钱豹 *Panthera pardus*

/156 页

小麂 *Muntiacus reevesi*

/156 页

扭角羚 *Budorcas taxicolor*

/157 页

金丝猴 *Rhinopithecus roxellanae*

/158 页

藏酋猴 *Macaca thibetana*

/158 页

猕猴 *Macaca mulatta*

/159 页